JN094756

動物たちのナビゲーションの謎を解く

なぜ迷わずに道を見つけられるのか

デイビッド・バリー
熊谷玲美訳

インターシフト

マリーへ

そのものは世界の創造から存在してきたが、
その内なる美が理解されるべく十分に説明されてはいない。
――トマス・トラハーン（１６３６～７４年）

原注はwww.intershift.jp/navi.htmlよりダウンロードいただけます
＊文中、〔　〕は訳者の注記です

はじめに　進むべき道を見つけるために

ちょうど今、カラスが窓の外を飛び去っていくところだ。目的を持って飛んでいるように見えた。カラス自身しか知らない、何らかの任務に向かうかのように。マルハナバチが、庭の花々を軽やかに訪れている。チョウがひらひらと塀を越えていって、盛んに飛び回ったかと思うと、一瞬羽を休め、また飛び立った。小道を歩いてきたネコが、やぶの中にするりと入り込む。その上空を通過していく飛行機は、乗客を一杯に乗せ、ヒースロー空港に向けて降下中だ。

自分の周りを見てみよう。あらゆるところで、大きい動物も小さい動物も、人間もそうでないものも、さまざまな動物が移動している。食べ物や、交尾の相手を探しているのかもしれない。冬の寒さや夏の暑さを避けるための渡りの途中かもしれない。あるいは、ただ家に帰るところかもしれない。地球全体にわたる旅をするものもいれば、すみかの周りをうろうろするだけのものもいる。しかし、北極と南極を行き来するキョクアジサシだろうと、死んだハエを顎にくわえて巣に駆け戻るサバクアリだろうと、自分の進む道を見つけなければならない。それは、まさに生死に関わる問題だ。

カリバチは狩りに出かけたときに、どうやってまた自分の巣を見つけるのだろうか。フンコロガシはどうやって糞玉をまっすぐに転がすのだろう？　ウミガメが広い海を回遊したあとで、産卵のために自分の生まれた場所に戻るのは、どんな不思議な感覚に導かれているのか。ハトは自分の鳩舎（鳩小屋）から何百キロも離れた行ったことのない場所で放たれた場合に、どうやって戻る経路を見つけられるのだろう？　そして、今でも世界の一部の地域で、GPSはもちろん、地図もコンパスも使わずに、長くて困難な海や陸の旅をしている先住民の人々はどうだろうか。

私がこの本で最初に取り上げたい疑問は、単純にこうだ。動物は（人間を含めて）どうやって自分の進む道を見つけるのだろう？　この先でみていくように、その答え自体がとてもおもしろいが、そこからさらに引き出される疑問をとおして、私たちが身の回りの世界との関係性を変化させつつあることが見えてくる。私たち人間は、とても長い間頼ってきた基本的なナビゲーションスキルを捨てつつあるのだ。いまや地球の表面のどこにいても、自分のいる位置を苦労せず、正確に特定できるようになった。何も考えずに、ボタンを押すだけだ。それは考慮すべきことだろうか。まだはっきりとはわかっていないが、各章の結論部では、議論すべき問題を検討する予定だ。それらは重要な事柄だ。

本論に入る前に、日常的なナビゲーションの難しい点について少し取り上げてみると、地固めになるだろう。そこで、あなたが見知らぬ街に到着したときに、どうやって対処するのか考えてみよう。

ナビゲーションの最初の課題は、飛行機から入国管理を抜けて、手荷物受取所へ到達するルートを見つけることだ。こういう室内のナビゲーションでも、視力が良くない場合には特に、問題が生じることがある。しかしたいていは、案内板をたどっていけばどうにかなる。タクシーかバスに乗り込んでしまえば、ドライバーに決定をゆだねて自分はのんびりしていられる。

ホテルに到着したら、フロントを探して、自分の部屋を見つけなければならない。この時も案内板がとても役に立つ。朝起きたら、近所を歩いて散歩しようという気分になるだろう。あなたのＧＰＳ機能付きスマートフォンの魅力的な音声は、正確な方向を指示してくれるが、それは本当のナビゲーションではない。こうしろああしろといわれているだけだ。

あなたが独立心旺盛で、我が道を行きたいほうだったら、きっと紙の地図を手に取るだろう。最初の現実的な課題は、地図上でホテルの位置を見つけること、別の言い方をすれば、自分の現在位置を特定することだ。次に、行ってみたい名所を見つけて、そこに行く方法や、かかる時間を考える。それは、距離を測定し、自分のだいたいの歩く速度を見積もることであり、そうなると時間を測定するという問題が出てくる。最初は当たり前とは思えないかもしれないが、ナビゲーションは空間と同じくらい、時間にも関係しているのだ。

歩くルートの計画はこれでいいだろう。ここであなたは新たな問題に直面する。ホテルを出たところで、右に曲がるのか、左に曲がるのか、ということだ。出発する前に、どちらの方向に身体を向けるかを知らねばならない。この重要な問題を解決する方法はいろいろとある。スマートフォンに組み込まれたコンパスを参考にしてもいいが、どの通りにいるかを調べれば、自分がどの方角を向いているかがわかる。影を見て、太陽の方向を確認するという方法もあるだろう。そして歩き始めたら、目印になる建物や通りの名前を地図と突き合わせて確認することで、どのくらい進んだかをつねに把握する必要がある。

　あちこち歩き回るにつれて、あなたはその街のレイアウトを理解し始める。街のそれぞれの部分がその近隣とどのようにつながっているのかがわかってくるのだ。これはランドマークを記憶したり、ランドマーク同士の幾何学的な関係を作り上げたりといった話だ。言うまでもなく、他の人よりも道を見つけるのがずっとうまい人はいるが、この種のナビゲーションがうまければ、たとえ地図を見なくても、より長く、より複雑なルートを歩き回る自信がつくだろう。そして、単にホテルと目的地の間を行き来するのではなく、市内のさまざまなエリアを互いに結ぶルートをたどるようになる。ここまでくれば、あなたはその街の「メンタルマップ」を獲得しているはずだ。

　しかし、あなたはまったく違ったナビゲーションテクニックを使ってもいい。地図を使う代わりに、ただ勘だけを頼りに、何かおもしろいものが見つかるまで進むのだ。その場合、自分のホテルに無事に戻れるように、どの道をどのくらい進んだのかをずっと注意深く確認するようにする。

　このプロセスは、ギリシャ神話の英雄テセウスの取った方法に似ている。ミノタウロスの迷宮に入るときに、テセウスはアリアドネに渡された糸玉をほどきながら進んだ。ミノタウロスを殺したあとに、来た道を戻る「手がかり」になったのが、この糸だった。糸玉は、混雑した現代の都市ではあまり実用的なナビゲーションツールではないので、実際には地図なしでのナビゲーションは緻密な観察と記憶に頼ることになる。

　地図の助けを借りるナビゲーションと借りないナビゲーションには、決定的な違いがあり、その違いは人間以外の動物でもみられる。地図（実際の地図でも、メンタルマップでも）がもたらす利点は大きい。特に重要なのが、貴重な時間とエネルギーを節約できる近道を作り出したり、危険や障害を避けるために回り道をしたりできることだ。動物の中には、ある種の地図を使っているように思えるものもいる（ただし、そういう地図が紙に印刷されていないのは間違いない）。しかし、その存在を証明するのは難しく、地図のしくみを明らかにするのはもっと厄介だ。こうしたことは、動物のナビゲーション能力を探っている科学者が直面する、とりわけ複雑な問題だといえる。

この本の構成は、地図を使わないナビゲーションと、地図を使うナビゲーションの違いを反映したものになっている。ＰＡＲＴⅠでは、動物が地図なしでどのように進む距離や方向を決めるのかという点に注目する。ＰＡＲＴⅡでは、地図を使っていると思われるケース（異なる種類の動物のさまざまな使用例）と、動物の頭の中に、世界を地図のように表現したものが存在している証拠について考える。最後のＰＡＲＴⅢでは、動物のナビゲーションの科学が私たちにとってどんな意味があるのかを考察する。

各章の間には、ゴシック体の小文がはさみこんである。ここでは、本文内には入りきらなかった動物のナビゲーションの例（たいていは驚くようなもの）を紹介する。こうした小文で、読者のみなさんを楽しませつつ、未解決の謎がどれほどたくさんあるのかということも示せたらと思っている。

動物のナビゲーションは広くて複雑な研究分野であり、この短い本では、主なテーマをいくつか取り上げることしかできない。この分野について徹底的に説明したものでは決してない。また専門家ではなく、一般読者を対象としているので、できるかぎり専門用語を使わないようにした。

この本で取り上げた話題は私の個人的な興味を反映しているが、それだけではなく、私のリサーチの方向性に影響を与えた科学者たちとの出会いからもいくらか影響を受けている。そして私が主に力を入れたのは、動物が何をしているのか、そしてそれはどうやっておこなわれているのかを述べることであって、なぜそれをするかを議論することではない。なぜという疑問に答えようとすれば、さらに数冊の本を書く材料ができてしまうだろう。

最後に、動物の福祉について言っておかねばならない。

動物のナビゲーションの分野では（他の研究分野と同じく）、科学者による研究には厳しい倫理規則が適用される。私がインタビューした科学者はみな、動物に苦痛を与えないようにする責任について、きわめて真剣に受け止めている。しかし彼らの一部は、それでもやはり動物を傷つける実験をおこなっている。動物のナビゲーションというテーマについて語る場合に、そうした科学者の研究結果を無視すれば、説明として不十分なばかりか、ひどい誤解を招くことにもなりかねない。

私たち人間は同類である動物たちを尊敬しており、それゆえに彼らのニーズよりも自分たちのニーズを不用意に優先することは避けなければならないと、私は強く信じている。どのような動物実験なら正当な理由があるのかを判断するには、具体的にどうすればよいか。それは難しい問題だが、少なくとも、動物に痛みを与えないようにできるかぎりのことをするべきだ。正直なところ、私たちが甲殻類や昆虫のような動物について、この点に関して自信を持って判断できるほど十分な知識があるのかといえば、私にはまったく確信がない。

知識の探求のために動物を傷つけるというのは、どんな事情があっても、決して正当化できないと感じる読者もいるかもしれない。動物を傷つける実験の全面的な禁止を倫理的な理由から主張することは確かに可能だ。ただし、特に医学研究が関係してくる場合には、全面禁止がもたらす結果を甘受しようという人はきわめて少ないのではないかと思う。とはいえ、実験に使われる動物の数が（少なくとも私の暮らすイギリスでは）最近減少してきているのは、勇気づけられるニュースだ。

動物を対象とする科学研究の倫理面については、議論の余地がたくさんあるし、私がすべての答えを知っていると言い張るつもりはまったくない。しかし科学者に、それ以外の人よりも高い基準にしたがうよう強いるのは、どうみても間違っているだろう。

PART Ⅰ　地図なしのナビゲーション

第1章 生物がナビゲーションを始めたとき

ステッドマン先生とオオカバマダラ

7歳のとき、私の人生に素晴らしい先生が登場した。ステッドマン先生は数学の先生だったが、決まったカリキュラムとか、生徒たちの年齢にはまったくおかまいなしだった。先生の授業は、ピタゴラスの定理の話から始まって、そのうちトポロジーに寄り道をして、しまいには非ユークリッド幾何学というウサギの穴に落っこちてしまう、という調子だった。先生自身がそういうテーマに魅了されていたこともあるが、きっと私たちの知性を伸ばしたいと考えていたのだろう。

ステッドマン先生は数学者であるだけでなく、昆虫の専門家でもあり、夏には学校にガの採集用のトラップを設置していた。私は学校がある日の朝が楽しみでたまらなかった。夜のうちに捕まっていた虫たちを、授業の前にステッドマン先生と一緒に調べられるからだ。

私の学校は、イギリスでも特に昆虫が多く生息するニューフォレスト国立公園のはずれにあったので、トラップはよく50匹、ときには100匹ものガで一杯になった。夜の間に明るい照明に誘われて採集箱に入ったガは、朝には箱の中でじっとしていた。ガやチョウにはこの土地原産ではなく、夏の間だけイギリスに来る種類もあるのだと、私は先生から教わった。よく捕まるのが、翅にY字の模様があるガンマキンウワバというガだ。このガは毎年、繁殖のために地中海沿岸からヨーロッパ北部に大量に渡ってくるということが、今ではわかっている。しかし当時は、こうした昆虫がなぜそんな長距離を移動するのか、そしてどうやって渡りの方向を見つけているのかはまったくの謎だった。

私はたちまちチョウやガの仲間に夢中になり、自宅の寝室を捕虫網や採集箱、展翅板〔ガやチョウの翅を広げた状態で標本にする板〕、背の高いイモムシ飼育用ケージでいっぱいにして、母をうろたえさせた。ときどき夜にベッドの中で耳を澄ませていると、私の捕虜たちが餌を絶え間なく食べる音や、小さなふん（「糞粒」ともいう）が、餌である植物の葉の上に落ちる軽い音が聞こえた。イモムシは十分な量の餌を食べてしまうと、さなぎに変わる。まるまるとしたイモムシの身体は溶けて、錬金術師が鍋でかき混ぜる液体のようになる。その液体からまるで魔法のように成虫ができあがるのだ。ガの成虫が、固くて乾燥した殻を破り、湿ったしわしわの翅をゆっくり伸ばして、やがて空中に飛び立つ様子を見ることは、まさしく自然の奇跡を目撃することだ。控えめな奇跡だが、だからといってその驚きが色あせたりはしない。

私の母は辛抱強くて、私をロンドン自然史博物館に連れていってくれた。そこでは親切な若い学芸員のおかげで、展示室の裏側を見学できた。その学芸員は何の表示もないドアを開けて、マホガニーの保管棚がぎっしり並んだ広大な部屋を見せてくれた。保管棚には、世界中のガやチョウの標本が数え切れないほど収められていた。学芸員が大きくてエキゾチックなチョウを指さした。イギリスでは本当にたまにしか見られないチョウだという。その本来の生息地は、ヨーロッパでも、アフリカでもなく、北アメリカだ。北大西洋を越える途中で、いつも西向きに吹く強い風の助けを借りたか、あるいは船に乗せてもらって来たのかもしれないが、そうだとしても途方もない旅だ。

このチョウの翅は、広げたときの幅が10センチもあり、モダニストがデザインしたステンドグラスのように見えた。太陽の光が透けているようにまぶしく光る、明るいオレンジの地色の上に、繊細な黒い模様が広がっている。その黒い線は幅広い黒い縁取り部分とつながっていて、その縁取りには頭の部分と同じように、純白の水玉模様がある。けばけばしく思えるかもしれないが、この派手な配色は、このチョウを食べようとする捕食者に、そんなことをしたらひどい目にあうぞと警告しているのだ。このチョウは幼虫の時期に、餌であるトウワタから吸収した毒を体に蓄えているらしい。このオオカバマダラは、北アメリカでは誰でも知っているチョウだ。

私がそのときの興奮を話すと、ステッドマン先生は昆虫業者にオオカバマダラのさなぎをこっそり注文してくれた。届いた箱を開けると、何が入っているのかすぐわかった。私だけのダナウス・プレキシップス〔オオカバマダラの学名〕だ。

そのさなぎは、素晴らしい宝飾品のようだった。長さは3センチもなかっただろう。きらきら光る翡翠色の殻をまとって、綿の上に収まっている様子は、再生のときを待つ小さな中国の皇帝のようだった〔オオカバマダラの英名は、モナーク（君主）バタフライ〕。私は翅の形や、成虫の胴体になる部分の体節もなんとなく見分けられた。金属的な金色の小さな点の列が輝きながら、さなぎの最もふくらんだ部分を半円を描くように取り巻いていて、他にも金色の点があちこちにちりばめられていた。美しかった。私の目には、あの壮麗な成虫よりもさらに美しく見えた。それと同時に不穏さや、何ともいえない異質さもあった。宇宙の果てにもこれ以上の驚きは見つかるはずがないという気がした。私たちの住む世界が、これほど輝かしい不思議で満ちているのだから。

チョウが出てくるところは見られなかった。成熟する前に死んでしまったからだ。それでもその頃には、オオカバマダラとその驚くべき生活史は私の心をとらえていた。

何年もたってから、私はニューヨーク州ロングアイランド島東端のモントークからそう遠くないアマガンセットの海岸砂丘で、生きているオオカバマダラを初めて見た。それは8月末で、そのオオカバマダラは、私の目の届かないところにいる何百万匹の仲間とともに、南や西をまっすぐ目指して羽ばたいていた。その飛行は気楽なダンスのようだった。翅を緩やかに何度か羽ばたかせて上昇すると、数秒間滑空し、ゆっくりと高度を下げたところで、ふたたび翅に力をこめる。それにしても、このチョウはどこを目指しているのだろうか。そしていったいどうやって目的地へのルートを見つけているのだろうか。

こういった疑問の答えを求めてリサーチしたのがきっかけで、私は最終的にはこの本の執筆につながる道を歩み始めた。道の途中にはいくつもの驚きがあるだろうと思ってはいたが、これほど多種多様な驚きがあるとは思いもしなかった。

最古のナビゲーション

リサーチを始めた時点では、昆虫や鳥、爬虫類、ネズミ、ヒトのような目に見える動物だけを考えていた。しかし地球上に登場した最初の生命体はとても小さかった。そしてその生命体こそ、動物のナビゲーション能力のパイオニアだ。

地球は45億6０００万年前に誕生した。太陽系内をさすらっていた小惑星が重力の作用で互いに引き合い、合体してできた、いわば偶然の産物だ。当時の地球はあまり住みやすい場所ではなかった。表面全体が溶けた岩で覆われていたからだ。約45億年前、このマグマの海が冷えて固まり始めて、最初の大陸が出現したが、まだ海はなく、空気さえなかった。

若い地球では、何億年にもわたってさらに多くの小惑星の衝突が絶え間なく起こったが、そうした激しい衝突がもたらしたのは破壊ばかりではなかった。衝突によって最初の生命の材料となる化学物質と、水が地球に運ばれたのだ。39億年前には地球は落ち着き始め、初期の海洋の深部では、熱水噴出孔の近くに単純な形の生命体が姿を表した。熱水噴出孔というのは鉱物を豊富に含んだ熱水が噴出する場所で、当時も今と同じように、そうした熱水が海洋底からもうもうと湧き出していた。そこで登場した生命体の中に最古の細菌がいた。

単細胞生物である細菌は病気と結びつけられがちだが、その大部分は無害で、多くが私たちの体の健康だけなく、精神の健康にも大きく貢献している。細菌には生き延びるために、必要なもの（餌）に向かって移動したり、危険なもの（極端な高温や酸性またはアルカリ性の環境）から遠ざかったりする能力がある。一部の細菌は、ミクロサイズのモーターによって回転する鞭毛（べんもう）という毛状の特別な器官を使って移動する。この最も簡単なナビゲーションの方法は「走性（taxis）」といわれる。taxisという単語は、「順序づけ」や「配置」を意味するギリシャ語が語源だ。

細菌の中には、とりわけ驚くような形の走性を持つものがある。走磁性細菌は磁気を帯びた微粒子を含んでいて、この微粒子がひものようにつながるとミクロサイズのコンパス（方位磁針）の針のように機能する。走磁性細菌は、水や堆積物の中の深いところにある酸素の少ない層で増殖するが、この「針」のおかげで地球の磁場に沿った方向、つまり下方向に体を向け、酸素が少ない層へと移動できる。さらに北半球の走磁性細菌と南半球の走磁性細菌では、この針の極性が逆になっている。自然選択の力がよくわかる話だ。

細菌の化石を見つけるのは一般的に非常に難しいが、走磁性細菌の化石は数億年前、あるいは数十億年前の岩石から発見されることがある。走磁性細菌は、地球の歴史上最も早く磁気ナビゲーションをおこなった生物とされるが、生きた状態の走磁性細菌は１９７５年まで発見されなかった。不思議なことに、その発見の時期は、鳥などのはるかに複雑な生物が磁気ナビゲーションをしていることが初めて証明された時期と重なっていた。

進化の歴史上、私たちに最も近い単細胞生物である立襟(たてえり)鞭毛虫は、英語では「コアノフラジェレート」という舌を噛みそうな名前を背負わされている。細菌よりわずかに複雑な体を持つ立襟鞭毛虫は、水中に生息しており、集合してコロニーを作ることもある。私たちと同じように立襟鞭毛虫も酸素を必要とする。そして酸素濃度のごくわずかな違いを検知できるだけでなく、酸素が豊富な場所に向かって、やはり鞭毛を使って自発的に泳ぐこともできる。

さらに見事な能力を持つのは、粘菌という脳を持たない単細胞生物だ。この生物には、英語では「スライムモルド（スライム状のカビ）」という、あまりぱっとしない名前が付いている〔なお粘菌は、菌類（カビ）ではなく、動物でも植物でもない独自の分類に属する〕。U字型のトラップの端に餌となるグルコースを隠しておくと、この単純な構造の生物はゆっくりと、しかし確実にじわじわと前進して、グルコースに到達できる。そうするために、粘菌は簡単な記憶のようなしくみを使って、一度探った場所を繰り返し訪れないようにしている。さらに効率的な輸送ネットワークの構築という、人間の設計者でも難しい問題を解くこともできる。

ある特定の粘菌は、東京周辺〔関東地方をかたどった容器〕の主要都市の位置に餌となるオートミールをたっぷり置くと、オートミールから吸収した栄養分を輸送する「トンネル」（管状の構造）のネットワークを構築し始めることが、研究から明らかになっている。驚くのは、このトンネルネットワークが最終的に、東京周辺の現実の鉄道網に一致したことだ。粘菌がこの見事なネットワークを作るには、全方向にトンネルを作っておいてから、不要なトンネルを取り除くことで、栄養分（実際の鉄道では乗客にあたる）の輸送量を最大化するトンネルだけを残すという手順を取る。

もっと複雑な生物を考えてみると、海洋（特に北極と南極の周辺の海）には、プランクトンという水中を浮遊する小さな生物が大量に生息している。植物プランクトンや動物プランクトンの多くは、肉眼では見えないが、数が増えて、海を濃い味噌汁のようにしてしまうことがよくある。プランクトンのブルーム（大量発生）が起こると、海全体が鉄錆のような赤色になることさえある。

こうした生物は、自分のいる場所を正確に知っている必要はない。プランクトンがたいてい海流のなすがままに移動することを考えれば当然だが、だからといって、プランクトンは決して受け身で生きているわけではない。動物プランクトン（魚の稚魚や、小型の甲殻類や軟体動物を含む）の多くは、餌を見つけるために、あるいは他の生物に食べられないように、夕暮れになると暗い深みから水面近くに上昇して、夜明けには深みに戻るというように、水柱内を上下に移動している（「日周鉛直移動」と呼ばれる）。一方で植物プランクトンは、通常は太陽光を多く受けられるように水面近くにとどまっているが、有害な紫外線の浴びすぎによるダメージを避けるために、必要に応じて深いところに移動する。

こうした移動のタイミングは、プランクトンが太陽光の強さを感知する能力によって決まる。ただし数カ月にわたる極夜（太陽がまったく昇らない期間）には、動物プランクトンは月光の強さに基づいたリズムに切り替える。このプロセスは、光の強さに対する単純な反応では説明しきれない場合もある。たとえば、あるプランクトンは変化を何も検知できないうちから移動を始めるし、暗い水族館に移されても、数日は決まった鉛直移動を続ける。この謎めいた行動は、移動をつかさどるある種の体内「時計」に依存しているようだ。海全体の食物連鎖が基本的にはプランクトンに支えられていることを考えれば、プランクトンの大規模な日周移動は、惑星全体の生命にとって重要な役割を果たしているといえる。

体の構造が単純な線虫でも進む方向を見つける必要はある。線虫の一種（標準的な実験動物であるカエノラブディティス・エレガンス）は地下に潜っていくときに、地球磁場を使って進む方向を決めているようだ。そしてイモリの中には、やはり体内コンパスを使って、最大12キロ離れた場所から生息地の池に戻る道を見つけられる種類もいる。

ハコクラゲは、オーストラリアの熱帯地域に生息する小型の透明なクラゲで、その刺胞に刺されるとひどい苦痛を味わうことで有名だ。このクラゲには、脳はないが目はあり、海流にただ流されたりはしない。確かな目的意識を持って活発に泳ぎ、餌となる動物を追いかけて捕まえるのだ。不思議なことに、ハコクラゲには4種類の異なる目があって、その数は24個にもなる。

さらに驚くのは、一部のハコクラゲは水面上の目印を使ったナビゲーションができることだ。カリブ海のマングローブ湿地でよく見つかるハコクラゲの一種では、ある1種類の目が、体の向きには関係なくいつでも上を向くようになっている。この特殊化した目には、周囲の組織に重い石膏結晶が含まれていて、目がつねに上向きになるようにしているのだ。

スウェーデンのルンド大学（動物のナビゲーション能力の研究ではトップクラスの研究機関）の生物学者ダン・エリック・ニルソンは、この上を向いている目の役割を知りたいと考えた。そこでニルソンの研究チームは、上部が開いた透明の水槽にハコクラゲを入れて、マングローブ湿地に近い海中に沈め、ハコクラゲの行動をビデオカメラでモニターした。水槽がある海中からマングローブの林冠の端は見えるが、その端から数メートル離れている場合、ハコクラゲはマングローブに近づこうとするかのように、林冠に最も近い水槽の面に何度もぶつかっていった。しかし水槽がもっと遠くにあって、水面下からはマングローブが見えなくなると、ハコクラゲは好き勝手な方向に泳ぐようになった。ハコクラゲはどうやら、上を向いている目を使ってマングローブのシルエットをとらえているらしい。そうすれば、餌となる小さな動物プランクトンが集まりやすい浅い水域にとどまることができる。ただし林冠の端からあまりに遠くまで離れると、それができなくなってしまう。

このように、一見かなり単純に思える生物が素晴らしいナビゲーション能力を発揮する例は、他にもたくさんある。

＊　＊　＊

『三匹荒野を行く（原題：The Incredible Journey）』という古いディズニー映画は、飼い主の友人に預けられた2匹の犬（ラブラドールレトリバーと年老いたブルテリア）と1匹のシャム猫の物語だ。かわいそうな3

匹は、その友人の奇妙な家で過ごすのが一時的なものだとは理解できず、自分の家に帰ることにする。しかし家までは、カナダの荒野を400キロも歩かなければならなかった。クマやオオヤマネコと遭遇して身の毛のよだつ思いをしたり、川で溺れそうになったり、ヤマアラシのトゲに刺されて痛い思いをしたりしながら、3匹はようやく家族と再会する、というストーリーだ。

疑い深い人は『インクレディブル・ジャーニー』という映画の原題のとおり、この物語は信じがたい話だと決めつけるかもしれないが、その考えは変えるべきだろう。2016年にペロという名のシープドッグは、イングランド湖水地方の家にもらわれていったが、その家を逃げ出してウェールズの元の飼い主の家に戻った。ペロはたった12日で385キロの距離を移動し、元気な姿で、まったくだしぬけに現れたのだ。ペロにはマイクロチップを埋め込んであったので、よく似た別のイヌである可能性はゼロだ。

ペロがそんなすごいことをどのようにやってのけたのか、誰にもわからない。もちろん、幸運な選択が見事に重なって家にたどりついたことも十分考えられるが、それはかなり信じがたい。イヌやネコのナビゲーション能力が本格的な科学研究の対象とされる機会は、これまでは驚くほど少なかったが、最近の研究によれば、イヌは用を足すときに北か南を向きたがるという。となるとイヌは、少なくとも自分の体の向きを知るのに役立つ、ある種の体内コンパスを持っているのだろう。そうだとしたらイヌもまた、急激に総数が増えつつある、地球磁場の検知能力が知られている生物のリストに加わることになる。とはいえ、ペロが家に帰れたのは体内コンパスのおかげだけではない。

ペロは湖水地方の新しい家に連れていかれたときのルートを、何らかの方法で覚えていた可能性がある。そうなると、ペロは自分が通ったルートを再構築できたということだろうか。そのプロセスでは、ペロの鋭い嗅覚が役立ったのだろう。

第2章 ファーブルの庭の昆虫たち

ジム・ラベルの魔法のカーペット

チャールズ・ダーウィン（1809〜82年）は、「人間の体にはいまだに、消すことのできない下等な起源の印が残っている」と書いたが、そんなダーウィンでも、私たちの目がハコクラゲやイカ、クモ、昆虫などの目と遺伝的に同じ系統にあると知ったら驚いただろう。

私たち（や他の動物）の目と脳は、本当に見る必要のあるものを簡単に見つけ出して、記憶できるようになっているが、それらは自然選択という容赦ない実験台によって、何億年もかけて生み出されてきたものだ。目は餌や交尾相手を見つけたり、危険を避けたりするのに役立つだけではない。他の感覚とは違って、すぐ近くの物体以外に、遠くの物体についても非常に詳しい情報を得ることができる。多くの動物にとって目は最も重要なナビゲーションツールであり、私たち人間はいつでもそれを使って動き回っている。

他のさまざまな動物と比較すると、典型的な都市居住者のナビゲーション能力はそれほど高くないが、ほとんどの人は練習さえすれば、ランドマークを利用して、かなりうまくナビゲーションをできるようになる。実際のところ、私たちが集中した場合の視覚的記憶力はかなりよい。たとえば、短時間でも一度見たことのある画像なら、少なくとも1万件は見分けられる。

高性能コンピューターでも、そこまでのことはできない。ごく単純な視覚認識のタスクを実行できるようにするのもかなり難しいことがすでにわかっている。たとえばあなたの家を写した2枚の写真があるとする。1枚は晴れた日の朝に、もう1枚は雨の降る夜に撮影されたものだ。コンピューターは2枚の一致点を見つけるのに苦労するだろう。影の位置が変化したり、窓が急に明るく反射したりするだけで、コンピューターをどうしようもない混乱状態に陥らせるには十分だ。コンピューターのそもそもの処理能力が問題なのではない。少なくとも問題のすべてではない。スーパーコンピューターでも、変化しない意味のある特徴に注目しながら、視覚的な「ノイズ」をすべて無視する方法を(私たちと同じように)「学習」しないかぎり、視覚認識タスクの実行には苦労するだろう。「マシンビジョン」はいまだに、人間ならしないような単純な間違いをしがちだ。そのことは自動運転車の事故によってあまりにも明白に証明されている。

ランドマークというのは一般的にどういうものか、誰でも知っている。エッフェル塔とか、ロサンゼルスの「Hollywood(ハリウッド)」の看板のようなものだ。しかしランドマークにはいくつものタイプがあって、ときには驚くような形を取る。ミシガン湖やギザの大ピラミッドのような巨大なランドマークもあれば、足跡1個という小さなランドマークもある。（古いおとぎ話のように）道沿いに小石を残していったり、木の幹にナタで切れ目を入れたりすれば、意図的に目印を付けることができる。アリアドネが与えた糸玉も、テセウスの逃げ道を示す、長く延びた単一のランドマークとみなせるかもしれない。

視覚的ランドマークは、ゴール地点を定めたり、ルート上の通過点となったりするのに加えて、方角という役立つ情報を伝えることもできる。たとえば、ニューヨーク港を見渡している自由の女神像を考えよう。その姿は左右対称ではないので、シルエットの形を見れば、自分がどの方角から自由の女神を見ているのかがわかる。

良いランドマークの特徴として最も重要なのは間違いなく、はっきり目立つことと、役目を果たすまでの間は動かないことだが、面白いことに決まった形がなくてもかまわない。

映画『アポロ13』は、トム・ハンクス演じるジム・ラベル宇宙飛行士が、参加した月飛行ミッションで不運に見舞われ、思いがけない困難に直面する物語だ。心配するラベルの妻は、ラベルの古いテレビインタビューを見て慰められる。そのインタビューでラベルは、かつて1950年代に海軍の若手パイロットとして、日本海を航行する空母から単独飛行したときのことを振り返っていた。それは夜の出来事で、燃料が予定よりも早く減り始めてしまい、すぐに母艦を見つけられなければ「大きくて真っ黒の海」に不時着水しなければならないという事態になった。ところが、空母は消灯しており、そのうえラベルの飛行機のレーダーは故障していた。さらに、空母のホーマービーコン（無指向性無線標識）も日本の無線局によって偶然妨害されてしまっていた。

航空図を見るためにコックピットの照明をつけようとすると、飛行機の電気系統がショートして、計器がすべて使えなくなった。いまや完全な暗闇の中で、ラベルは不時着水を考え始めた。それは明るい昼間でも危険度の高い方法だ。ひどくぞっとする瞬間だったに違いない。ふと海を見下ろすと、発光プランクトンが長い「緑のカーペット」になって輝いているのが見えた。まさにラベルが探していた母艦の後方に生じていた乱流の場所を、発光プランクトンが示していたのである。「それが母艦に導いてくれたんです」。そしてコックピットの照明が消えていなかったら、ラベルがその発光プランクトンの光を見つけることはなかったのだ。

先住民の伝統的ナビゲーション

少数の先住民は、いまだに伝統的なナビゲーションスキルを失わずにいる。太平洋の島々に住み、外洋を渡る船乗りたちは太陽や星々をおおいに利用するが、はるか北方のイヌイットは、主にランドマークを頼りに目的地への道を知る。それは晴天が期待できないという、単純な理由によるものだ。グリーンランド沿岸部などでは、山々や崖、氷河やフィヨルドといった、かなり遠くからでも発見できる目立つ地形がたくさんある。しかし風景がもっと単調な地域では、イヌイットはイヌクシュクと呼ばれる独自のランドマークを建てる。これは人の姿に似た形をしていて、高い場所に置かれることが多く、腕にあたる部分が最寄りの避難所の方角を指している。

イヌイット文化研究の権威であり、北極圏で長い陸路の旅をした経験のあるクラウディオ・アポルタは、イヌイットの人々が地図や機器を用いずに、何千キロにもわたる道を記憶していて、その途上にある無数のランドマークを見分けられる場面を実際に経験したという。それはイヌイットの視覚的記憶力がことのほか優れているせいかもしれないが、それだけでなく、彼らはすべての人間が持っている能力を最大限に利用してもいる。それは話し言葉だ。

イヌイットは移動のために、あるいは地理情報を表すために地図を使うことがなかったため、こうした大量のデータの集まりは、太古の昔から口伝えで、旅の経験を通じて継承され、広められてきた。

こうした口承による説明では、「地形や氷の特徴、風方向、雪や氷の状態、地名を表すための正確な用語」が頼りになる。

イヌイットの旅は、とてつもなく過酷になる場合がある。霧や「ホワイトアウト」の中で長時間待つことも珍しくないが、GPSの登場以前にナビゲーションの技術を身につけた年長の世代にとっては、「道に迷うとか、道が見つけられないことは、経験や言語、理解の基礎を欠いている」ことになる。彼らは自分の周囲の環境と完全に一体化し、使うことのできるナビゲーションの手がかりすべてを最大限に活用する。

私たちが現在オーストラリアと呼ぶ土地のアボリジナル（オーストラリア先住民）にも同じことがいえる。彼らは5万年前に、海を渡ってその土地に初めてやってきた。そしてイヌイットと同じように、主にランドマークを用いる高度なナビゲーションスキルを発達させていて、長く複雑な歌の助けを借りながら、奥地へ渡る長いルートを進むことができる。

この場合に彼らは、「ドリームタイム」（動物の姿をとっていた祖先が土地を創造した時間）から神話的なイメージを呼び起こすことで、道中で出会う地形を見分けられるようになる。ある（ヨーロッパ人の）専門家は、これをうまく言い表している。彼らのナビゲーションの方法の特徴は、「精神的な力が物質的なものを取り込み、時間を超えた意味のもとでそれらを気高くし、そのもとで人間がみずからの居場所を持つという信念」だという。

アボリジナルやイヌイットと、彼らが暮らす風景の間に存在する密接な関係性を、都市に住む西洋人が理解できるとは思えない。しかし私たちの遠い祖先も、同じようなナビゲーション手法を用いていただろう。そうした能力を取り戻せないと思うと残念だ。だからこそ、今でも優れたナビゲーションスキルを持つ人々の知識が失われないようにすることが、何よりも大切なのだ。

言語の中には、話者が自分の向いている方角をつねに考えなければならないものもある。オーストラリアのクイーンズランド州に住むグーグ・イミディル族（キャプテン・クック［1728

~79年」に「カンガルー」という語を教えたとされている人々だ）は、「右」や「左」のような単語を使わない。彼らが使うのは方角だけだ。

グーグ・イミディル語の話し手が車のなかで誰かに、少し動いて場所を空けてくれというときは、「naga-naga manaayi（少し東へ動いてくれ）」のような表現をする。［……］グーグ・イミディル語の年配の話し手に、サイレントの短編映画をテレビに映してみせて、主人公がどんな動きをしたかと尋ねると、テレビの向きによって答えが違ってくる。テレビの正面が北向きで、主人公が近づいてくるように見えると、年配者は男が「北に向かってくる」と答えるのだ。［……］あなたが北を向いて本を読んでいて、グーグ・イミディルの話し手が、飛ばして先を読めといいたいとすると、「もっと東へ行け」ということになる。ページは東から西へめくられるからである（ガイ・ドイッチャー『言語が違えば、世界も違って見えるわけ』椋田直子訳、インターシフト。以下同）。

言語学者のガイ・ドイッチャーは次のように説明する。

自分の位置を知らなければ周囲の人々が話す単純きわまりないことでも理解できないとなれば、四六時中、基本方位を把握し記憶する習慣が身につく。この心的習慣は幼年期から培われるだろうから、まもなく第二の天性となり、とくに努力することもなく無意識に実行できるようになる。

おそらくこのような言語面の特質には、グーグ・イミディル族が特別なナビゲーションスキルを必要とすることが影響しているのだろう。彼らにとっては、体の向きの意識、つまり彼らの言語構造に組み込まれた意識をつねに持つことが、生き延びるために不可欠だった可能性がある。

アリは視覚的なランドマークを使う？

その著作に出会ったときから、私はフランス人昆虫学者のジャン・アンリ・ファーブル（1823〜1915）が大好きだ。ファーブルの主な著作である『昆虫記』は、第1巻が1879年に刊行されると、節足動物だけを扱った本がベストセラーになるという、出版業界ではとても珍しい現象を引き起こした。昆虫の生態についてはさまざまな言語で書かれた文章があるが、ファーブルの文章はその中でも特に詩的で面白い。しかし同時にファーブルは、動物ナビゲーション研究の草分けでもあった。

ファーブルは、昔ながらの学者とはかなり違っていたが、観察する力が並外れていて、そこに真の科学者の証である好奇心と粘り強さ、創意工夫を兼ね備えていた。教師の給料で大家族を養うのに苦労していた時期が長く、コルシカ島や、プロヴァンス地方の各地で働いた。独学の人とされることが多いが、実際には学術界と密接なつながりがあったし、大学の学士号だけでなく博士号も持っていた。やがて、収入の足しにしようと、学校向けの教科書の執筆を手がけるが、これが儲かる仕事だとわかった。そのおかげで、教師の職をやめて研究に専念できるようになった。

　その当時のプロヴァンス地方の草原や丘には、今よりもはるかに多くの昆虫やクモ類がいたはずで、ファーブルはそうした生物に魅了された。特に夢中になったのがジガバチだ。寄生動物であるジガバチは、巣穴の中に卵を産む。毒で麻痺させた獲物を巣に貯蔵して、そこに卵を産みつけるのだ。すると孵化した幼虫はその獲物を少しずつ食べることができる。つまりは生きた食糧貯蔵庫というおどろおどろしい方法である。ファーブルは観察によって、ジガバチが巣に食糧の獲物を用意するときに、しばしば驚くほど長い距離を移動することに気づいた。そして、ジガバチを巣から数キロ離れた場所まで連れていっても、きちんと巣に戻ってこられることを発見して驚いた。

　別の観察から、ジガバチが獲物を探すときに2本の触角が重要な役割を果たしていることを知ったファーブルは、ジガバチのナビゲーション能力もやはり触角に頼っているのではないかと考えた。そこでハチの触角を切り落としてみて、どんな変化が起こるかを調べた。驚いたことに、この大胆な処置はハチの帰巣能力にまったく影響を与えないことがわかった。ただし、かわいそうなハチはずっと空腹のままだっただろう。

　ファーブルは、ジガバチの観察結果に困惑して、研究対象を自宅の広い庭にいる獰猛なアカサムライアリに変えた。アカサムライアリはクロヤマアリの巣を襲撃し、幼虫を奪う習性のある種だ。このアリは、巣の外に出かけている間の観察が容易なので、研究対象としては断然扱いやすい。ファーブルは、6歳の孫娘リュシーに手伝ってもらいながら、シンプルだが画期的な実験をおこなった。

まずリュシーが（彼女は素晴らしく仕事熱心だった）アカサムライアリの巣を見張り、急襲部隊が巣から出てくるのをじっと待った。アカサムライアリが出てくると、リュシーはアリの列を追いかけて、おとぎ話で小さな男の子がするのと同じように、アリの通り道に白い小石で印を付けた。その間、ファーブルは研究をしていた。アカサムライアリが、略奪するクロヤマアリの巣を見つけるとすぐに、リュシーは祖父のもとに走っていって、そのことを伝えた。

ファーブルは、アカサムライアリが獲物を持って帰るときには必ず、行きに通ったコースを正確に引き返すことに気づいて、匂いの跡のようなものに導かれているのではないかと考えた。この説を確かめるため、ファーブルはさまざまな方法で、アカサムライアリがたどっているらしい何かしらの匂いを取り除くか、隠すかした。まず試してみたのが、地面をほうきで強く掃いて、匂いの跡を途切れさせることだ。しかしアリたちの意志は強く、多少手間取りながらも、掃いた部分を急いで進むか、迂回するかして、元のコースに戻った。

ほうきで掃いても、匂いの跡の一部が残っていたのかもしれない。ファーブルはそう考え、今度はホースで通り道に水をまき、残っている匂いが完全に洗い流されることを期待した。それでも、アカサムライアリは最終的には障害を乗り越えて進んだ。それは、残っていると思われる匂いを消そうとして、通り道の一部にハッカをこすりつけても同じだった。

この結果からファーブルは、アカサムライアリは匂いを頼りにコースをたどっているのではなく、明らかに視力がよくないとはいえ、視覚的手がかりを利用しているのかもしれないと考え始めた。

もしかしたら、ある種のランドマークを記憶しているのかもしれない。この説を確かめるために、ファーブルはアカサムライアリが巣へ戻るコースの見た目を変えた。まずは、コースの上に新聞紙を敷いてみた。その次には、周囲の灰色の地面とはまったく色の違う、黄色い砂を敷き詰めてもみた。このような邪魔のせいで、アカサムライアリは相当苦労するようにはなった。ただそれでも何とか巣に帰り着いた。

アカサムライアリは、獲物がある場所へのコースなら、通過してから2、3日後でもたどれるのに、庭の中で一度も行ったことのない場所に移されると、完全に道に迷ってしまうことがわかった。一方で、一度行ったことのある場所からは問題なく戻ってこられた。

ファーブルはこうした観察をもとに、アカサムライアリが道をたどるのに、嗅覚ではなく視覚に頼っていると結論づけた。こんなに小さな生物がそこまで賢いことに驚きながらも、人間が道を探すときと同じように、アリも視覚的なランドマークを使って目的地へのコースを見つけるのだと確信したのだ。ファーブルの素朴な方法は、現代において求められる科学的厳密性の基準を満たさないかもしれない。それでもファーブルが正しい方向に進んでいたのは間違いない。

* * *

オランダの偉大な野外生物学者であるニコ・ティンバーゲン（1907〜88年）は、ファーブルと同じように、ジガバチが餌探しに遠くまで出かけた後、どうやって自分の巣穴にきちんと戻ってくるのか興味を覚えた。少なくともティンバーゲンの目には、巣穴の小さな入口はとても見つけづらいように思えた。ジガバチはどうやって入口を見つけているのだろうか。ティンバーゲンは、ジガバチがランドマークを記憶しているかもしれないと考えて、巣穴の入口を囲むように松かさを円形に並べた。その松かさをこっそりと別の場所に移動させると、戻ってきたジガバチはその新しい場所で巣の入口を探すことを発見して、ティンバーゲンはとても喜んだ。

とはいえ、ジガバチはどんな大きさや形のランドマークにでも引き寄せられるのだろうか。それともジガバチの注意をより集めやすい、具体的な視覚的特徴があるのだろうか。この問題を解明しようと、ティンバーゲンは巣穴の周りにさまざまな種類のマーカーを置いた。そしてジガバチが巣穴を離れるとすぐに、2カ所の人工的な入口を作り、それぞれの周囲には、ある1種類のマーカーだけを置いた。

わかったのは、ジガバチは色が薄くて平面的なマーカーよりも、色が濃くて立体的なマーカーにより強く引き寄せられることだった。ミツバチで同じような実験をすると、ミツバチは蜜が豊富な花を離れるときに、周囲の風景にしっかりと注意を払っていて、三次元的なランドマークにとりわけ注目していることがわかった。さらにミツバチは、花に戻るコースを見つける手がかりとして、特に花と複数のランドマークとの距離という幾何学的関係まで利用できるのだ。

第3章 厳しい環境を生き抜く力

光子1個でも感知できる

コハナバチには「スウェット（汗）ビー」というあまりぱっとしない英名があるが、熱帯アメリカに生息するコハナバチにはその名の通り、人間の汗をぺろぺろなめるのを好む習性がある。もっと身近な存在であるミツバチが昼間に飛行するのに対して、コハナバチは夕暮れと夜明けにしか外に出てこない。薄明薄暮性の生物なのだ。熱帯雨林に住んでいるコハナバチのメスは、やぶに隠された、内部が空洞の小さな木の棒に巣を作る。採餌旅行のときには、密生した植物の間をぬって進んでいかなければならない（森の上を飛んでいる可能性もあるが、はっきりしたことはまだわからない）。採集した花粉から判断すると、このハチは少なくとも300メートル先まで行くことができる。

熱帯地方では、夕方になるとあっという間に暗くなる。そして熱帯雨林の暗闇というのは、本当に真っ暗だ。どんな光があったとしても、生い茂った葉が遮ってしまう。ナビゲーションは、コハナバチにとってはたとえ昼間であっても十分に難しい仕事だが、いったん日が落ちると、光子の欠乏のせいで「特に困難になる」。これでもかなり控えめな言い方だ。

私は、こうした素晴らしい発見をした研究チームを率いる人物に会いに、スウェーデン南部のルンド大学へ向かった。彼の名はエリック・ウォレント。熱心で行動力にあふれるオーストラリア人で、昆虫の視覚について誰よりも詳しい。そして、私も同じようにこの6本脚の生きものが大好きだと知ると、喜びをあらわにした。

ウォレントは私との会話の中で、動物の目にある個々の光受容細胞が強度の変化する光点にどう反応するかを記録すれば、その細胞の感度を調べられると説明した。光が非常に弱ければ何も起こらないが、光が徐々に強くなると、光受容細胞が微小な電気信号を「発射」し始める。この手法を用いることで、動物の中には光子1個のレベルから感知できるものがいることが明らかになった。

このことの重要性をじっくりと考えるために、少し立ち止まってみてもいいだろう。光子というのは、自然界における基本的な粒子の1つだ。ただしややこしいことに、光子は波のようにふるまうこともある。ここではきわめて小さなものについて考えているので、光子は点状だといえる。つまり、光子はまったく場所を取らない。さらに質量もない。しかし、光子はきわめて高速で(光の速さで)進み、少量のエネルギーを運ぶ(エネルギーの量は波長によって変わる)。

どんな動物であれ、そんなわずかな量のエネルギーを検出する能力があるのは驚きだが、なかでもコハナバチは別格だ。コハナバチは、光受容体細胞1個に届く光子が1秒間にわずか5個という、光が不十分な環境でも、ジャングルを通って巣に戻ることができる。その夜間ナビゲーション能力に、ウォレントは鳥肌が立つような驚きを感じている。

それはとにかくとんでもないことです。あんな複雑にからみ合った恐ろしい森の中を飛び、花を見つけ、苦もなく帰り道を見つけて、とてつもなく正確に巣に降り立つことができるなんて、絶対にありえないことです。

とはいえ、コハナバチの複眼の感度がきわめて高いことだけでは、このハチがほぼ真っ暗闇の中でどのようにしてそんなにうまくナビゲーションをしているのかを説明できない。それ以上の何かが必要だ。答えは、目から届く信号を「足し合わせる」ことに特化した脳細胞にある。コハナバチはこの細胞があることで、身の回りの世界から届く、きわめて限られた情報の流れを最大限に利用できるのだ。コハナバチの飛行速度が、昼間に活動するハチに比べて遅いことも、この「足し算」プロセスを実行する時間を取るのに好都合だ。コハナバチは、林冠と夜空の間の対比によって生じる非常にぼんやりとしたパターンを、巣に帰るための目印になるランドマークとして使っているのではないかと、ウォレントは考えている（熱帯雨林に生息するアリの一部でも同じことが知られている）。ただし、この説はまだ立証されていない。

コハナバチは巣を離れるときに、わざといったん戻ってきて、巣の入口やその周囲を検分する「定位飛行」をする。コハナバチが飛び去った後で、ウォレントの研究チームが巣を移動させると、コハナバチは巣があった元の場所に正確に戻ってくることがわかった。おそらく、周囲のランドマークに導かれてきたのだろう。

この説を確かめるために、ウォレントたちはコハナバチが出かける前に、巣の入口の上に白いカードを置いた。そしてコハナバチがいない間に、そのカードを近くの使われなくなった巣に置いた。すると戻ってきたコハナバチは、そのカードに惑わされて、間違った巣に入ってしまった。すぐにその巣から離れたが、ウォレントたちがカードを元の位置に戻して、ようやく正しい巣に戻ることができた。この帰巣プロセスが匂いによるものではないのは明らかだ。

魚のナビゲーション能力

世間の人々は、魚のことを低く見る傾向がある。それは人間が空気中に暮らしていて、魚よりも高いところにいるから、というだけではない。表面的な見方をすれば、魚は冷たく、ぬるぬるしていて、率直にいってかなり頭が悪そうに思える。そうでなければ、どうして釣り針にかかるとか、網の中に入るとかいう間抜けなことをするのだろう？　しかし偏見というものはたいていそうだが、この点でも、私たちは自分たちの無知をさらしているにすぎない。魚は陸の動物に比べて研究がはるかに難しいので、魚に対する私たちの無知はいまだに深刻だが、ひとつ確かなことがある。魚はでたらめに泳ぎ回っているのではなく、さまざまな種類のランドマークが、魚が持ついくつものナビゲーション能力に深く関わっているということだ。

魚はさまざまな感覚を使いこなしている。なかには私たちになじみのない感覚もある。魚の側線（体の側面にある圧力を感じ取る小孔の列）は、周囲の水のごくわずかな動きを非常によく感知できる。魚の群れが見事なまでに一斉に方向を変えられるのは、側線があるためだ。

メキシコの洞窟内に生息するブラインドケーブ・フィッシュは、目が退化しており、自分自身が動くことによって水中に生じる圧力波を利用して、周りの物体の存在や位置を感知している。暗闇を泳ぐときには、その側線で周囲の物体が生み出す固有の反射波を受け取る。こうした液体の「ランドマーク」を手がかりにして、進むべきルートを知ることができるのだ。

もちろん視覚的なランドマークを利用している魚もいる。そのひとつがキノボリウオだ。この魚は池と急流のどちらにも生息している。研究者らは、この大きく異なる2種類の生息地でキノボリウオを捕獲した。そして、水槽内に設置した狭い出入口をいくつもうまく通り抜けていけば、ごほうびの餌が見つけられることを教えた。最初は、急流に生息するキノボリウオのほうが、池に生息するキノボリウオよりもうまく餌を見つけられたが、それぞれの出入口の横に小さな水草を置くと、結果が逆転した。池に生息するキノボリウオのほうがうまくできるようになったのだ。

急流に生息するキノボリウオは、水草のような非永久的な物体にはほとんど注意を払わないようだ。急流ではそういった水草はすぐに流されてしまうので、ランドマークとして役立たないからだ。しかし池に生息するキノボリウオは、動かない物体のほとんどが頼りになるので、そういう物体のほうに注意を向けることが身についているのである。

ウナギやサメなど数種類の魚は、電場に敏感に反応し、電気的なランドマークを利用している。たとえば、弱電気魚という種類の魚は、周りの水中に広がっている電場の変化を感知できる特殊な器官を持っている。アフリカの湖の底に生息する弱電気魚の一種は夜行性で、この方法を使って、キノボリウオのように、ランドマークで印を付けた出入口を見つけられるようになる。ただしキノボリウオとは大きな違いがある。この魚は、完全な暗闇の中でもそれができるのだ。

昆虫も、電気的な情報を使ってものを見つける場合がある。

商品パッケージからラップをはがすと、手にくっついて離れなくなることがよくある。また、金属に触れると軽いショックを受けることがあって、特に化学繊維のカーペットの上を歩いた後にはよく起こる。この不思議な現象は静電気の蓄積によるものだ。そして面白いことに、この現象はハチによる花の授粉という生態学的に不可欠なプロセスにおいて重要な役割を果たしている。

マルハナバチは、花の周囲の静電気を感知でき、花が生み出す電気的パターンの違いから種類を見分けることさえ可能だ。そうした微弱な信号を受け取れるのは、花の周囲の静電気によって感覚毛が曲げられることを利用しているからだ。こうした電気的情報を使って、蜜をたっぷりとくれる花と、あまり気前の良くない花を見分けているのである。

隠した餌をどのように見つけるか

鳥は長距離を飛ぶことができるため、特に厳しいナビゲーションの問題に直面する。しかし、素晴らしい視力があり、さまざまなナビゲーション能力も備えている。私たちが道を調べるときに、GPSを使うこともあれば地図を使うこともあるのと同じで、鳥もさまざまなナビゲーション能力を都合に合わせて切り替えている。

鳥が用いるさまざまなメカニズムの役割を解きほぐすのはきわめて難しいことがわかっていて、不確実な点がまだ多く残っている。このことからは、行動科学のすべての分野に影響する、はるかに大きな問題がみえてくる。それは、複雑な動物についての実験結果の解釈が簡単であることはほとんどないということだ。人間の知能テストを考えてみるといい。幼児が知能テストで悪い点を取ったとして、その幼児はあまり頭が良くないと必然的にいえるのだろうか。もしかしたら、その子は不安だったり、気が散っていたりしたのかもしれない。退屈していた可能性もある。あるいは、そのテストが適切に作られていなかったのかもしれない。

こういった問題はあるが、鳥が用いるさまざまなナビゲーション能力の中で、視覚認識能力が特に重要であることは、きわめてはっきりしている。そしてある鳥は特にランドマークの使い方が天才的だ。

知能がとても高いカラスの仲間であるハイイロホシガラスは、北アメリカ西部の高山地帯に生息している。ハイイロホシガラスを最初に記録したのは、伝説的なアメリカ大陸横断探検隊のメリウェザー・ルイス隊長の相棒だった、ウィリアム・クラークだ。ルイスとクラークの探検隊は、19世紀初頭にアメリカのセントルイスから太平洋までを往復し、その道中で地図を作成した。

ハイイロホシガラスは、リスのように植物の種を夏の間に隠しておかなければ、山の長く厳しい冬を生き延びることができない。このカラスは、愚かなわけではまったくないので、種を一カ所に全部隠すようなことはしない。それはあまりに危険すぎる。他の動物（他のハイイロホシガラスも含めて）が機会をみてその種を盗んでしまうからだ。もちろん、ハイイロホシガラス自身が自分の貯蔵場所を見つけられなかったら、飢え死にしてしまう。

しかしハイイロホシガラスの餌を隠す作業は、とてつもなくスケールが大きく、かつ複雑だ。約260平方キロにわたる土地のあちこちに、一度に数個だけ隠すのだ。吹きさらしの斜面に埋めることもあれば、深い森の中や荒涼とした山の頂上に埋めることもある。1羽で6000カ所もの貯蔵場所に3万個以上の種を埋める場合もある。ハイイロホシガラスはそうした貯蔵場所の位置を、何カ月も記憶できなければならない。この鳥の記憶力は、完ぺきではないがとても優れていて、生息地の厳しい環境を生き抜くには十分過ぎるほどなのは間違いない。

ハイイロホシガラスの餌を隠す行動は、ナビゲーションには特に関連性の高い、ある重要な一般原則の典型的な例といえる。それは、完ぺきなシステムよりも「十分に良い」システムを獲得したほうが進化のうえで有利だということだ。自然はこのような、生命が繁殖に十分な時期まで長生きすることを可能にする特質を「選択」する。この基本的な条件を単純なメカニズムで満足のいく程度に満たせるのなら、それ以上に複雑なメカニズムを獲得しても意味がない。そのために脳を大きくするという犠牲を払わねばならない場合にはなおさらだ。脳はエネルギーをとても貪欲に消費する。つまり脳を動かし続けるには、より多くの餌が必要になるということだ。本当に必要とする以上に大きな脳を持つことは割に合わないのである。

ハイイロホシガラスの驚くような行動には、匂いがある程度関係しているのではと考えるかもしれないが、そうではないようだ。ハイイロホシガラスは、それぞれの貯蔵場所の周囲にある複数の小さなランドマークに注目し、そのランドマークの幾何学的関係を覚えることができる。自然界では、岩や茂みがランドマークになるが、実験室での実験では、ハイイロホシガラスは人工物を喜んで利用する。研究者たちがランドマークの作るパターンは保ったまま、その位置をこっそりと変えると、ハイイロホシガラスは、移動したパターンが指し示す場所で餌を探すことが多い。

しかしハイイロホシガラスが貯蔵場所を発見するシステムには、それ以上のものがあるようだ。最近の研究によれば、ハイイロホシガラスはもっと大きくて、遠くにあるランドマークに頼っているという。そういうランドマークは、離れた場所からでも見つけやすいし、その大きさのおかげで風雨などの影響も受けにくい。

ハイイロホシガラスが具体的にどのような目印に注意を払っているのかははっきりしていないが、それぞれの貯蔵場所の周囲の環境にある、木々や大きな岩のような目立つ特徴を記憶しているのだろう。その場所の風景の「スナップショット」のようなものを記録しているのかもしれない。そうなると、ハイイロホシガラスは貯蔵場所を二段階のプロセスで見つけていることになる。まず、風景を形作る規模の大きな要素を使ったある種の画像マッチングプロセスによって、貯蔵場所の地域を特定する。次に、貯蔵場所の正確な位置を判断するのに役立つ、もっと近くにある小さな物体を目指すのだ。

ハトがルートの記憶に苦労するとき

ハトの優れた帰巣本能は、メッセージを素早く、そしてしばしば遠くまで伝えるために、数千年前から使われてきた。軍隊でハトを利用することは、遅くともローマ時代には始まっていて、第二次世界大戦だけで数十万羽のハトがさまざまな部隊で使われた。そうしたハトには、戦火の中で伝令の仕事を忠実に果たしたとして軍事功労賞を与えられたものまでいた。

銀行業を営むイギリスのロスチャイルド家が1815年、伝書バトによってワーテルローの戦いの結果を市場より早く知ったおかげで大儲けしたという逸話がある。よくできた話だが、伝書バトを使った証拠はないらしい。ただ、ロスチャイルド家は実際にハトを使った通信システムを構築していて、1840年代にはこのシステムが稼働していた。最初の電信システムの運用が始まるのはその少し後だ。

1870年から1871年にかけて、パリがプロイセン軍に包囲されたときには、伝書バトが大がかりに使われた。このときの伝書バトは、まず熱気球に乗せられてパリを出て、包囲する敵軍の攻撃範囲から離れた安全な場所まで運ばれた。そして餌を与えられ、体を休めてから、包囲されている市民へのメッセージを収めたマイクロ写真をたずさえて自力でパリに戻った。

ハトはとても育てやすく、ほぼいつでも長距離を飛ぶ準備ができているため（たいていの鳥はそうではない）、鳥が目的地までのコースを見つける方法についてのさまざまな説の検証に昔から使われてきた。最近では、追跡用の電子機器が登場したことで、ハトの帰巣行動をきわめて詳しく研究できるようになっている。予想通り、ハトはランドマークがとても便利なことを理解している。一方で、経験によって得られた「コンパス」のコースにも従うことができる。

若い伝書バトは多くの時間を費やして、自分の鳩舎の周囲を探検する。そうすることで、その地域の風景の配置をしばしばかなり広い範囲まで理解するようになる。この方法で伝書バトが獲得した「調査」情報は、それまで一度も訪れたことのない地域では役立たないが、なじみのある地域まで戻ってくれば、すぐに道路や鉄道、川のような助けになる目立つランドマークに狙いを定める。旅の最終段階でハトがたどるルートは毎回同じであり、最短ルートではないことが多い。だからといって、人間のほうが上だとはいえない。伝書バトの行動は、人間が会社に通勤するのによく似ている。世の中には数え切れないほどの人々が、習慣の生きものとして、伝書バトとまったく同じ方法で通勤しているのだ。

ハトは変化に富む風景を飛ぶ場合のほうが新しいルートを簡単に覚えられるが、変化が多すぎてもよくないようだ。この点にかんする研究論文の主著者であるリチャード・マンは、次のように述べている。

彼らがさまざまな種類のルートをどの程度すぐに記憶できるかを調べると、視覚的ランドマークが重要な役割を果たしていることがわかる。ハトは、畑のようなあまりにも退屈な場所や、逆に森林や、密集した都市部のような複雑すぎる場所では、ルートを記憶するのに苦労する。ちょうどよいのはその中間で、たとえば垣根や木々、建物が点在するある程度開けた地域だ。農村地帯と都市部の境目の地域も都合がいい。

ところで、通説とは異なり、コウモリは目が見えないわけではなく、多くがとても良い視力を持っている。渡りをする種の中には数千キロも飛行するものもいるので、そうしたコウモリにとって、遠くのランドマークを見分ける能力が必要不可欠なのは言うまでもない。

数年前にイスラエルの研究チームは、洞窟でオオコウモリの仲間を捕まえてGPS追跡装置を取り付け、そこから約84キロ離れた砂漠の中のクレーター状の地形に連れていった。そして一部はクレーターの底で、残りはクレーターの縁の高い場所から放した。クレーターのある場所は、コウモリたちにとってはまったく知らない場所だったが、それでもほとんどが自分の住む洞窟に何とか戻ってきた。どちらのグループのコウモリでも洞窟に無事戻る割合は同じだったが、移動の始まりの時点ではかなり異なった行動をした。はじめは周囲の風景を見られないクレーターの底で放されたコウモリは、方向を見失い、しばらくぐるぐると飛び回ってから、ようやく洞窟を目指して飛んでいった。一方、クレーターの縁で放されたコウモリは、洞窟に一直線に飛んでいった。実験したコウモリは、地図とコンパスを手にしたハイカーのように、遠くの山々などの大規模なランドマークを利用し、それらを参考に自分の位置を修正しているようだ。

*　*　*

ズグロアメリカムシクイという小さな鳥は、秋になると北アメリカ大陸北東部から南を目指し、はるばるカリブ海まで飛んでいく。コロンビアやベネズエラまで到達することさえある。船上での目撃例があることから、渡り鳥であるこの鳥が大西洋の真っただ中を飛ぶルートを取っていることはわかっていたが、海の上を何時間ぐらい飛行しているのかは長い間不明だった。しかしこの謎が最近解けた。科学者たちは極小の追跡装置を使って、ズグロアメリカムシクイがニューヨーク州のロングアイランドから、カリブ海のイスパニョーラ島やプエルトリコまでノンストップで飛べることを明らかにした。外洋を越える2770キロもの距離だ。

渡りに備えて体を太らせているときでさえ、ズグロアメリカムシクイの一般的な体重はわずか17グラムほどだ。標準的なアスピリン錠剤50粒分である。体重がわずか3〜4グラムのノドアカハチドリは、その驚くべき渡りの旅でメキシコ湾を越えて飛行すると考えられているが、その距離は850キロしかない。この研究をした科学者らによれば、ズグロアメリカムシクイによる外洋を越えたノンストップ飛行は、「地球上で最も並外れた渡り行動の1つ」だという。

第4章　砂漠の戦争とアリ

時間補正式太陽コンパス

カナダのノバスコシア州ハリファックスからイギリスを目指し、ヨットで出航して数日後。陸地から数百キロ離れたところで、私が腰を下ろして舵を取っていると、小さな茶色の鳥が1羽どこからともなく現れて、そばの手すりに危なっかしく止まった。その鳥は疲れ切った様子で、私が近づいても飛んでいこうとしない。楽々とヨットをかすめて飛ぶフルマルカモメとは違って、このかわいそうな鳥が大海原をすみかとしていないのは明らかだった。しかし食べ物や水を与えても受けつけず、やがて、あてもなく飛んでいってしまった。風で陸から吹き飛ばされてきたのか、あるいはナビゲーション能力がひどく狂って、まったく間違った方向に進んできたズグロアメリカムシクイのようだった。

人間であれ、動物であれ、ナビゲーションで最初にぶつかる壁が、正しい方向に確実に進むことだ。このプロセスは「定位」と呼ばれる。普通は視覚的ランドマークから必要な手がかりを得られるが、初めての場所にいるときや、ランドマークがない大海原の真ん中にいる場合には、なんらかのコンパスが必要になる。

太陽はいつも見えているとは限らないが、間違いなく東から上って西に沈む。そして（正午に）空の軌道の高みに到達するときには、必ず真南か真北の方角にくる（ただし低緯度地帯では太陽がほぼ真上〔北・南に寄らない〕の位置にくる時期もある）。そのため、少なくとも理屈の上では、太陽は自分が進んでいる方向を知る手がかりになるはずだ。

しかし、太陽をコンパスとして使うというのは簡単な話ではない。地球は地軸を中心に回転しているので、太陽は弧を描くように空を動いていく。さらに日の出や日の入りの方角は、季節と緯度によって変化するが、太陽がたどる経路の高さも緯度によって違う。たとえば低緯度地帯では、朝になると太陽はほぼ垂直に上り、夕方には同じようにほぼ垂直に沈む。これと対照的に中緯度地帯では、太陽が空を移動する経路はもっと低く傾く。極域までいくと、太陽は一日中地平線の上にあるか（「白夜」という）、反対にずっと地平線の下にあって、何カ月間も上ってこない。

空での太陽の動きは、太陽の「方位角」の変化として表される。方位角というのは、基準となる方位（コンパスの場合は真北）と、太陽の真下にある地平線上の点がなす角度のことだ。

あなたが9月のイギリスで、ツバメと同じように南に進みたいと思っているとしよう。この場合に、太陽を参考にして針路を決めたらどうなるだろうか。夜明け時に、太陽を左に見ながら進め

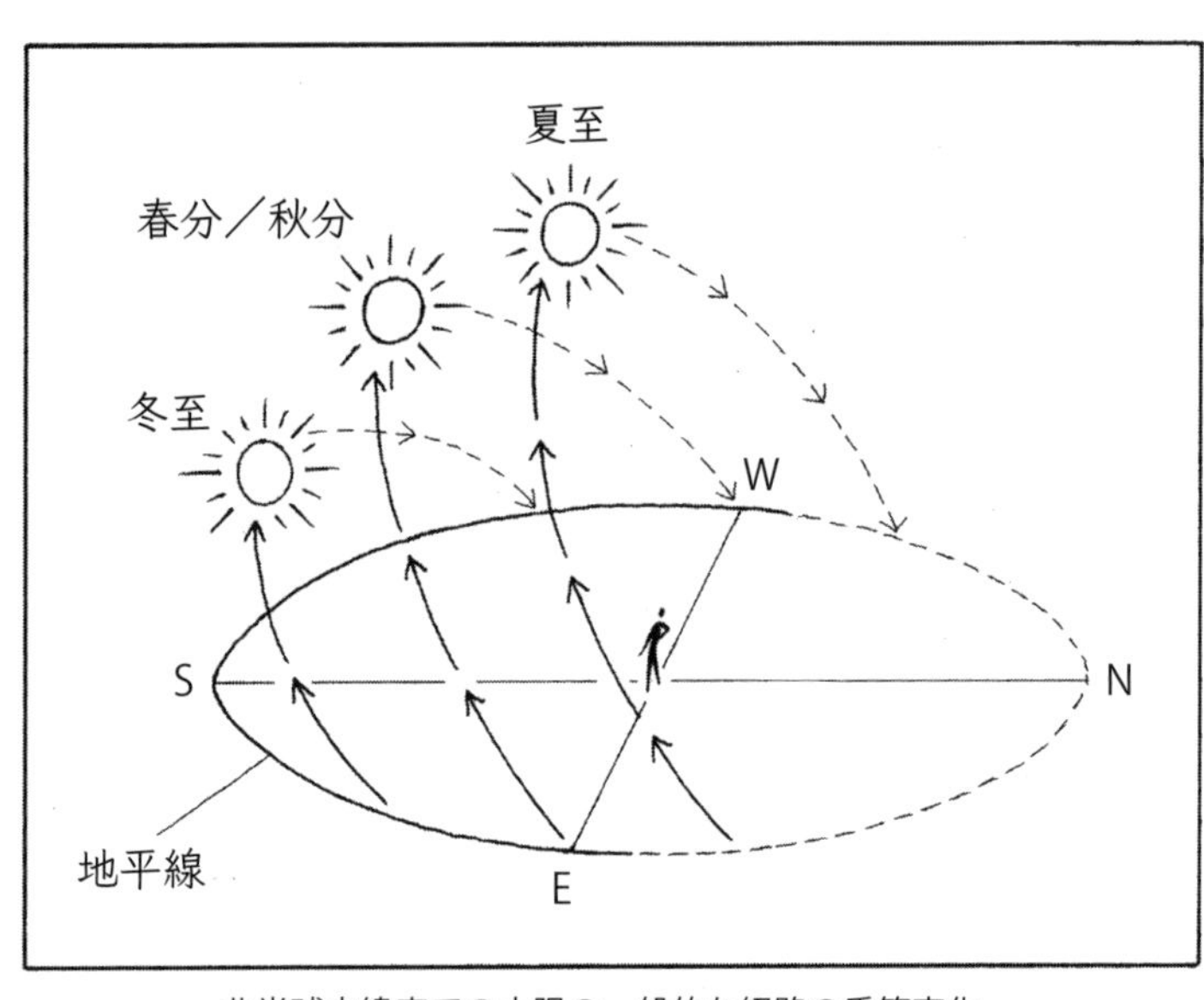

北半球中緯度での太陽の一般的な経路の季節変化。

ば（この場合の太陽の方位角は90度）、あなたは正しい方角に進んでいく。しかし時間が経過し、太陽の方位角が徐々に変化するにつれて、あなたの針路は右にカーブしていく。正午に太陽が真南にくる頃には（方位角は180度）、あなたは西に向かって進んでおり、夕方になって、太陽が西に沈むときには、あなたはいつの間にか北向きに進んでいる。あなたは実質的に、ほぼU字型のコースを進んできたことになるのだ。あまり良いとはいえない結果である。

方位角がたえず変化することを計算に入れさえすれば、正しい針路を取ることが期待できる。しかし、それにはどうすればよいのだろうか。

答えは「時間補正式太陽コンパス」という装置にある。そして、驚くかもしれないが、その装置は第二次世界大戦の流れにも影響を与えたのだ。

１９４０年にフランスがドイツに占領された後、エジプト駐留のイギリス陸軍は西のリビアに展開する、はるかに多勢のイタリア軍に圧倒される危機にさらされた。そうなるとエジプトと中東全域の両方を失うことが、現実となる可能性があるように思われた。スエズ運河とイラクの油田が利用できなくなれば、イギリスは敗北を喫し、枢軸国にとって敵なしの状況になっていただろう。そうなれば、今ごろ世界はまったく別の場所になっていたはずだ。

ラルフ・バグノルド（１８９６～１９９０年）という才能あふれた人物が、この重大な時期にカイロに到着したのは、まったくの偶然だった。バグノルドはナビゲーションを非常に得意としていて、１９２０年代と３０年代には、当時ほとんど未踏だったサハラ砂漠東部の内陸部を、余分な装備を取り去ったフォード製自動車で探検したことがあった。バグノルドは少佐にすぎなかったが、大胆にも「通常の伝達手続き」を無視して、新任の総司令官であるアーチボルド・ウェーヴェル元帥に覚書を直接送る方法を見つけ出した。

バグノルドはその覚書で、特別な訓練を受けた志願者からなる偵察隊を立ち上げて、「砂漠に適した車両」で敵陣深く入り込み、情報収集や奇襲攻撃を実施することを提案した。ウェーヴェル元帥はすぐにバグノルドを呼び、彼の意見におおいに感銘を受けた。元帥の全面的な支援のもとで、バグノルドがただちに必要な人員を探し出して設置した偵察隊には、「長距離砂漠挺身隊（ＬＲＤＧ）」というかなり退屈な名前が付いている。

その直後、イタリア軍が地中海沿岸を東に進軍し始めると、ＬＲＤＧ偵察隊の第一陣が、５００キロ南の砂漠を通ってひそかに西に向かった。この偵察隊が繰り返した奇襲作戦は劇的な効果を上げた。イタリア軍は不安にかられて、数カ月にわたり進軍を止めたのだ。この進軍の遅れのおかげで、イギリス軍には戦力を増強する時間ができ、やがてイタリア軍を後退させることができた。ＬＲＤＧはその後、砂漠での軍事行動でも引き続き重要な役割を果たしたが、戦争が終結すると解散した。おそらくそのためか、ＬＲＤＧのめざましい業績は同時期に設立された特殊空挺部隊（ＳＡＳ）に比べてあまり評価されていない。

砂漠での正確なナビゲーションは、ＬＲＤＧの成功に不可欠だった。砂漠の真ん中というきわめて厳しい条件のもとで、偵察隊の生死そのものがそこにかかっていた。しかし問題が1つあった。磁気コンパスがほとんど役立たないことだ。悪路のせいで針が揺れるだけでなく、鋼鉄製のトラックの車体による誤差が大きく、信頼性が低かったのだ。実際のところ、トラックからある程度離れて使わないかぎり頼りにならなかった。偵察隊は急いで移動しなければならなかったので、そんなに頻繁にトラックを止めている余裕はない。そのため、正しい方向に進み続けられるように、何か別のものがどうしても必要だった。つまり、上下左右に激しく揺れるトラックの上でもきちんと動作する装置だ。

答えとなったのは、バグノルドが戦争勃発前、砂漠探検用に開発していたシンプルな時間補正式太陽コンパスだった。この太陽コンパスには、調整可能な円形のダイヤルがある。その縁には角度を示す目盛がぐるりと付いていて、垂直に立てた針の影がこの目盛の上に落ちるしくみだった。さらに、

1日の各時間帯の太陽方位角を記したカードが、緯度3度ごとに1枚ずつ用意されていた。

このカードを使ってコンパスを補正するのだが、夏の正午頃には太陽コンパスは使用不可能だった。太陽が作る影が短すぎて、ダイヤルの縁の目盛に届かないからだ。これは偵察隊のメンバーたちにとっては、前進を止めて、ほぼ真上から降り注ぐ太陽から身を隠すためのありがたい口実になった。一方で夜間のナビゲーションには、星を見れば自分たちの位置を確認できた。

バグノルドが戦前の探検について書いた文章には、太陽コンパスを使った砂漠でのナビゲーションの様子が生き生きと描かれている。


われわれが思いついたのは、ずっと起きていて、太陽コンパスのダイヤルに落ちる細い影が針路を示す矢印とつねに重なっているようにすることだった。その小さなオアシスが見つけにくいことは知っていたので、きちんとたどり着けるか心配だったのだ。たとえるなら、ニューカッスルを出発して、コンパスで方角を確かめながら、ロンドンと同じ面積で、同じ距離にある（約450キロ）、岩が多くて、これといった特徴のない低地のどこかにある、小さな庭園を探すようなものだ［……］。

私はオアシスに南西から近づくコースを取っていた。［……］しかし、いまやまったく知らない場所にいた。以前このオアシスを訪れたときの記憶と、何ひとつ重なるものがない。地図上では、私たちの位置から（オアシスまでは）北東に8～10マイル（13～16キロ）だが、長い距離を進めば、数マイルの誤差はすぐに出るかもしれない。［……］翌朝、まだ薄暗いなか、見えるのは近くの小丘のぼんやりとした輪郭だけだった。北西から弱い風が吹いてきて、私はラクダのにおいにはっきりと気づいた。［……］（そこで私は）見知らぬ地域だったが、そのにおいを追いかけることにした。数マイル進んだところで、真正面にオアシスの周辺部が見えた。

動物には、バグノルドが太陽コンパスの調整に使ったようなナビゲーション表がないので、太陽を使って進む方向を決めるのは不可能だと思うかもしれない。しかし、自然選択の力を侮ってはいけない。特に、何億年も前から地球上にいる動物の場合には。

動物が太陽コンパスを使っている可能性を最初に示したのは、イギリスの貴族で博学家だったサー・ジョン・ラボック（1834〜1913年）の研究だ。近い時代に活躍したファーブルとはかなり異なるタイプだったが、ラボックも昆虫によるナビゲーションの驚異を研究したパイオニアだ。銀行家、政治家、考古学者、人類学者、生物学者という顔を持っていたラボックは、チャールズ・ダーウィンとは隣人の間柄で、親しい友人であり、彼の学説の熱心な信奉者だった。今ではほとんど忘れられているラボックだが、当時はかなり名の知れた人物だった。

ラボックが特に好んだのがアリだ。田舎の邸宅にたくさんのアリを飼育し、そこでファーブルと同じようにアリのナビゲーション能力を調べた。ただし、その方法はファーブルよりもかなり組織的だった。週末にやって来た幸運な訪問客は、ラボックお気に入りの、側面がガラス張りの飼育ケースに入ったアリの巣の見学でもてなされた。

ラボックは、クロヤマアリが巣に戻るコースを見つける方法を解明したいと考えた。最初にわかったのが、ファーブルが研究したアカサムライアリとは違って、クロヤマアリはにおいの跡をたどっているということだった。しかし、そこでラボックは奇妙なことに気づいた。作業の手元を照らすのに使っていたろうそくも、クロヤマアリの行動に影響を与えているらしいのだ。不思議に思ったラボックはさらに実験を重ね、最終的にはクロヤマアリの定位が「光の方向に大きく影響されている」と結論づけた。ラボックはあまりにも慎重で、それ以上の主張は控えてしまったが、その後の研究で、そのろうそくが間違いなく太陽の代わりになっていたことが明らかになった。この優れた発見は1882年に発表された。

チュニジアのスイス人医師

20世紀が始まる頃には、多くの科学者がアリのナビゲーションを研究するようになっていた。なかでも、おそらく最も素晴らしい研究をしたのが、ローザンヌ出身のちょっと変わったスイス人医師、フェリックス・サンチ（1872〜1940年）だ。サンチは1901年、21歳でチュニジアに向かい、壁に囲まれた古代都市ケルアンに住み着いた。マグリブのメッカとも呼ばれるこの隔絶された要塞都市で、サンチは亡くなる直前まで、困りごとを抱えた地元の人々のために働き続けた。

サンチは若い学生だった1890年代に、南アメリカへの長期の科学探検旅行に同行したことがあり、そこでアリのとりこになった。サハラ砂漠の端にあるケルアンに住み始めてからは、空いた時間をその非常に乾燥した田舎の一地方に生息する、さまざまな種類のアリの観察と収集にあてられるようになった。そして、まもなくアリのナビゲーションという研究テーマについての科学論文を発表し始めた。サンチの発見は画期的だったが、知名度の低いスイスの論文雑誌で発表されたため、はじめはほとんど注目されなかった。

サンチは創意工夫に満ちた実験主義者であり、当時の一流科学者たちの多くのように、動物はこんなことをするはずだという仮定のもとに、研究室内で実験をするやり方は取らなかった。動物たちの現実の行動を自然の生息環境の中で観察し、その結果に基づいて自説を立てたのだ。

すでにラボックが光の重要性を発見していたにもかかわらず、アリのナビゲーションをめぐる論争はいぜんとして、においの跡の役割についての議論から先に進んでいなかった。しかしサンチはフィールドでの観察から、彼が関心を持っていたサバクアリは、行きには遠回りのルートを通るが、巣に戻るときには同じルートをたどらないことに気づいた。実際には、どちらかと言えば直線に近いルートを通っていた。つまり、「アリの行進」で思い浮かべるような真っすぐなルートだ。どんなルートを取るにしても、極端に気温が高ければ、においが残るのに必要な揮発性化学物質がすぐに飛んでしまって役目を果たさない。

この驚くべき行動を説明するのは難しかった。同じようにサバクアリを研究していて、やはり北アフリカを拠点としていたフランスの土木技師ヴィクトール・コルネット（1864～1936年）は途方に暮れた。コルネットは、アリが「絶対的な方向感覚」に頼っているという説を提案しはしたが、その謎めいたメカニズムが実際にどう作用しているのかはまったくわからなかった。サンチはこの説に満足できず、思い切った疑問を投げかけた。

サバクアリたちが太陽をコンパスとして使っている可能性はあるだろうか。

サンチは、この斬新な考えを確かめるために、シンプルだが見事な実験方法を考え出した。アリから太陽を隠すように衝立を設置したうえで、鏡を使って、実際とは反対の方向に太陽の反射像が見えるようにしたのだ。するとほとんどの場合で、アリは期待通り進む方向を180度変えた。

サンチがラボックの古い研究を知っていたかどうかはともかくとして、動物のナビゲーション能力に太陽コンパスが関係しているのを初めて確認したことは、サンチの功績だといえる。そしてサンチはそこでやめなかった。その後、アリが日没後の薄明かりの中でもうまく進めることを証明した。さらに日中に、歩いているアリを厚紙製の筒で囲んで、小さな丸い空しか見えないようにしても、やはりうまく進むことができた。

サンチは、アリが決まった方向に進むには太陽そのものを見なくてもよいのだと推測した。この結果は説明が難しかったが、光の強さの変化率や、空にある他のヒントを利用しているのかもしれない。アリは日差しの中でも、何らかの方法で星のパターンを見ることができるのではとさえ考えた。

サンチの発見がようやく正当に評価されるようになったのは、彼が亡くなった後のことで、その頃にはミツバチでも同様の行動が観察されるようになっていた。

＊　＊　＊

人工衛星テクノロジーによる鳥類の追跡調査は、ワタリアホウドリで初めて実施された。巨大なこの鳥は、体重が12キログラムにもなる場合があり、何百年も前から船乗りたちを驚嘆させてきた。この鳥は、波の上を楽々と滑空し、その巨大な翼をほとんど羽ばたかせなくてよいからだ。数日から数週間にもわたって船と一緒に飛べることからみても、ワタリアホウドリが長距離を飛行できるのは明らかだった。

しかし、実際の飛行距離が明らかになったのは1989年のことだ。この年、インド洋の南方にぽつんと浮かぶクローゼー諸島で研究していた、フランス人科学者のピエール・ジュヴァンタンとアンリ・ヴァイマースキルチは、繁殖期に6羽のオスのワタリアホウドリに衛星追跡装置を取り付けることに成功した。

重さ180グラムの送信機を装着したオスのワタリアホウドリは、自分の巣に戻り、そこでつがい相手のメスが抱卵やひなの世話を交代してくれるまでじっと待った。その後オスは、餌を探しに海へ向かった（ワタリアホウドリは抱卵やひなの世話と、巣を離れる餌探しをオスとメスが交代でおこなう）。追跡装置によって明らかになったのは、息をのむような事実だった。それまでの推定をはるかに超える結果が出たのだ。

6羽のうちの1羽は、33日間で1万5000キロを飛行した。別の1羽は27日間で1万427キロを飛んだ。さらに、たった1日で936キロを記録した個体もいた。平均飛行速度は時速58キロにもなり、最高速度が時速81キロに達したこともあった。この堂々とした鳥は、幅3メートルもの翼を南極海の暴風に乗せて、南極大陸を難なく一周できる。

ワタリアホウドリは夜間よりも昼間のほうが遠くまで飛び、おそらくは餌を食べるために、時々飛ぶのをやめる程度だった。一方、日没後に飛び続けるときには、昼よりもずっと速度が遅くなった。ワタリアホウドリは昼間のほうが安心してナビゲーションできるらしく、それはきっと、少なくとも部分的には、太陽の位置を参考にしているからだろう。

ミツバチのダンス言語

カール・フォン・フリッシュ（1886～1982年）は、コンラッド・ローレンツ（1903～89年）やニコ・ティンバーゲンとともに、動物行動学（エソロジー）の創設者の1人とされている。3人は根気強い研究者であり、その素晴らしい研究業績を認められて、1973年にノーベル賞を共同受賞している。その業績のなかでも、おそらく最も印象的で、間違いなく最も有名なのが、ミツバチのダンス言語の発見だ。しかし、そこにたどり着くまでには長い年月がかかった。

ミツバチは、巣を維持するのに必要な花の蜜や花粉を求めて、巣の周りを探し回る。そしてその採餌活動のために、20キロにもおよぶ旅に出ることがある。フォン・フリッシュは、ミツバチがどうやって花の種類を見分けているかを研究するなかで、長距離飛行のエネルギー源である花蜜の代わりに、砂糖水を満たした餌皿を訪れるようにミツバチを餌付けした。

フォン・フリッシュは観察するうちに、面白いことに気づいた。砂糖水の皿が空になっている場合、ミツバチは砂糖水が補充されているかどうか確かめるかのように、何度も皿に戻ってくるのだ。そして実際に砂糖水を補充すると、驚くほど短時間のうちに、たくさんのミツバチが餌皿に現れる。それはまるで、ミツバチが何らかの方法で、フォン・フリッシュが砂糖水を補充したことを知っているかのようだった。

1919年にフォン・フリッシュは、ハチたちが中で（垂直な巣板の上で）何をしているかをガラスパネル越しに見られる、特別な巣箱を借り受けた。数匹のハチを巣箱近くの餌皿を訪れるように餌付けし、そのハチに赤い塗料で目印の点を付けた。そのうえで、砂糖水を餌皿にしばらく入れずにおいてから、ふたたび餌皿を満たした。すぐに、目印が付いた餌付け済みのハチが1匹、餌皿にやって来ると、巣箱に戻っていった。

このハチの巣箱内での行動を観察したフォン・フリッシュは、自分の目が信じられなかった。「とても愉快でわくわくする」ものが観察できたのだ。戻ってきたハチは、巣板の表面を大慌てで動き回りながら、腹を震わせた。すると他のハチは興奮した様子でそのハチに頭を向け、その腹に触覚で触れた。目印の付いたハチが他のハチに取り囲まれると、そのハチはすぐに砂糖水の皿に向かうが、たちまち目印のない多くのハチも皿にやって来るようになった。

フォン・フリッシュは当初、そうした「新参」のハチたちは、「偵察役」のハチを追いかけて餌皿にたどり着くのかと考えたが、この説を裏付ける証拠は見つけられなかった。そこでフォン・フリッシュは、ファーブルやラボックといった先人と同じように、匂いが関係しているのではと考え始めた。そこで、たとえばペパーミントやベルガモットといった、強い香りを染みこませた場所に餌皿を置き、偵察ハチをその餌皿に餌付けした。こうした香りはハチの脚や体に付くはずだ。

新参ハチたちは、こうした香りを付けた餌場を強く好む傾向があった。その後、温室内で、砂糖水の皿ではなく本物の花で同じ実験をおこなったところ、やはり同じ結果になった。フォン・フリッシュが考えたのは、ハチのダンスは巣箱の中のハチたちに、食料源の存在とその質の両方を知らせているということだった。新参ハチたちは、ダンスするハチの体から検出した香りの発生源を探すことで、新しい餌のありかを見つけ出すという、それなりに合理的な説だ。

ハチが互いにコミュニケーションできるというのは、画期的な発見だった。多くの科学者は、昆虫がそこまで高度な能力を持ちうるのは信じがたいと感じたが、フォン・フリッシュの研究は質が高いうえに、研究を世に広めるのに使われた講演や本、映画が素晴らしかったため、１９３９年に第二次世界大戦が勃発する頃には世界的に有名な科学者になっていた。しかしそうした高い評価も、ナチス政権からの好ましからぬ注目からは守ってくれなかった。フォン・フリッシュの曾祖父母が19世紀初頭にキリスト教に改宗したユダヤ人だったことが、何者かによって暴露されると、フォン・フリッシュはナチスの反ユダヤ法令に触れることになり、ミュンヘン大学での教授職を失う寸前までいった。ともあれ戦争への支援として、ハチミツの増産方法を探すと約束することで、なんとか職に残ることはできた。

　人生は過酷だった。1944年には連合国の爆撃がミュンヘンにもおよぶようになり、フォン・フリッシュの自宅と書庫、さらには建てたばかりの研究室まで破壊された。フォン・フリッシュは幸運にも、家族や学生たちとともに、オーストリアのザルツブルクからそう遠くないアルプスの麓のブルンヴィンクルに疎開して、湖のほとりにある、彼の美しい私有地に滞在することができた。1944年6月のノルマンディー上陸作戦や、それに続く北フランスでの戦闘といったおそろしい出来事が起こるなか、フォン・フリッシュと仲間の研究者たちは一連の重要な観察を始めた。その結果、フォン・フリッシュは、ハチのダンスの重要性についての自説を変えて、はるかに複雑な説へと練り上げなければならなくなった。

　1944年8月は、養蜂には絶好の天気だった。フォン・フリッシュの研究仲間の1人は、ハチミツの生産量を増やすとともに、花への授粉を促すために、ミツバチをもっと遠くにあるより優れた蜜源へ導く実験を進めていた。フォン・フリッシュはその研究者に、巣箱の近くに置いた香り付きの餌皿に向かうようにミツバチを条件付けてから、その餌皿を遠くの新たな場所に移動させてはどうかと提案した。

　フォン・フリッシュの長年の説によれば、ミツバチは認識できるようになった香りの源を探すことで、新しい場所に置かれた餌皿を見つけるはずだった。しかし、驚くような結果が待っていた。いざ餌皿を動かしてみると、新しい場所にミツバチたちが現れることはなく、仲間の研究者はひたすら待ちあぐねる羽目になった。

その年の夏中、フォン・フリッシュは、香りを染みこませた餌皿を、あるものは巣箱のかなり近くに、あるものは300メートルも離れた場所に設置して、それぞれにミツバチを餌付けした。すると、偵察ハチを遠くの餌皿に向かうように餌付けした場合、その偵察ハチから呼び出された新参ハチは、餌皿に真っすぐ飛んでいくことが多かった。たとえ同じ香りが付いていても、近くの餌皿は無視してしまうのだ。これはとても奇妙な結果だった。それまでの説に反して、新参ハチは、単に正しい匂いのする食料源を探しているのではなく、**遠くの**食料源を積極的に探し、巣箱に近いものは避けているように見えたからだ。フォン・フリッシュは自分の観察記録に、ミツバチはある種の「距離についてのコミュニケーション」ができるようだ、と手短に書き留めた。

ミツバチが空中の匂いの跡をたどっている可能性を除外してみると、ミツバチが距離の情報に対応していることが明確になった。さらに飛んでいく方向も選んでいるようだった。偵察ハチのダンスが、食料源の状態だけでなく、巣箱からの方向や距離の情報も伝えているということがあり得るだろうか。

偏光とe-ベクトル

戦争が終わると、フォン・フリッシュはこうした興味深い疑問に答えを出そうと、熱心に研究を進めた。塗料で記号を付けて、たくさんの偵察ハチを区別できるようにしてみると、偵察ハチのダンスの速度と直前に訪れた食料源への距離に強い相関関係があることがわかった。

そして１９４５年の夏、フォン・フリッシュはさらに驚くような発見をした。ある日の午後、とある食料源から戻ってきたミツバチは、尻振りダンスの中で巣板の面の上を直進する動きをしたが、時間の経過とともに、その動きの方向が少しずつ変化した。つまり、太陽の方位角の変化に合わせて、ダンスの向きを変えているのだ。

フォン・フリッシュは次に、巣箱の周りの東西南北に餌場を設置して、ダンスの方向との関係を調べた。すると、まったく驚くようなことが明らかになった。ダンスの方向と巣板の垂直方向が作る角度はつねに、食料源がある方角と太陽の方角の関係を表していたのだ。フォン・フリッシュは自らの観察結果を次のようにまとめている。「真上に進むダンスをすれば、『食料源に到着するには、太陽の方向に飛ばなければならない』という意味だ。尻振りダンスが下方向に進むときには、『太陽と正反対に進むのが食べ物への道だ』という意味になる」

これは、天体によるナビゲーション能力の一種を持つ昆虫がいるという明確な証拠である。さらに驚くことに、偵察ハチには、食料源の場所についての情報を巣箱の仲間に伝える能力があることもはっきりと裏付けている。

次にフォン・フリッシュは、ミツバチの巣箱を特別に作った小屋の中に設置し、ミツバチが尻振りダンスをするときに利用可能な視覚情報を系統的に操作できるようにした。この実験でわかったのは、小屋に太陽光が入らないようにした場合（小屋の内部では観察用の照明として、ハチの目には見えない赤色ライトを使用する）、ミツバチは完全に方向感覚を失うことだ。しかしフォン・フリッシュが懐中電灯をつけると、ミツバチはすぐに、懐中電灯が太陽であるかのようにダンスの向きを定めた。それはラボックのアリと同じだ。さらに懐中電灯を動かせば、ミツバチのダンスの方向を好きなように変えることもできた。

ここでフォン・フリッシュは、空のほんの一部しか見えなくても、ミツバチが正しい向きでダンスできる場合があることに気づいた。そこで、サンチがずっと以前にサバクアリでおこなった実験と同じように（当時はサンチの実験を知らなかったが）、小屋の屋根にストーブの煙突を取り付けた。ミツバチからは、この煙突の丸い円の中にのみ空が見えるようにした。ただしこの円から太陽は見えなかった。するとミツバチは、空が晴れている間は正しい方向でダンスできたが、雲が光の差し込む円を通過すると、また方向を見失ってしまった。次にミツバチに煙突を通して空の反転像を見せると、ダンスの方向も反対になることがわかった。

フォン・フリッシュがこうした不可解な結果について仲間の物理学者たちと議論しているうちに、考えられる説明が物理学者たちから出てきた。ミツバチは太陽の偏光に反応しているかもしれないというのだ。

太陽から放射される光は互いに直角に交わる方向に振動する電場と磁場からなることが、かなり以前からわかっていた。真空空間を伝わってくるときには、こうした電場や磁場はあらゆる可能な方向

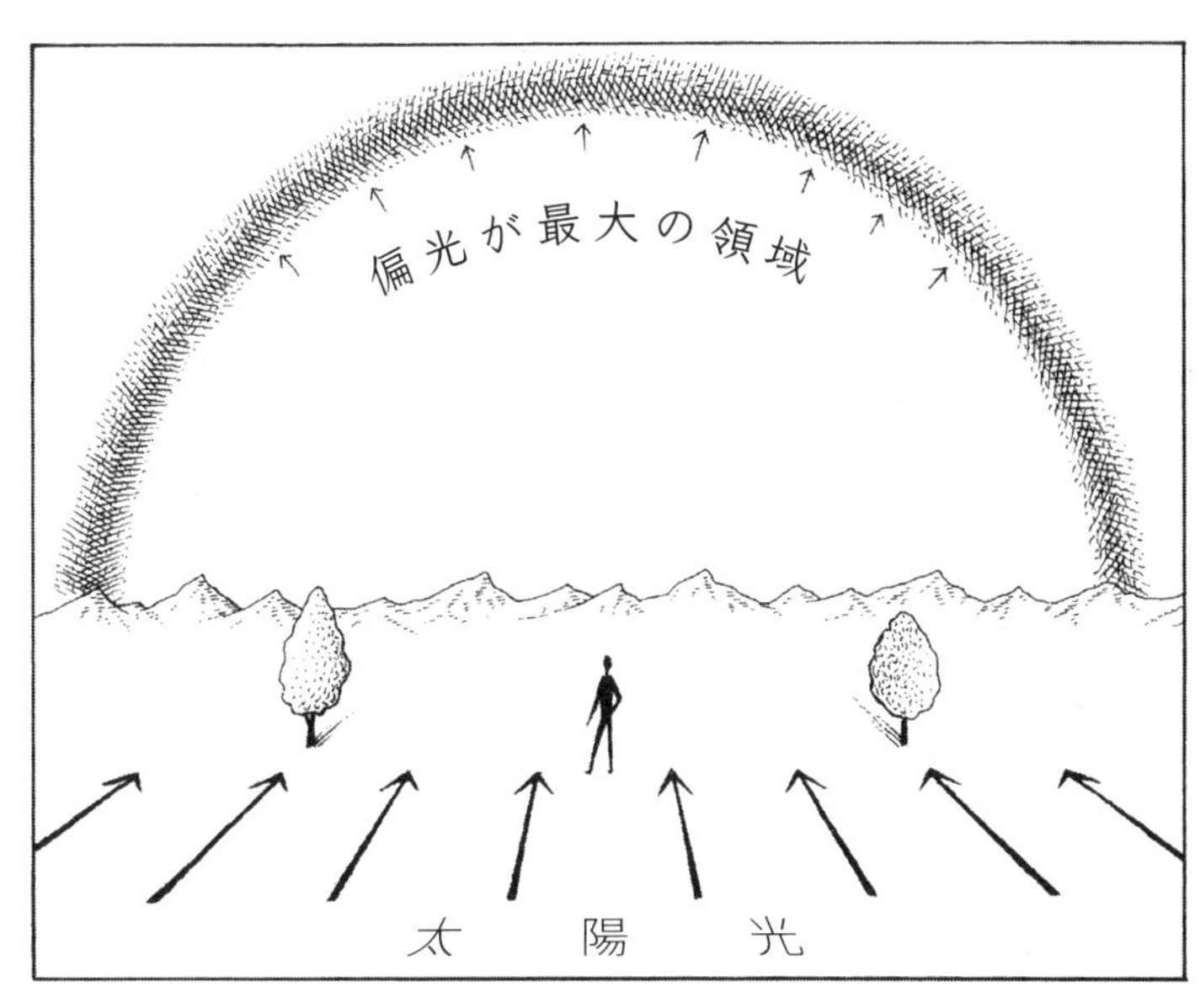

太陽を背にして立ったとき、雲のない空に見える偏光が最大の帯状領域。

に振動するが、地球の大気を通過するときに、その振動方向の一部が除去される。このプロセスは偏光と呼ばれており、その結果として空には、専門用語では「e-ベクトル」〔電気［electric］ベクトルの略で、光の電場の向き〕の特徴的なパターンが現れる。このパターンは、私たちの肉眼では見えない。しかし偏光フィルターを使えば、そのパターンを見る能力がある動物の目にはどう映るのか、だいたいのところがわかる。

ためしに、雲のない朝に太陽を背にして立ち、偏光サングラスをかけてみよう。頭上を見上げると、左から右、地平線から地平線へと走る濃い青の帯が見えるはずだ。次に、右か左に体をゆっくりと90度回転させると、濃い青の帯が少しずつ薄くなる。この濃い青の帯は、偏光が最大の領域であり、それが空でどの方角に伸びるかは太陽の方位角で決まる。

ミツバチはこのパターンを見られれば太陽自体を見る必要はないのだろうとフォン・フリッシュは考えた。e-ベクトルさえ見えていれば、太陽の方位角を決めることができるからだ。そしてこの説を証明することにすぐに成功したが、そのとき役立った偏光フィルムは、アメリカへの講演旅行のときに、ポラロイドカメラの発明者であるエドウィン・ランドからもらったものだった。

世間を騒がせた新事実

ミツバチが空の偏光パターンを検知でき、太陽本体が見えないときでも、偏光パターンを参考にして方向を決めているという発見は、大きなブレークスルーではあったが、動物は太陽の方位角がわかっているだけでは、真っすぐ進み続けることはできない。少なくとも、長距離を進む場合には不可能だ。太陽は空の上でつねに動いているので、その動きをどうにか補正しなければならない。それは時間を記録することを意味する。ミツバチが他の驚きの能力に加えて、体内時計まで備えているということがあり得るだろうか。

手がかりは1929年に出てきていたが、その重要性はすぐには正しく評価されなかった。フォン・フリッシュの教え子の1人だったインゲ・ベーリングは当時、数日にわたって同じ時刻に餌を与えられたミツバチは、それ以降まったく同じ時刻に餌を求めて餌皿に現れるようになることを発見した。その後の実験から、この注目すべき行動が他の外的な手がかり（太陽の方位角の変化など）に左右されないことがわかった。フォン・フリッシュは当時、このメカニズムが「自然の無意味な贈り物」なのか、それとも何か生物学的に重要な現象なのかと考えていた。１９５０年代初めになってようやく、フォン・フリッシュはこの疑問に決定的な答えを出せるようになったのである。

フォン・フリッシュは、弟子のマルティン・リンダウアー（１９１８〜２００８年）の力を借りながら、ミツバチを餌付けして、太陽が西にある午後には巣箱から北西に約１８０メートル離れたところにある餌皿を訪れるようにした。その翌日に２人は、巣箱をミツバチが一度も訪れたことのない（そのため見慣れたランドマークを参考にすることができない）まったく新しい場所に運んだ。

そのうえでいくつもの餌皿を、巣箱から１８０メートル離れた場所に置いた。その方向はさまざまだった。そのときは午前中だったので、太陽は空の東側にあった。それでも大多数のミツバチは、前日に餌付けされた餌皿と同じように、北西方向に置かれた餌皿へ向かった。ミツバチが太陽の方位角の変化をあらかじめ考慮していたこと以外に、考えられる説明はなかった。この機能が、ミツバチに備わっている、時間の経過を把握する能力によるものであることは明らかだった。

別の意外な面からも、ミツバチが時間補正式太陽コンパスを備えていることが裏付けられた。ミツバチは巣別れをしようとするときに、偵察ハチを送って、新しい巣に最適な場所を選ぶ。その偵察ハチは巣に戻ってくると、ときには何時間も続くダンスをして、良いと思った場所の方向を伝える。すると別のハチが出かけていってその場所を調べ、意見が一致すれば、民主的な方法で選ばれた新しい場所に向かって最終的に群れ全体が飛び立つ。この長時間続くダンスセッションの間、偵察ハチの尻振りダンスの向きは、太陽の方位角の変化に合わせて変わる。これは、偵察ハチが太陽や空を見られるのならそれほど驚くことではないのだが、巣の中の暗い小部屋にいるときでもダンスの方向を調整していたのだ。

フォン・フリッシュによるミツバチのナビゲーション能力についての新事実は、世間を大きく騒がせた。それは、昆虫が（たとえサイズが小さくとも）高い順応性があり、おそらくは知性さえ持っていることを意味するように思えたからだ。同時代の科学者の多くにとって、こうした考え方を受け入れるのはひどく難しかった。ミツバチのような動物がそれほど高度な能力を持てるわけがないと、主義として信じていたからだ。

同時に、ジガバチの実験をしたティンバーゲンと同じように、フォン・フリッシュも実験のほとんどを野外で実施していたという問題もあった。そうした自然界の条件は、屋内の実験室のようには正確に制御できない。白衣を着た科学者たちは、レーダーホーセン〔サスペンダー付きの革製半ズボン。ドイツのバイエルン地方やオーストリアのチロル地方の民族衣装〕姿でアルプスの牧草地を大股で歩き回っている人物の主張を真剣に受け止められないと思ったのだろう。そうした懐疑的態度には、嫉妬も混じっていたかもしれない。

それでも、フォン・フリッシュの研究があまりにも厳密かつ簡潔だったので、懐疑的だった科学者もほとんどが納得させられた。当時、イギリスの動物行動学研究の第一人者だったウィリアム・

ソープ（1902〜86年）は、終戦直後にフォン・フリッシュのもとを訪れた。そして科学誌の『ネイチャー』に、「（フォン・フリッシュ）の研究が非常に詳細で、徹底したものであるにもかかわらず、（その研究を知った）動物学者が初めは疑わしく感じるのは無理もないことだ」と書いている。

ソープによれば、ある研究者はフォン・フリッシュの発見を受け入れることに「まったく気乗りしない」ほどだったが、その発見には「間違いなく革新的」な意味合いがあると認めていたという。ソープ自身は、フォン・フリッシュの研究結果に納得していて、働きバチの行動は「地図の作成と判読の基本的な形であり、この符号化された活動では、重力が作用する方向が太陽光の方向と入射角を表す符号になる」と熱心な書きぶりで結論づけている。

フォン・フリッシュが提案したハチの尻振りダンスの新解釈は、着実に支持を集め、動物学が専門ではない人々の関心も集めたものの、誰もが彼の主張に納得したわけではなかった。懐疑的な見方が再浮上したのは、フォン・フリッシュの研究生活も終わりに近づいた1967年のことだった。2人のアメリカ人研究者が、フォン・フリッシュの発見に直接的に疑問を投げかけるような、新たなミツバチ実験の結果（難解な統計学だらけのもの）を発表したのだ。1970年に別の新しい研究がフォン・フリッシュの実験結果を再現し、彼の結論を裏付けたのは、老科学者にとって幸いなことだった。

＊　＊　＊

キョクアジサシは、そのすらりとした後方に流れる形の翼と、ゆっくりと降下するような飛び方を利用して、北極と南極を行き来することでいつでも夏の季節で過ごしている。しかし、その季節移動の規模はつい最近まで十分にはわかっていなかった。

２０１１年６月、オランダの科学者たちは、オランダで７羽のキョクアジサシを捕獲し、脚に「ジオロケーター」（重さはわずか1.5グラム）を取り付けた。この装置は日の出と日の入りの時間を毎日記録した。研究者たちは１年後にそのうちの５羽を再度捕獲して、ジオロケーターで記録した情報から、その移動経路を再現することができた。

この５羽は、平均すると、オランダにあるコロニーから離れて２７３日間過ごし、その間に９万キロ飛行していた。これは（これまでのところ）鳥の渡りの最長記録であり、キョクアジサシのそれまでの推定飛行距離も約２万キロ上回っていた。従来の調査では、グリーンランドのアジサシは主に南北大西洋の上を飛行し、ほぼ「８の字」のコースで南極との間を往復することがわかっていた。対照的にオランダのアジサシは、アフリカ大陸の南端まで飛んでから、南氷洋をオーストラリア付近まで飛び、次に南極に向かって南に進んでから、大西洋を通ってオランダに戻ってくるという、はるかに長い周回ルートを取っていた。

キョクアジサシが外洋をはるばる渡るときに、どうやってナビゲーションしているのか、あるいは繁殖地をどのようにして見つけているのか、はっきりしたことはまだわかっていない。

第6章

デッドレコニングと螺旋（らせん）運動

昔の船乗りはいかに外洋を航海したか

かつては多くの船乗りたちが、ひどく不十分なナビゲーションツールしか持っていないのに命がけで海を渡っていたことは、今となっては驚きを覚える。自分の位置を知るための信頼できる手段もなしに、数カ月にわたる航海に出ることを想像してみてほしい。新鮮な食品の保存は不可能だし、雨が降らなければ飲み水も補給できなかったので、それは今おこなうよりもはるかに危険な試みだった。航行がうまくいかないせいで、数え切れないほどの船乗りが犠牲になったが、その理由は船の難破より、壊血病や、飲料水や食料の不足のほうが多かった。そして、あのズグロアメリカムシクイがはっきりと教えてくれたように、この問題に直面してきた動物は人間だけではない。

はるか昔には、外洋航海は大冒険だったので、大半の船乗りは可能なかぎりつねによく知っている航路だけを使っただろう。しかしもちろん、いつも海岸沿いを航行していたわけではない。船乗りたちには、進むべき距離と方角がおおまかにわかっていて、自分の船の速度と針路をまあまあ正確に見積もることができれば、目的地に着ける自信があった。北半球の航海者にとって、北極星の水平線からの高さは緯度を知る手軽な方法だった。さらに16世紀頃からは、天文学者による入念な観測のおかげで、正午の太陽の高さを測定して、そこから緯度を求めることも可能になった。

目的地の緯度がわかっているなら、船乗りはその緯度に沿って進めば（いつかは）目的地に到達すると考えてよかった。しかし、いったん陸地が見えないところまで進むと、船の位置を正確に把握できなくなる。船の経度を求める手段がないからだ。これはつまり、目的地にいつ着くのか、はっきりとはわからないということだ。これは特に、悪天候や視界が悪いときには危険な状況である。

経度の測定が不可能だと、正確な海図が存在しないことにもなる。たとえば、太平洋の広さについての当時の推定値には数千キロのばらつきがあったし、16世紀なかばにスペイン人によって偶然発見されたソロモン諸島は、その後200年にわたって「失われて」いた。身近なヨーロッパの海でさえ、海図はかなり不正確なことが多かった。この「経度問題」を解決しようと、200年以上にわたってヨーロッパ各国が多額の報奨金をかけたが、18世紀なかばまで未解決のままだった。船乗りの大半が新しいテクノロジーを手にして、その使い方を理解するようになるのは、それよりさらに後のことだ。

それならば、昔の船乗りたちはどうやって外洋を航海していたのだろうか。

天体観測の他に、彼らに使える道具は3種類あった。磁気コンパス（ヨーロッパでは12世紀に使用が始まったと考えられる）、測程儀（そくていぎ）、そして測鉛線だ。

磁気コンパスは、言うまでもなく、針路を一定に保つ方法をもたらした。ただ、これは簡単に聞こえるかもしれないが、実際には少しも簡単ではなかった。磁気コンパスには「自差」という、潜在的に危険な効果が生じやすいからだ。自差とは、船上の鉄製の物体が磁気を帯び、磁気コンパスに影響を及ぼすことで発生する誤差で、その大きさが船の向かう方角によって異なることが、さらに混乱を招いていた。

この厄介な問題がきちんと理解され、有効な対処法ができたのは19世紀になってからだ。さらに、真北と磁気の北が大きくずれている場合もあり、そのずれが場所だけでなく、時間によっても変化することが広く理解されるようになるのにも、かなりの時間がかかった。

測程儀は、長いロープの端に木切れを結び、そのロープに目印として一定間隔で結び目を付けただけの道具だ。この木切れを船外に落として、砂時計で一定の時間を計りながら船後方の海面に流す。その一定時間に船から海上に出ていった「結び目（ノット）」を数えれば、船が海面を進む速度がおおよそ計算できる。結び目が1個出ていく速度、つまり1ノットは時速1海里（1852メートル）と決められた。これはかなり効果的なシステムだった。ただし測程儀の目印の付け方がしばしば問題を引き起こした。

測鉛線はそれよりもさらに単純だった。これは、円錐形の鉛が付いた、ただの長いロープであり、鉛を舷側から海中に落として水深を測定するしくみだ。鉛の底部の空洞に脂を詰めておけば、海底のサンプルを採取して、たとえば砂や砂利、泥など、どんなもので海底ができているのか調べることも可能だった。沿岸海域の海図には、海底の状況が記してあり、この情報と水深を組み合わせれば、船のおおまかな位置を求めるのに役立った。

しかしもちろん、水深が数千メートルに達することも珍しくない外洋では、通常の「鉛」は使えない。そういった外洋では、昔の船乗りは、ある方角にどのくらい進んできたかを記録するという、単純なその場しのぎのやり方で船の位置を計算するしかなかった。つまり、西への航路を5ノットで10時間航行したとしたら、船は10時間前よりも50海里西にあることになる。というよりも、そこにあると期待する、というべきだろう。

速度や進む方向を変えるたびに記録していけば（字の読めない水夫が多かったので、簡単なペグボード〔規則的に並んだ穴にピンなどを刺す板〕がよく使われた）、たとえ航路や速度の変更を繰り返した後でも、船と出発地点の相対的な位置関係を知ることができるはずだった。この方法を「デッドレコニング（Dead Reckoning）〔「推測航法」「経路積算」とも呼ばれる〕」という。これは現在では「Dead」ではなく「Deduced」（推測）という単語が使われることが多いが、「Dead Reckoning」という用語は少なくとも17世紀から使われており、「Dead」の由来はまったくの謎だ。個人的には、エリザベス朝のブラックジョーク好きな船乗りが考え出した用語だと思いたい。

デッドレコニングで困るのは、信頼性の低さだ。実のところ、信頼性はとても低い。抑えるのが非常に困難な、さまざまな誤差が生じやすいのだ。まず、海流の問題に対処しなければならない。水深が深い海域でも、海流が強いことはある。何らかの方法で船の位置を決めないかぎり、海流の速さを知る手だてはない。たとえば、測程儀によれば船は5ノットで進んでいて、磁気コンパスでは西に進んでいることが確認できるかもしれない。しかし海全体が動いていたら、船は実際には異なる方角に、異なる速度で進んでいる可能性がある。さらに、船を帆走させるときには、風が真船尾（船の真後ろ）から吹いていないと、船が風下に流されやすいという問題もある。つまり、船は前進しながら、横方向にも流されるのだ。この「風圧差」の大きさを、船の航跡と船の針路の間の角度から計算することは可能だが、それは厳密な方法とはとてもいえない。

加えて、舵手のことも考えなければならない。船の針路を保つのが上手な舵手もいれば、あまり信頼できない舵手もいるからだ。航海士が毎回の当直の終了時に、船がある決まった速度で西へ着実に進んできたという自信があっても、船は実際にはずっと不規則な経路をたどってきていて、速度も変動していた可能性がある。そして言うまでもなく、天気の問題はつねにある。嵐が来ているときには、何かをきちんと記録すること自体が不可能だ。一方で無風状態のときには、船は目に見えない海流のなすがままに流されるしかない。こうした状況では、デッドレコニングはまったくうまくいかない。

英国海軍のアンソン提督が１７４０年代におこなった有名な探検航海は、デッドレコニングの信頼性の低さを如実に示した。最悪の条件の中で、南アメリカ大陸のホーン岬をやっとのことで回った後、アンソンは自分のぼろぼろの小さな船が太平洋をかなり進んだのだから、船を北に向けて、南アメリカ大陸西岸を北上しても大丈夫だと考えた。しかしアンソンを待っていたのは、ひどい驚きだった。

真夜中になり、アンソンが自分たちの船団は海の真ん中にいて、陸地から十分離れていると確信していた頃、船団の先導船が警告射撃を発した。そのまま進んでいたら、フエゴ諸島の岩だらけの崖に衝突して難破するところだったのだ。本当に間一髪だった。アンソンたちのデッドレコニングは500海里（926キロ）ずれていたのである。その後も、ファン・フェルナンデス諸島をすぐには見つけられず、その遅れのせいで何十人もの水夫が壊血病で亡くなった。

マーク・トウェイン、道に迷う

1950年代になると、何カ月も潜水したまま作戦を遂行できる原子力潜水艦が開発されたことで、ナビゲーションをめぐるまったく新しい問題が生まれた。当時は天文航法が確立してから相当な時間がたっていたし、無線位置測定システムも利用できるようになっていたが、そういった方法は深い海中をめぐる潜水艦では使えなかったのだ。

この問題を解決したのは、いくつものジャイロスコープを使って潜水艦の加速を三次元で記録する（つまり潜水艦の速度と進行方向の変化を記録する）航行システムだ。こうした慣性センサーからの入力をコンピューターで積分すれば、潜水艦のすべての動きを記録し、あらゆる時点の正確な位置を割り出すことができる。しかし、地球の自転を考慮する必要があるし、時々システムを補正しなければならない。補正しないでおくと、センサーが徐々に「ドリフト〔示される値がずれていくこと〕」するのだ。

こうしたジャイロスコープを使う方法は「慣性航法」と呼ばれ、ミサイルや航空機、さらに宇宙探査機でも広く使われてきた。

面白いのは、これと同じような体のメカニズムが、他の多くの脊椎動物とともに私たち人間にもあることだ。それは前庭器官と呼ばれている。人間の内耳は、潜水艦に搭載されているジャイロスコープと同じように加速度を検知するようにできているが、しくみは異なっている。三半規管の中にある耳石(じせき)という小さな石の作用で、感覚毛が圧力を受け脳に信号を送る。信号を受けた脳は、体が動いている方向や速度を割り出す。しかしそれだけではない。同時に、体の関節や筋肉からも貴重なフィードバックを受け取っている。たとえば、自分の歩数を数えることで歩行距離をだいたい計算できるし、地面の傾斜や歩きにくさを感じることで、自分が坂を上っているのか、下っているのかが判断できる。

こうしたさまざまな「自己運動」で得られた情報を組み合わせることで、自分がどこにいるかをつねに把握することが原理上は可能なはずだ。しかし残念ながら、この後の話でわかるように、このしくみは現実にはあまりうまく機能しない。

吹雪の後は世界がまったく違って見える。旅人がよく頼りにするランドマークの多くが隠れてしまい、その地域に詳しくなければ（あるいはイヌイットのハンターのようなスキルがなければ）すぐに困ったことになるだろう。

アメリカの有名作家マーク・トウェイン（1835〜1910年）の身に降りかかったのは、まさにそんな事態だった。19世紀半ば、トウェインが旅仲間たちとともに、ネバダ州カーソンシティーという辺境の町に向かう途中のことだ。

トウェインは自叙伝的な著作『苦難を乗りこえて——西部放浪記』で、知ったかぶり屋のプロシア人オレンドルフや、バルーといった旅の一行とともに、寒さの中で死にかけた話を書いている。深い雪で道が隠れてしまったうえに、視界も悪かったせいで、旅人たちは遠くの山並みを見て進む方向を決められなくなったのだ。

オレンドルフの案内は不安だったが、彼いわく、自分の直感はコンパスよりも正確、カーソンまでは一直線、それることは絶対にない。また、道を一歩でも外れれば、直感が知らせてくれる。道を外れれば、良心の呵責に責められる気もするぐらいだ。私たちは納得して、彼に続くことにした。三十分ほど必死に雪をかき分けて進んだところで、私たちは新しい轍を見つけた。オレンドルフは自慢そうに大声で言った。「ほら、思ったとおり、コンパスのように正確だろ！　轍に行き当たったぞ！　この誰かの足跡は、私たちのために道を探してくれているようなものだ。先を急いで、この集団に追いつこうじゃないか」（『苦難を乗りこえて——西部放浪記』勝浦吉雄・勝浦寿美訳、文化書房博文社。以下同）

トウェインと旅仲間が馬を速足にさせると、先行する一団の轍が前よりもはっきりしてきたことに気づいて、追いつけるはずだと考えた。1時間後、轍は「いっそう新しく、できたてに」見えた。そしてさらに驚いたのは、先行する旅人の数が着実に増えているようだったことだ。

こんな時間に、こんな寂しい所を、これほどの大集団が旅をしている？　砦から来た兵士だろうと誰かが言った。私たちはなるほどと、さらに先を急いだ。彼らはそう先には行っていないはず。しかし轍は増えるばかり。小隊がいきなり連隊に増えた。もう五百人にはなっていると言ったバルー老人が、やがて馬を止めた。「おい、これは自分らの轍だぞ！　もう二時間以上も、同じ所を無意味にぐるぐる回っていただけだったんだ。なんてことだ。これじゃまるで水力学じゃないか」

ぐるぐる同じところを回る

文学作品や民話にはこういう物語がいくらでもあるし、科学研究によって確認もされているが、その原因をめぐってはこれまでかなりの議論があった。

1920年代にさかのぼると、A・A・シェーファーという科学者が、人間には生まれつき奇妙な「螺旋運動傾向」があって、自分がどの方向に進んでいるのかわからなくなると、それが自動的に作用し始めると主張した。シェーファーによれば、私たちが「ぐるぐる同じところを回る」のはこれが原因だという。しかし、足の長さの違いや、姿勢の変化、注意散漫、あるいは足の置き方のずれなどが（他にもたくさんあるが）一因となって、体内のナビゲーションシステムが誤作動を起こしている証拠があると主張した科学者もいる。

さらに最近ではヤン・ズーマンが、目隠しをした状態の被験者に広くて平らな飛行場を歩いてもらう実験をおこなった。参考になる音も聞こえないと、たとえ短距離でも、真っすぐ進み続けられないことがわかった。被験者は曲がりくねった、ランダムに見える経路をたどるようになり、一周して元の場所に戻ってくることが多かった。そのため平均的にみると、どの被験者もスタート地点から約１００メートル以上離れた場所に到達しなかった。

ズーマンの見るかぎり、こうした方向のずれには何のパターンもなく、足の長さや力の違いのような身体的な影響が原因になっている様子もなかった。それ以前に別の研究者がおこなった実験では、被験者が歩いている途中で急に目標物を見えなくして、そのまま目標物の方向にきちんと進み続けられる時間を調べた。すると、進み続けられるのはわずか8秒だということがわかった。

何らかの視覚的情報が利用できる場合でも、私たちは直進し続けるのがかなり不得手だ。ただし、太陽や月が輝いている場合は別だ。ズーマンは被験者に、2種類の大きく異なる環境を目隠しなしで歩いてもらう実験をした。1つはドイツの森林、もう1つはチュニジアの砂漠で、どちらもランドマークがあまり多くない環境である。面白いことに、実験をしてみると一言ではいえない結果になった。

曇りの条件では、どの被験者も直進するのに苦労したが、太陽が出ているとずっとうまく進めるようになり、見通しが悪くてわかりにくい森林内でも、驚くほど遠くまで真っすぐ進めることが多かった。夜間にチュニジアの砂漠を歩いた1人の被験者も、月が出ている間はかなりうまくいった。しかし月が雲に隠れてしまうと、その経路は何度か急カーブを描いて、最終的には来た道を戻ってしまった。

こうした実験結果からわかるのは、たいていの人は、その場その場で時間補正をおこなえば、太陽や月の光を参考にしながら進む方向を決められることだ。とはいえ、体内の自己運動シグナルだけでは一定の針路を保てないのには、きちんとした理由がある。系統的なずれがどうしても入り込んでしまい、それが次第に蓄積していく。そうなると、最終的には方向の偏りが現れてくる。つまり（あらゆる種類の）動物が直進したいと思えば、ランドマークでも、あるいは何らかの形のコンパスでもかまわないが、外的なチェックが必要になるということだ。そうしなければ、その動物がたどる経路は遅かれ早かれ螺旋状に近づいていく。

そういう意味では、最初からシェーファーが正しかったのだろう。たぶん私たちには、生まれつきの「螺旋運動傾向」があるのだ。

＊　＊　＊

2009年、陸地をすみかとする鳥であるオオソリハシシギの追跡調査から、そのうちの1羽がアラスカからはるばる太平洋を越え、ニュージーランドにいたるノンストップ飛行をして、たった8日間で1万1680キロを飛んだことがわかった。他の数羽のオオソリハシシギの飛行距離もわずかに短いだけだったので、これが特殊なケースではないことが確かめられた。ワタリアホウドリのように滑空する鳥とは対照的に、揚力を生むために翼を羽ばたかせなければならない鳥がそれほど遠くまで飛行するのは信じられないようなことだ。そのうえオオソリハシシギは、羽が濡れてしまったらふたたび飛び立てないので、海面に降りられないことを考えると、これはますます印象深い話である。

　オオソリハシシギにとって、この桁外れの長距離飛行による身体的負担はとても大きい。空に飛び立つだけで、安静時の代謝量の8倍から10倍のエネルギーが必要だ。さらに飛行中ずっとその活動レベルを維持しなければならない。必要なエネルギーを確保するために、オオソリハシシギは出発前に自分の体を大幅に太らせる。同時に、離陸時の体重を最小限にするために、生命維持に必要な臓器を小さくする。ニュージーランドに到達する頃には命からがらの状態で、体重の3分の1を失っている。しかしオオソリハシシギはさらに、何の目印もない大海原を迷うことなく数千キロも進み、途中で遭遇する悪天候を切り抜けなければならない。その方法はまだはっきりしていないが、オオソリハシシギは追い風にうまく乗れるように、アラスカから出発する時期を慎重に決めているというのは興味深い説だ。

　それにしても、オオソリハシシギはアジアの大陸沿岸部に沿って進むこともできるのに、なぜ外洋を越えて真っすぐ飛ぶことを選ぶのだろうか。これにはいくつかの要因が作用しているらしい。まず、直進ルートを行けば、貴重な時間を節約できるだけなく、全体としてのエネルギー負担も最小限にできるだろう。また外洋を飛べば、ハヤブサなどの天敵を避けることもできるし、寄生虫や病気にさらされるリスクも低くなる。しかし北に戻って飛ぶときには、そうしたメリットとデメリットのバランスが変わるのだろう。帰りのルートは、沿岸部に沿って進む部分が多くなるのだ。

気候変動が原因で、太平洋に吹く季節性の風が変化すれば、オオソリハシシギの外洋を越える渡りは混乱をきたすだろう。さらに、北への渡りの途中で餌を補給するために立ち寄る、中国の湿地帯が急速に失われていることも、オオソリハシシギを脅かしている。

第7章 昆虫界の競走馬

世界一の専門家と会う

デッドレコニングにはいろいろと欠点があるものの、ランドマークやGPSのような厳密に位置を決められる独立した手段を利用できるのでないかぎり、自分の位置を知るには唯一の現実的な方法だ。そして、きわめて距離が短く、さまざまな誤差が蓄積するほどの長時間でなければ、デッドレコニングの有効性はかなり高い。それなら、他の動物がデッドレコニングを使うことができるかどうかと考えるのは当然だ（生物学では「デッドレコニング」を「経路積算」と呼ぶことも多い）。サバクアリは採餌旅行のときに、行きは複雑なジグザグのルートをたどり、帰りは一直線に巣に戻ることをみると、デッドレコニングを使っている動物の候補といえそうだ。アリのナビゲーション能力についてもっと理解しようと、私はチューリッヒに向かった。この分野で世界一の専門家であるリュディガー・

ヴェーナーに会うためだ。

ヴェーナーはずっと、サバクアリの帰巣行動を理解しようという強い決意をいちずに抱いてきた。フォン・フリッシュと同じように、ヴェーナーは数多くの野外実験をしてきたが、神経科学や解剖学、分子生物学、さらにはロボティクスの手法も取り入れて、サバクアリがとてつもなく過酷な環境に生息することを可能にしているさまざまなナビゲーションメカニズムを調べてきた。分野横断研究の価値については科学界で盛んに語られているが、ヴェーナーほど、そうした研究の理想を固い決意で追求し、大きな成功を収めている研究者はほとんどいない。

私の列車の到着時刻は深夜だったのに、ヴェーナーはどうしてもチューリッヒ中央駅で出迎えたいと言ってくれた。背が高く、メガネをかけたその姿は、ほとんど人のいない駅のコンコースの真ん中では間違えようのないランドマークだった。私たちは翌朝、大学の学生食堂で朝食をとってから、ヴェーナーのアパートに行った。目の前に湖が広がり、西には高い山々が見えるそのアパートで、一日書斎にこもり、ヴェーナーの研究について語り合った。書棚に並ぶ本は、ほとんどが科学関係だったが、戯曲や小説もたくさんあったし、哲学や美術史の本もあった。私たちの会話は、昼食と夕食をはさみつつ、休みなしで続いた。夜遅くにホテルに戻ったとき、私は疲れ切っていたが、頭はうなりを上げて動いていて、なかなか寝つけなかった。

ヴェーナーが私に明かした話には、謙虚な気持ちになった。小さな昆虫には、私たち人間が装置の力を借りてようやくできるレベルのナビゲーションを、見事にこなす能力があるというのだ。しかし、感銘を受けずにいられないことが他にあった。そうしたことを発見してきた、科学者たちの創意工夫とひたむきさだ。

ヴェーナーは1940年にドイツのバイエルン州で生まれたが、一番古い記憶は、ドレスデンをほぼ壊滅させたイギリス軍の爆撃とそれに続く大火の後に、がれきの中から救出された場面だった。小学生の頃には、ドレスデン郊外にある広い庭に囲まれた家に住んでいた。この「田園的な素晴らしい環境」で、ヴェーナーは博物学に初めて興味を持った。

その後、家族とともに移住した西ドイツでは、同級生と一緒に、空いた時間に鳴禽類を研究した。「巣の中の卵の数を数えたり、繁殖期や採餌行動、渡りのタイミングなんかを調べていたよ」。父は言語学者で、祖父のひとりは外国語の教授だったが、若きヴェーナーは自然科学に強く引かれ、1960年にフランクフルト大学に入学した。そこで動物学や植物学、化学の授業に出るうちに、ヴェーナーの興味は「フィールドから実験室へ、博物学から生理学、特に生化学と神経生理学に移っていった」という。しかしこの時点では、昆虫が自分の研究の中心になるとは思ってもいなかった。

ところで、科学者というのは、少なくとも一流の科学者なら、自分自身の研究にあてるのと同じくらいの時間を、新たな才能の育成にかけるものだ。フォン・フリッシュも確かに、自分のもとに集まってきた多くの優秀な学生たちの指導をしていて、その学生たちもやがて自ら重要な研究をするようになった。フォン・フリッシュの研究成果を足場とした科学者の1人がマルティン・リンダウアーだ。やがてリンダウアー自身が、若きリュディガー・ヴェーナーの面倒を見るようになった。

1963年、リンダウアーがフランクフルトの動物学研究所の所長に着任したときに、ヴェーナーはリンダウアーがしていたミツバチの感覚能力の研究に興味を持った。自由に移動可能な動物について厳密な実験ができそうだということに魅力を感じたのだ。このときから、行動を生み出すメカニズムの全体像を理解することがヴェーナーの目標になった。つまり、感覚器官に始まって、実際に運動を開始させる脳細胞まで延々と続く因果連鎖を明らかにしたいと考えたのだ。ヴェーナーはリンダウアーの指導のもとで、ミツバチが異なるパターンをどのように見分けているかについての研究で博士号を取得した。やがてチューリッヒ大学に職を得て、それ以来この大学を拠点としている。

私が訪ねた初夏の日に、穏やかな湖水を一緒に眺めながら、ヴェーナーは博士号を受けてから数カ月後に、リンダウアーがオーストリアのブルンヴィンクルの有名な屋敷にいるフォン・フリッシュに会わせてくれた話をした。それはとても象徴的な出来事だった。私はヴェーナーの話を聞きながら、キリスト教会で使徒伝承を示す「按手（あんしゅ）」の儀式〔新たな聖職志願者の頭の上に聖職者が手を当てて継承をおこなう儀式〕を思い出した。

フォン・フリッシュは、素晴らしく独創的な実験方法を編み出したこの分野の巨匠だったが、その時代の統計学的研究手法にはかなりの抵抗を感じていた。会見の終わりに、フォン・フリッシュは顔色を変えずに、若いヴェーナーにこんな質問をした。「ヴェーナー博士、質問だが、昆虫の脚は何本だね？」

これは控えめに言っても驚きの質問だった。完全に不意を突かれたヴェーナーは、ためらいつつ、たいていの人は6本だと考えている、と答えた。それを聞いたフォン・フリッシュは、「近ごろはよくわからないんだ。まあ、5.9±0.2本というところだろう」と笑顔を見せたという。このやり取りがあったのは、自分の研究がアメリカで激しく批判されている時期だったのに、フォン・フリッシュはさりげないユーモアのセンスを失っていなかったようだ。

ヴェーナーは若いポスドク学生として、フォン・フリッシュの足跡をたどり、ミツバチを研究する計画だった。しかし、よくあることだが、ヴェーナーのキャリアパスは偶然にも別の方向に進み始めた。ヨーロッパではまだミツバチが飛び回らない春のうちに、彼は何件かの実験計画をたずさえてイスラエルのラムラまで自動車で行き、オレンジの果樹園の真ん中に実験装置を設置した。この場所を選んだのは良くなかった。オレンジの花が満開だったので、観察対象のミツバチは当然ながら、最初からそこにある天然の花蜜をたっぷり集めるばかりで、砂糖水を用意してもちっとも注意を向けなかったのだ。

気落ちしたヴェーナーは、どうすればミツバチを砂糖水に誘導できるか考えているときに、脚の長いアリが何匹かいるのに気づいた。素早く動き回るアリを観察するうちに、そのアリの行動にいっそう興味がわいてきて、ナビゲーション能力に関する予備実験をいくつかやってみた。期待できる結果が出たものの、ヴェーナーは自分が調べているアリについて何の知識もなかった。それがウマアリ属（サバクアリ）に分類されるアリだということも知らなかったくらいだ。

ヴェーナーは自分では気づいていなかったが、理想的な実験対象を見つけていたのである。

チューリッヒに戻ると、ヴェーナーは進行中のミツバチ研究プロジェクトと並行して、ウマアリ属も研究したいと周囲に伝えた。ヴェーナーの研究に助言していた人たちは口々に、そんな「奇妙な生物」の研究に時間を割かないように、と忠告してきた。ヴェーナーはアドバイスに耳を傾けはしたが、結局はその通りにはしなかった。結果的にはこれは良い決断だったが、研究を軌道に乗せるには資金を集める必要があった。さらに、サバクアリの生息地をイスラエルよりも近くで見つけなければならなかった。世界地図を開いてみると、一番近い現実的な場所はチュニジアだった。そこはまさに、サンチが60年前に暮らし、研究していた場所だった。ただしこの時点では、ヴェーナーはサンチのことを知らなかった。

オプティックフロー

1969年、ヴェーナーは数人の学生とともに、自動車とフェリーで北アフリカに向かった。一行は、チュニジア南部のオアシスの町ガベス近くにある塩湖ジェリド湖の南にやってきて、そこで採餌するサバクアリ（後でサハラサバクアリと同定された）に初めて出会った。脚の長いそのアリは、焼けつく太陽の下を食べ物を探して走り回っていて、ついには死んだハエを見つけた。すると、このサバクアリが自分の巣へ一直線に駆け戻ったので、ヴェーナーは驚いた。巣は地面の小さな穴にすぎず、100メートル以上離れていた。その距離では穴の入り口は見えていなかったはずだ。だとしたら、どうしてそんなことができたのだろう。

ヴェーナーたちは6週間にわたってガベス近郊の砂漠で調査をしたが、通行人が珍しがって、あまりにもたびたび調査を邪魔しにくるので、もっと町から離れた場所を探すことにした。その年の後半、ヴェーナーは少人数の学生チームを連れてチュニジアに戻ってきた。そしてすぐに申し分ない調査地を見つけた。海辺の町マーレス（当時は村にすぎなかったが）の近くにある、やや塩分を含んだ平らな砂地だ。一行はそこにキャンプを設営した。そのときのヴェーナーは、サバクアリにほぼすべてを捧げる自らの科学者人生が、この調査旅行から幕を開けることになるとは思っていなかった。もちろん、それから30年以上にわたって、毎年夏になるとチュニジアに戻ってくることも。

1968年当時のマーレスは滞在しやすい場所ではなかったが、ヴェーナーと妻のシビルはタフで機転のきく性格だった。シビルも生物学者で、ヴェーナーの砂漠への調査旅行にはほぼ毎回同行し、ともに調査に取り組んだ。食料は手に入りにくかったし、高温の砂漠での調査は骨が折れるものだった。地域行政官の助力で、ヴェーナー夫妻は地元男性の家の2階に簡素な住まいを見つけたが、2人の行動に村人たちはひどく困惑し、疑いの目を向けることさえあった。あるとき、地元警察にスパイと間違われたことがあったが、シビルの語学力のおかげで何とか深刻な事態にはならずに済んだ。

サバクアリが、厚紙の筒越しに狭い円形の空しか見えない場合でも無事に巣に戻れることは、かなり前にサンチが確かめていた。その後フォン・フリッシュが、ミツバチが偏光を利用した一種の太陽コンパスを使っていることを発見した。アリも同じしくみを使っている可能性が高いと思われていたが、確認されてはいなかった。さらに、そうしたしくみが厳密にどのように作用しているのかは、ミツバチでも謎だった。つまり、やりがいのある課題が1つあったことになる。

ヴェーナーはまず、アリのナビゲーションにおいて目がどのような役割を果たしているのかを調べることにした。言うまでもなく、アリはミツバチよりも追跡がはるかに簡単なので、ヴェーナーはすぐに、たくみに設計された車輪付きの骨組みを使って、焼けつく砂の上でアリの行動を記録し始めた。この骨組みは走り回るアリの上にさまざまなフィルターをかぶせられるようになっていた。この「移動型光学実験室」には、アリを風から守ったり、ランドマークを一切見えなくしたりする役目もあった。ヴェーナーはこの装置を使って、アリの帰巣能力の一部が実際に、偏光を感知する能力によって決まっていることを証明した。

研究室に戻ってから、アリの複眼を電子顕微鏡で調べてみると、空に向いている側（背側）の縁に、ある種の細胞が並んでいるのが見つかった。この細胞には、偏光に反応する見事なしくみがあるようだった。そこでアリの小さな複眼のさまざまな部分に塗料を塗ってみると、この「背側辺縁領域」と呼ばれる部分が、アリの偏光検出能力にとって重要なばかりか、時間補正式太陽コンパスのしくみを支えていることも証明できた。この発見は大きな前進であり、ミツバチにも当てはまることがすぐにわかった。その後調べた昆虫では、ほぼすべてで複眼の中に偏光の検出に特化した同じような領域が見つかっている。背側辺縁領域は実のところ、昆虫の標準的なコンパスの基本であり、その進化上の起源はかなり昔までさかのぼるはずだ。

次にヴェーナーは、アリの脳のどの部位が背側辺縁領域からの信号を処理しているのかを突き止めたいと考えたが、アリの脳はとても小さくて（小さなピンの頭よりも小さい）個々の脳細胞の振る舞いを調べるのは不可能だった。代わりに、ヴェーナーは同僚とともに、ずっと大きいコオロギやバッタの脳を調べて、それらとの類似性から、アリの偏光コンパスを左右する脳内のプロセスを大まかに理解するしかなかった。偏光に反応する脳細胞はすぐに見つかった。その後、偏光情報の処理に関わっている脳の回路の大部分が明らかになっている。

アリが天文航法をおこなう人間の船乗りのミニチュア版ではないのは明らかだ。太陽の動きを補正するために、複雑な計算をしているわけではない。そうする必要もない。なぜなら、アリははるかにシンプルなしくみが使えるからだ。

このしくみは2つの部分からなる。その1つ目としてサバクアリは、ヴェーナーが工学の世界からヒントを得て、「整合フィルター」を呼んだものを採用している。その名称の通り、アリは自分が見たものを、眼の中に組み込まれている空のe - ベクトルパターンのモデルとマッチ（整合）させる。こうして得られた物理的なテンプレートが、太陽の方向を自動的に判定し、アリはそれにしたがって進む方向を決めるのだ。

次に、ミツバチと同じように、2つ目のメカニズムが関与してくる。これはアリの脳で時を刻む体内時計だ。これがあるおかげで、アリは太陽の方位角の変化に合わせてコンパスを補正できる。このメカニズムは、通常の条件ではうまく作用するが、たとえば雲が空の一部を覆っているなどして、偏光パターンの全体が見られないと、コースから外れてしまう可能性がある。

採餌に向かうサバクアリは、バグノルドの長距離砂漠部隊（ＬＲＤＧ）のナビゲーション担当隊員のように、砂漠の塩湖という特徴のない環境で一定のコースを保つため、太陽コンパスを頼りにしている。しかしコンパスだけでは巣への帰り道を見つけられないだろう。デッドレコニングには距離を測定する手段も必要になる。いったいどうすれば、アリが距離を測るという話になるだろうか。

1つの可能性が、アリは科学者が「オプティックフロー」と呼ぶ視覚効果を利用していることだ。これは複雑そうに聞こえるが、とてもシンプルな概念だ。私たちが移動すると、周囲の風景は後方に流れていくように見える。その流れる速度は、1つには物体との距離、もう1つには私たちの動く速度によって決まる。さらに私たちが右や左を見ると、近くにある物体は遠くの物体よりも速く動くように見える。一方で私たちの目の前にある物体は、近づくにつれて大きくなる。ミツバチがこのオプティックフローを、障害物の回避と安全な着陸のためだけでなく、採餌旅行での移動距離の計測にも使っていることは、見事な実験の積み重ねによって確かめられている。オプティックフローによる「計測」は、巣の表面でのミツバチのダンスに影響を与える要素の1つになっている。

サバクアリもオプティックフローを使って採餌旅行での移動距離を計測しているが、それが最も重要な要素というわけではないことがわかっている。何か別のことが起こっているのだ。

キノコ体と中心複合体

話は１９０４年にさかのぼる。この年、アリが自分の歩数をカウントして距離を測定しているという説が提案された。それは、ＬＲＤＧでのナビゲーションで、トラックの走行距離計を頼りに進んだ距離を測っていたのと同じことだ（走行距離計はタイヤの回転数をカウントしている）。興味をそそる説だったが、それを検証する方法は長らく見つかっていなかった。ようやく、ヴェーナーの学生であるマティアス・ウィットリンガーが、アリの歩幅を物理的に変えてしまうという名案を考え出し、そのための大胆ながら現実的な方法を見つけ出した。

まずウィットリンガーは、普通のアリを餌付けして、巣と10メートル離れた餌場との間を行き来するようにした。次に、巣と餌場の間には、巣の位置のヒントになるランドマークが見えないように高い囲み板を付けたテスト用通路を置き、そこにアリを移した。そのうえで、通路の餌場側にアリを置いてから、アリが巣に向かって歩き、巣を探し始めるまでの歩行距離を測定した。次に餌付けされたアリに対して、「実験的操作」と遠回しな名称が付いた操作をした。

ウィットリンガーは、アリの脚に豚毛製の竹馬を取り付けるか（歩幅を広くする）、脚を切断するか（歩幅を狭くする）、どちらかの処置をおこなった。このむごたらしい処置を、アリたちは驚くほど落ち着いて耐えたようだ。そして竹馬付きのアリと脚を切断されたアリをともにテスト用通路の巣と反対の端に放した。ウィットリンガーは、脚の長さを変えたことが巣を探す行動を始めるまでの歩行距離に影響するかどうかを知りたいと考えたのだ。テストの結果は劇的だった。竹馬付きのアリは巣の位置を通り過ぎた。対照的に、脚を切断されたアリは巣のかなり手前で止まった。理論的に予測されていた通り、竹馬付きのアリは巣までの距離を長く見積もりすぎてしまい、脚を切断したアリはそれと正反対の失敗をしてしまったのだ。

しかしそれで終わりではなかった。ウィットリンガーは次に、脚の長さを操作したアリが、本来より長い（または短い）歩幅で、自力で巣から餌場に歩いて行けるようにした。するとアリは、普通のアリとほぼ同じように行動し、巣の場所を正確に見積もった。これは、脚の長さがどう変わっていたとしても、巣から餌場に向かうときと、巣に戻ってくるときの歩数が同じになることを考えれば、つじつまのあう話だ。

サバクアリは、太陽コンパスと走行距離計をうまく使って、出発地点である巣まで真っすぐ戻る道を見つけられる。行きの道がどんなに曲がりくねっていてもできるのだ。まさに現実のデッドレコニングの例として、理想的な姿だといえる。しかし、人間のデッドレコニングと同じで、アリのデッドレコニングシステムも完璧ではない。デッドレコニングではもともと累積的な誤差が生じやすいところに、サバクアリは巣から数百メートル先まで移動することがあるので、そうした誤差が大きくなりうる。

アリがこの問題についてどう解決を図っているのかを調べるため、ヴェーナーは巣をはさんで同じ距離にある2地点に黒い円筒を1つずつ置いた。アリはすぐに、この目立つランドマークを使って巣の場所を見つけるようになった。しかし、この円筒のどんな特徴にアリが注意しているのかは、はっきりしなかった。円筒から巣までの距離を測ることで、巣の位置を判断していたのかもしれないし、それぞれの円筒から巣を見たときの方向を測っているのかもしれない（三角測量の一種だ）。そこでヴェーナーは研究仲間とともに、実際の巣から十分に離れたテストエリアにアリを移動し、そこに同じように円筒を配置した。ただし、少し変えた点もあった。

ヴェーナーたちが円筒の間の距離を2倍にすると（円筒のサイズは変えない）、案の定、アリが円筒の中間で巣を探すことはなかった。代わりに、アリはどちらかの円筒の周りを落ち着かない様子で歩き回った。しかし、円筒のサイズも同時に2倍にすると、アリはまったく違う行動をした。今度は、中間地点に引き寄せられていったのだ。

アリは、2つの円筒が、最初に餌付けされたときとまったく同じに見える位置を探し回っている。ヴェーナーはそう結論づけた。巣から離れた場所に移動させられたアリは、元の配置の二次元的な「スナップショット」と、その時点の風景を一致させようとしていた。そのため、学習した「テンプレート」と、複眼で検出された現在の円筒のイメージが最もよく一致するまで歩き回ったのだ。

第3章で紹介したように、エリック・ウォレントが研究したコハナバチには、採餌旅行に出かけるときに、一度戻ってきて、巣を別の方向から眺める習性がある。サバクアリはこれにかなり近いことをしている。自分の巣の周りで、徐々に直径が大きくなっていくループを描きながら、「学習歩行」をするのである。時折、ちょっと立ち止まっては、ほとんど見えない巣の入り口をじっと振り返って見る。そうする間に、サバクアリはさまざまな視点からの風景を記憶している。

採餌旅行からの帰りには、サバクアリはそのイメージを引き出して、巣への帰り道を見つけるのに利用する。このイメージ照合システムでは、サバクアリがランドマークの間の幾何学的関係を理解していなくてもいい。この点で、サバクアリはミツバチとは違う。ミツバチは、ハイイロホシガラスと同じように、ランドマークの一群と食料源の位置関係をそれぞれの方向の間の角度という形で記憶できる。

ヴェーナーたちはこうした発見を足場にして、サバクアリの偏光を利用した太陽コンパス機能やランドマーク認識システムを再現するようにロボット車両をプログラミングすることにも成功した。この「サハボット」(「サハラロボット」の略)という愉快な名前のロボット車両は、現実のサバクアリとまったく同じように動き回ることができる。ヴェーナーたちはさらに、サバクアリには他にもさまざまなナビゲーション能力があることを明らかにしている。目標物を見つける際に、コンパスを補う情報として、風向きや振動、匂いなどを用いることができるのだ。さらにサバクアリは、移動距離を判断するにあたって、地表の起伏を見込むことまでできる。そして最新のニュースは、この素晴らしい動物が進む方向を決めるのに地球磁場も使えるということだ。サバクアリの能力に限界はないらしい。

サバクアリの生息環境は非常に厳しく、気温が高すぎて、外にごく短時間しかいられないことも珍しくない。このため、サバクアリの長い脚は、熱い地面から体を遠ざけるとともに、かなりの高速で走ることを可能にしている。ヴェーナーがサバクアリを「昆虫界の競走馬」と呼んだのは、まさにぴったりの表現だ。サバクアリの仲間には、体に特別な形状の毛が生えていて、体温を調節するようになっているものもいる。サバクアリが危険から身を守れる巣に最短ルートで戻れることは、単に効率性の問題ではない。それはアリの命を左右するのだ。

ダーウィンは、アリの「実に多様な本能、心的能力、そして愛情」におおいに心を動かされ、アリの中枢神経系を「世界でいちばん素晴らしい原子でできた物質であり、もしかすると人間の脳よりも素晴らしいかもしれない」(『人間の進化と性淘汰』長谷川眞理子訳、文一総合出版)と形容した。ダーウィンがヴェーナーの発見を知ったら、間違いなく喜んだ(そして興味をそそられた)はずだ。

ルンド大学で昆虫のナビゲーションを研究する神経科学者スタンリー・ハインツェは、次のように書いている。「あらゆる脳が持つ主要な機能の1つが、感覚情報を取り入れて、そこから外界の現在の状況を推測したうえで、その状況と望ましい状況を比較することだ。この2つの状況が一致しない場合、補償作用を開始する。この作用を私たちは行動と呼んでいる」。このことは、ヒトのような複雑な動物と同じように、昆虫にも当てはまる。

鳥類や哺乳類と比べると、昆虫の脳は小さい。ヒトの脳にはおよそ850億個のニューロンがあるが、サバクアリには40万個ほどしかない。しかし、たとえ脳が小さくて、ヒトの脳よりはるかに機能が少ないとしても、サバクアリの脳は限られた範囲の実行すべきタスクに完璧に適応している。アリやハチ(他の昆虫も)は、その行動の大半が「固定的」な脳回路によって制御されているが、これまで見てきたように、経験から学習し、驚くほど多様なナビゲーション行動を生み出すことは可能だ。ロボットや自動運転車を設計するときに昆虫を参考にするのも、意外なことではない。

サバクアリ、ショウジョウバエ、ガ、ハチ、バッタやゴキブリなど、さまざまな昆虫の脳には、ナビゲーションにとても重要だと考えられる2種類の構造がある。1つは「キノコ体」と呼ばれ、嗅覚や視覚に基づく長期記憶を保存する。もう1つの「中心複合体」は、その個体がたどるコースをコントロールする構造であり、多くの場合は太陽の偏光パターンを利用してそれをおこなっている。こうした脳内の構造は、多くの昆虫に幅広くみられることから、昆虫の進化のかなり初期段階で登場していたと考えられる。昆虫が進む方向を選択し、適切な運動を開始する具体的なプロセスについてはまだ謎が残っているが、キノコ体と中心複合体の相互作用がそのプロセスに重要な役割を果たしているようだ。

＊　＊　＊

東南アジアや、オーストラリアとその周辺諸島に生息するイリエワニは、世界最大の爬虫類であり、不用心な人間を食べてしまう習性で評判が悪い。このワニはあまり動かないように見えるが、短距離なら素早く動けるし、もっとゆっくりした速度なら何百キロも移動できる。

２００７年には、イリエワニには優れた帰巣能力もあることを示す、とてもおもしろい研究結果が発表された。この研究では、オーストラリアのクイーンズランド州ケープヨーク半島で、成長したオスのイリエワニ3匹を捕獲し、人工衛星追跡装置を取り付けた。そしてヘリコプターで吊り下げて運び、半島内のそれぞれ別の場所で放した。しばらくは3匹とも、次に何をするべきか考えているようだったが、最終的には泳ぎ始めて、捕獲されたのとまったく同じ場所に戻った。

3匹のうちの1匹は、15日かけて海岸沿いを99キロ移動していた。別の1匹は、52キロの移動に5日しかかからなかった。もちろん、この2匹もかなり素晴らしいが、残りの1匹にはかなわなかった。この3匹目のイリエワニの輸送では、ケープヨーク半島を西から東に横切って、陸地の上を126キロ飛行していた。もちろん、行きのルートをたどるのは不可能だったが、このイリエワニは半島の北端を泳いで回り、反対側の海岸を南下して、何とか元の場所に戻ることができた。その移動距離は411キロで、かかった日数はわずか20日だった。

イリエワニがどうやって帰り道を見つけたのかはわからないが、この実験は、実際に役立つ貴重な教訓を与えてくれた。人間に脅威を与えるワニを別の土地に「移動放獣（トランスロケーション）」してもほとんど意味がないのは明らかだ、ということである。

第8章 太平洋の島々をめぐる伝統的航海術

ポリネシア人の大いなる航海

人類の半数以上は、自然がもたらす最も壮大な眺めから隔てられて暮らしている。ほとんどの人が住むのは、人工光が夜空をまぶしく照らす都市や町だ。そこから見える星は、光害が届かない場所で見える何千もの星々のほんの一部でしかない。かつて宇宙を見渡せた窓に、ブラインドが少しずつ、しかし確実におろされてきたのだ。

1994年、地震が原因で電力供給が途絶えたロサンゼルスには、見慣れない真っ暗な星空が広がり、住民たちからは夜空に不思議な「巨大な銀色の雲」があると不安がる通報が殺到した。エイリアンの襲来ではないかという声も上がった。もちろんそうではなかったが、夜空にあったのは住民たちが一度も見たことがないものだった。天の川だ！

人工衛星画像を用いた最近の研究によれば、光害の影響を受けた空の下で暮らしている人は、世界の人口の80パーセント以上、そしてアメリカやヨーロッパの人口の99パーセント以上にのぼるという。さらに天の川は、全人類の3分の1以上の目から隠されている。特にヨーロッパでは60パーセント、北アメリカでは80パーセント近くの人々が天の川を見ることができない。光害という厄災があまりにもゆっくりと忍び寄ってきたせいで、その被害の大きさにほとんど誰も気づいていない。さらに状況は今も着実に悪化している。それは人間の健康に害をおよぼすだけではない。ナビゲーションなどさまざまな目的で自然光に頼っている他の動物では、光害の影響がさらに大きい。多くの動物が、人工光によって通常の行動パターンを乱されたことが直接の原因となって、命を落としている。それは深刻な環境問題だが、あまりにも注目されていない。

ビロードのように黒々とした夜空と、そこにあふれる星々を見るには、砂漠か山、あるいは大海原の真ん中に行かなければならない。晴れた日に、そうしたへんぴな場所を訪れる機会があれば、かつては誰にでも見えていたはずの夜空の姿がわかるだろう。

最初は明るい星しか見えないが、徐々に目が慣れてくるにつれて少しずつ見える星が増えてくる。最終的には空は何千もの輝く光の点でいっぱいになる。そうなると、それぞれの星の明るさだけでなく、色合いの違いもわかる。赤っぽい星もあれば、黄色かかった星もある。氷のような青白色に輝く星もある（最も温度が高い星だ）。肉眼で見えるのは宇宙でも特に近い領域にある星ばかりだが、それでも想像もつかないほど遠い。たとえば、デネブ〔夏の大三角の1つである一等星〕は、1000光年以上離れている。光の速度はおよそ秒速30万キロなので、1000光年といえばとても長い距離だ。

私がそんな夜空を初めて見たのは大海原の上だった。それは素晴らしい体験だった。ずっと星に魅せられてはいたが、満天の星空がどれほど圧倒的な眺めなのかをわかっていなかった。そして、何時間も眺めるうちに、星が動いていく様子が初めてわかった。

動かない北極星の周りを満天の星空全体が悠々と回転していた。ゆっくりとした地球の自転に合わせて動いているのだ。大海原の真ん中で小さなヨットの上に座り、宇宙の深みをのぞき込んでいると、自分のちっぽけさを強く感じた。とはいえ不思議なことに、その感情はまったく嫌なものではなかった。むしろ、奇妙なくらい穏やかな気持ちだった。


人間ははるか遠い昔から星々を見上げてきた。ホモサピエンス出現の最新の推定年代が信頼できるとすれば、およそ30万年前から星空を見上げてきたことになる。そして、最も初期の人類が夜空に抱いた驚異の念は、少なくとも現在生きている誰よりも強かったはずだ。さらに、星の見え方に規則性があって、それが自分たちの役に立つこともわかっていたはずである。だとすれば、他の動物たちがそれより早い時代にその規則性を利用し始めていなかったら、そのほうがよほど奇妙な話だろう。

初期人類は、さまざまな星座が季節の変化に合わせて移りゆくことを理解していたかはさておき、それぞれの星が太陽と同じように毎日決まった経路をたどることには気づいていただろう。天の極（空の中で地球の極〔北極・南極〕を延長したところにある点）近くの星を除けば、どの星も東から上って

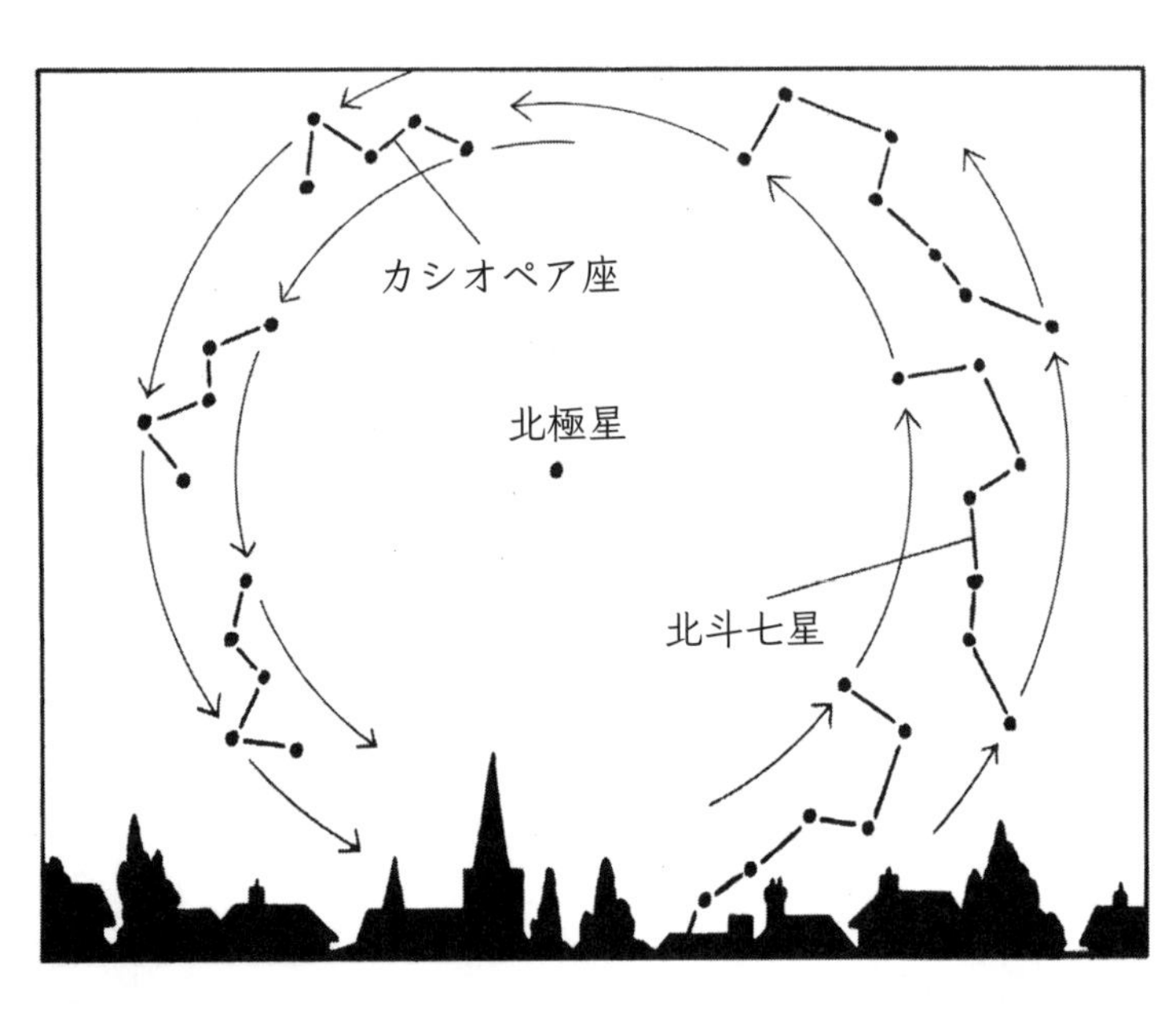

西に沈む。そして太陽と同じように、その弧の頂点に来るとき、つまり観測者の子午線と交わるときには、必ず観測者から見て真北か真南にある。北極星がどの時代も（現在のように）天の北極の目印になっていたわけではないが、先史時代の天文学者たちは、天の北極の周りを回る星々の中心に、1個の不動点があることに気づいていただろう。

石器時代の人々は空をじっくり観察していたはずだ。夏至や冬至といった天文現象をよくわかっていたし、そうした天文現象に慎重に合わせて設計した構造物をいくつも建てている（一番有名なのがストーンヘンジだ）。その後、バビロニアやギリシャ、アラブで非常に高度な天体観測がおこなわれ、近代天文学の礎が築かれた。古代のヨーロッパや中近東、中国の船乗りが、陸地が見えないほどの外洋まで長距離航海に出ていたこともわかっている。そうした船乗りたちは太陽や星を針路の目印に使っていたはずだが、歴史資料ではその具体的な方法がほとんど明らかにされていない。

もっとも、それをうかがわせる文章はある。たとえばホメロスの叙事詩『オデュッセイア』には、魔女キルケがオデュッセウスに、東向きの針路を維持するにはおおぐま座をつねに左側に置くように、と告げるくだりがある。しかし、航海術を詳細に説明した文献は最も古くても16世紀のものだ。それ以前はほとんどが闇の中である。読み書きができるのは非常に少数の特権階級のエリートだけという時代には、航海術は口伝と現場での実践として伝えられていたのだろう。

それでも、西洋諸国の支配に完全には屈していない数少ない先住民社会から、いくつかヒントが得られる。20世紀半ばの時点で、古代の航海術はいくつかの遠隔地域にしか残っていなかった。なかでも最も有名で、最も調査が進んでいたのが、太平洋の島々の住民が用いる伝統的航海術だ。16世紀に初めて太平洋に到達したヨーロッパの航海者たちは、そこで出会った人々の航海術のスキルに驚いた。ただ彼らがそうしたスキルを理解するのはとても困難だった。18世紀前半に初の科学調査隊がやってきて、ポリネシア地域の航海術についての簡単な記述がようやく出版物に現れるようになる。

1768年にフランスの偉大な探検家ルイ・アントワーヌ・ド・ブーガンヴィル（1729〜1811年）は、キャプテン・クックよりわずかに早くタヒチに到着した。そしてそこの島民たちが、道具や海図などを何も使わずに、外洋を数百キロ、あるいは数千キロ航海した先にある遠くの島々を見事に発見できることにとても驚いた。キャプテン・クックも、あるタヒチ人航法師の知識やスキルに強い感銘を受け、この航法師を自分の船に乗せて、近隣の島々や、最終的にはニュージーランドへの探検の案内役になってもらった。

しかしブーガンヴィルやキャプテン・クック、さらにその仲間たちが残したポリネシア地方の航海術についての記述はいらだたしいくらい不十分である。彼らの質問のしかたがよくなかったのかもしれないし、島民たちが非常に重要な（実際に神聖なものとされている）情報を客人に教えたがらなかったのかもしれない。言葉の問題はさておき、ヨーロッパ人とポリネシア人の航海術の考え方に根本的な違いがあったことが、円滑なコミュニケーションの妨げになった可能性も十分にある。いずれにしても、ポリネシアの人々が数千年にわたり、この地域に暮らすだけでなく、太平洋の半分に散らばる島々と定期的に交流し続けることも可能にしてきた航海術は、その後の200年間で植民地支配の強い影響を受けて消滅寸前になった。1960年代に西洋人の調査隊がやってきて、古代から伝わる航海術を実践する残された人々を探し始めたときには、もう少しで手遅れになるところだった。

星の航路

その頃には、伝統的航海術はポリネシアの島々ではすでに失われてしまっていたが、ミクロネシア群島にはなんとか残っていた。ミクロネシアの船乗りたちは、まだ昔ながらの方法で数百キロもの大海原をわたる航海をしていた。重要だったのが長い見習い期間で、それは10歳になる前から始まることもあった。航海していく必要がある島すべてをつなぐ「星の航路」を繰り返し記憶し、試していくことで習得するのだ。

こうした航路の基礎となっていたのは、名前のある32個の星が水平線のどこから上り、どこに沈むかについての正確な知識だ。この「スターコンパスシステム」は、ミクロネシアの船乗りにしっかりと染み込んでいて、完全に理解されていたため、彼らはよく知っている星が真正面にある場合だけでなく、空の別の場所にあっても針路を正確に定めることができた（ただし当然ながら、その星が真上にあるときは不可能だ）。男たちは（船乗りは必ず男性だった。女性は船乗りになることを禁じられていたからだ）1つの星を目指すのではなく、星空全体の姿に合わせて針路を取っていたのである。

このスターコンパスはミクロネシアの航海術の中心をなしていたかもしれないが、長距離航海でのナビゲーションを実際におこなうには、それだけでは不十分だった。船の舵を取るには昼間も針路を決められなければならない。それは太陽を使うということだ。熱帯地方では、太陽はおおまかにいえば真東付近から上って真西付近に沈む。太陽が空の上で最高点に到達する正午には、太陽が真上にある場合を除けば、北や南の方角がわかる。

それ以外の時間帯には、船乗りはやはり空を見て針路を決めなければならない。小型ヨットでの航海経験がきわめて豊富な勇敢なセーラーで、太平洋の島々の伝統的航海術にも詳しいデイヴィッド・ルイスは、「日の出と日の入りの方角と太陽の経路がわかっているなら、十分に練習すれば、頭の中で

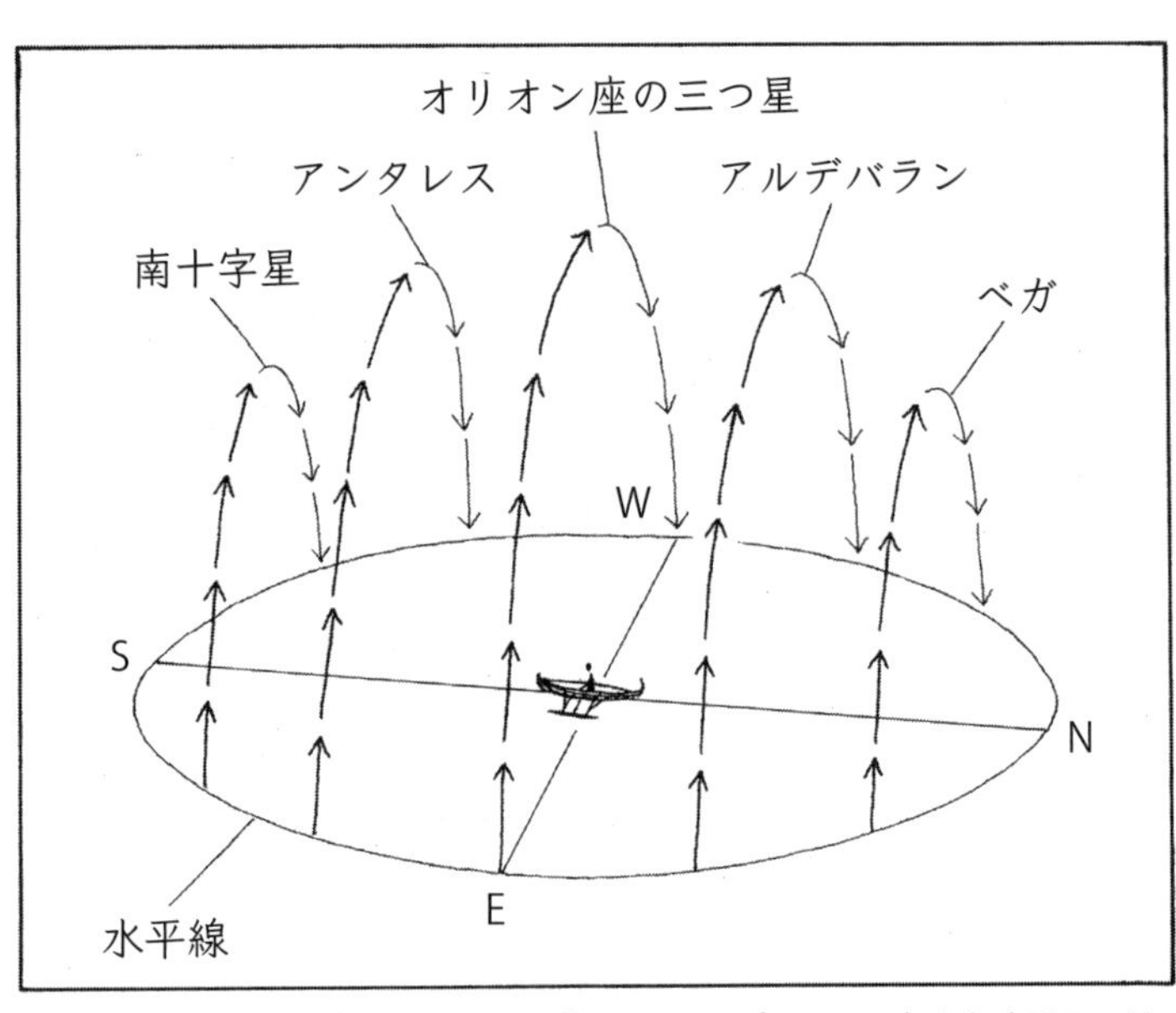

太平洋の島々の住人が使用していた「スターコンパス」の一部をなす明るい星。

ほぼ無意識に、太陽による舵取りに必要な内挿計算〔既知のデータ群をもとにその間の未知の値を推定する手法〕をするのが習慣になる」と書いている。ふつうの人でも、その必要があれば、太陽や月を驚くほどうまく使って一定のコースを保てることは、すでに説明したとおりである。

しかし、天文航法だけでは十分ではなかった。熟練の航法師は、デッドレコニングの専門家でもある必要があった。自分が操るカヌーの速度をきわめて正確に判断し、海流からのときに大きな影響を考慮できなければならなかった。さらに海水の色や波の形の変化を観察していれば、水中に存在する暗礁を見つけることができた。こういったスキルは、陸地が見えない場合でもルート上で自分の位置を確認するのに役立った。

局所的な風浪は変化しやすく、向きも一定ではないため、外洋でのナビゲーションにおける重要性は低いが、遠くの低気圧などの気象系によって生じる定常的なうねりは、それよりもはるかに役立つ。堂々と前進していくうねりは、数百キロ、あるいは数千キロの距離を簡単に伝わり、陸地にぶつかるまでつねに同じ方向に進む。そうしたうねりは、ちょうどコンパスのように機能するので、空が完全に雲で覆われているときでも、航法師が真っすぐな針路を維持することを可能にした。

太平洋の一部の海域では、航法師は、島の周囲で規則的なうねりに乱れが生じる様子から、まだ見えていない島の存在を知ることができた。マーシャル諸島には、外海の島の周りで生じるうねりの反射や回折の特徴的なパターーンを表した特別な「海図」があった。木の棒で作られていたこの海図は、海上では使われなかったが、航海術の教材として便利だったようだ。

島に高くそびえる山にかかる雲は、遠くからでも見える灯台のような貴重な存在だった。そうした雲には、カヌーから遠く離れた環礁の内側にある、浅いラグーンからの独特な青白い光も映るだろう。しかし、まだ視界に入っていない目的地の島を見つけるのに最もよく使われた方法は、日が暮れてねぐらに帰る鳥たちの飛ぶ方向を観察することだった。陸に生息する鳥が餌を探しに遠い沖合まで飛んでくることはよくあるので、知識豊富な航法師がそうした鳥を見れば、70キロから80キロも離れた島の存在がわかることがあるのだ。

近年、太平洋の島々で用いられてきた多様な伝統的航海術が復活してきている。ハワイにあるポリネシア航海協会は、伝統的航海術を復活させる取り組みの先頭に立ってきた。伝統的な長距離航海用カヌーのレプリカが、この組織の後援を受けて、昔ながらの航海術による見事な航海を何度かおこなっている。そうしたレプリカの1つである「ホクレア」号は2017年、3年がかりの世界一周航海を完了した（「ホクレア」は、西洋でアークトゥルスと呼ばれる星のハワイ語名で「喜びの星」の意味）。

＊　＊　＊

渡りをする動物の前に立ちはだかる海以外の最も大きな障害は、世界各地の大規模な山岳地帯だ。しかし一部の動物は、そうした障害にも屈することなく挑んでいる。

登山家であり、鳥類学者でもあったジョージ・ロウは、1953年のエベレスト（チョモランマ）遠征隊に参加して、山の急勾配の斜面に座っているとき、インドガンの群れが山頂を越えて飛んでいくのを見たと後に証言した。さらにその後、自然主義者のローレンス・スワンは、ある寒くて静かな夜に、ヒマラヤの標高8485メートルのマカルー山の下にあるバルン氷河に立っているとき、頭上をガンの群れが飛んでいく音を聞いた経験を次のように書いている。「かすかなざわめきが南のほうから近づいてきて、やがて鳥の声に変わった。そして頭上の星々から降ってくるかのように、インドガンの鳴き声が聞こえた」

人間の登山家が高山に登る前には高度順応が必要だが、インドガンは心拍数を大幅に増やすことで、きわめて薄い空気に対応できるようだ。ただしヒマラヤ山脈を越えるときには、山頂の上空ではなく、渓谷をたどって飛ぶのが一般的である。現在のインドガンの祖先が渡りを始めた時代には、この大山脈は存在すらしていなかった。大陸が隆起し始めると（約2000万年前）、飛行の負担もどんどん大きくなっていったが、インドガンはそれに何世代もかけて徐々に適応していったと考えられている。

第9章 鳥が真北を見つけられるわけ

矢が刺さったコウノトリ

ヨーロッパアマツバメが、獲物の昆虫を探しながら、家の窓の外を猛スピードで通り過ぎていく。その甲高い鳴き声は、熱っぽい喜びにあふれているようだ。彼らが戻ってくるのを嬉しく思うのは、ようやく夏が来たことを告げる最初の証拠だからだ。驚くほど素早く、かつ機敏に飛ぶこの鳥は、巣を作るためと、ひなに餌をやるため以外にはめったに着地しない。最近になって、この鳥は繁殖期以外には、最大10カ月間飛び続けられることがわかった。途中で十分な餌と水を見つけられるなら、アフリカからヨーロッパ北部まで渡るのも何の問題もない。ただし、飛びながら寝ているのかどうかはまだ謎のままだ（グンカンドリの一種はそうしているらしい）。

季節が変わるたびに、鳥たちが現れたり、姿を消したりすることに頭を悩ませた古代の人々は、自分たちの観察結果に対して奇妙な説明を考え出した。アリストテレス（紀元前３８４〜３２２年）は、夏に見かけるジョウビタキは、冬に姿を現すコマドリとまったく同じ鳥だが、姿が変化したものだと考えていた。コマドリはどこかに行くのではなく、模様を変えるだけ、というわけだ。後に、ジョウビタキとコマドリは実際には別の鳥であり、反対方向への渡りをしていて、入れ換わるようにやってくることが判明した。

１５５５年にスウェーデンのオラウス・マグヌス大司教が手がけた本には、網を使って湖のツバメを捕まえる男の木版画が掲載されている。マグヌス大司教は、ツバメは湖の中で越冬していて、捕まえたツバメは温めると生き返ることがあるが、長く生き続けることはできないと主張した。さらに後の１７０３年になっても、イギリスのチャールズ・モートンという男が、どうやらまったく真面目な話として、コウノトリが月で越冬すると主張する小論文を発表した。

イギリスのセルボーンという小村に住む牧師のギルバート・ホワイト（１７２０〜９３）は、渡りという現象に頭を悩ませはしたが、それが実際におこなわれていることは疑っていなかった。１７７１年には、「渡りという考えをあまり支持していない」懐疑的な文通相手への手紙で、次のように主張している。

アンダルシア（スペイン最南部の州）にいる弟が、詳細に知らせて来てくれておりますように、ある地方では、渡りは、たしかに行なわれております。ツバメの行動については、彼は、春秋二季にわたって幾週間もずっと観察をつづけ、動かぬ証拠をもっているのです。春と秋には、数しれぬツバメの類が、その季節季節に応じて、北から南へ、あるいは、南から北へとジブラルタル海峡を横断します（『セルボーンの博物誌』山内義雄訳、講談社学術文庫）。

1822年、ドイツ北部の村で矢が刺さった状態の生きたコウノトリが発見され、この矢が間違いなくアフリカで使われているものだったことから、鳥が長距離の渡りをすることが初めて確実に証明された（そのコウノトリにとっては確実すぎるほどだったが）。その後、このコウノトリの剥製はドイツのロストック大学の動物学博物館に収蔵され、今でも見ることができる。このいわゆる「プファイルシュトルヒ」（「矢が刺さったコウノトリ」）が発見されたことと、アフリカで矢で射られながらも、たくましく生き延びたコウノトリがその後も数羽見つかったことで、一部の鳥が実際に毎年の渡りで大変な距離を移動していることが証明されたのである。

鳥の渡りをめぐるパズルにもう1個ピースをはめ込んだのは、アメリカの伝説的な鳥類学者であり、画家でもあったジョン・ジェームズ・オーデュボン（1785〜1851年）だ。1830年代に、「アメリカの鳥類」と題した見事な版画セットを発表したオーデュボンは、その版画セットに添えた文章で、ペンシルベニア州の自宅近くにあったタイランチョウの巣にいたひなの足に、細い銀の糸を結んだことを書いている。このひなは秋に南に向かったが、翌年の春には、足に銀色の糸を付けた同じ鳥がふるさとに戻ってきたという。これが、少なくとも一部の渡り鳥は毎年欠かさずに同じ繁殖地に戻ってきていることを示す証拠になった。

デンマークの教師で鳥類学者のハンス・クリスチャン・モーテンセン（1856〜1921年）は1899年に、鳥類標識を使った渡りの調査に初めて成功した。この調査で使ったのは、銀の糸ではなく、識別番号と返送先住所が書かれたアルミニウムのタグだった。それ以来、標識を使う調査手法は、さまざまな鳥の渡りのパターンを明らかにするのに重要な役割を果たしている。ロシアのバルト海沿岸地方のリバチのような大量の鳥が通過する渡りのホットスポットでは、渡り鳥を捕まえて標識を付けるのに、トラップや網が使われている。

しかし、動物のナビゲーションに関する私たちの知識を根本から変えたのは、エレクトロニクス革命だった。レーダーは第二次世界大戦中に開発されて以来、渡り鳥のモニタリングに広く使われており、ハチやガなどの飛行する昆虫の追跡にも利用されている。情報を記録して後からダウンロードできる、さまざまな種類の「データロガー」に加えて、動物の正確な位置を上空の人工衛星にリアルタイムで送信するGPSチップ内蔵の追跡デバイスも登場している。さらに小型化の波によって、そうしたツールをきわめて小さな鳥にも使えるようになった。

私たちは今、「動物追跡の黄金時代」に突入したところだ。それはナビゲーション行動だけでなく、あらゆる種類の環境問題や生態学的問題に光を当てる多くの発見が期待できる新しい時代である。

鳥類のうち、ほぼ半分の種が渡りをし、その移動についてはデータが豊富にある。なかには途方もない距離を移動する鳥もいる。キョクアジサシは極端な例の1つにすぎない。北アメリカに生息するコメクイドリは、繁殖地があるカナダからはるばるウルグアイまで飛ぶ。アレチノスリも同じようなルートで、北アメリカのプレーリーからアルゼンチンのパンパまで大群で移動する。コクガンは北極の高緯度地域で繁殖し（ガンの中では最も北で繁殖する）、一部はシベリア北東部沿岸にあるウランゲル島からメキシコまで渡りをする。4800キロにおよぶ太平洋上のノンストップ飛行を含む旅だ。

猛禽類は、外洋上を飛ぶのを避ける傾向があるが、かなりの例外というべき鳥がいる。昆虫を捕食する小型猛禽類のアカアシチョウゲンボウだ。この鳥は、夏にモンゴルやシベリア、中国北部で繁殖をおこなうと、1万3000キロを飛び、年末頃にアフリカ大陸南部に到達する。この渡りのうち、インド南西部からアフリカ東部までの約4000キロが海上ルートになっている。外洋上を飛ぶ距離としては猛禽類で最長だ。アカアシチョウゲンボウは、同じ方向に渡りをおこなうトンボの群れを少しずつ食べることで、ルートから外れないようにしている可能性もある（208ページを参照）。

渡り鳥の多くは、成鳥と幼鳥が混ざった群れで旅をする。この方法の大きな利点は、若い鳥が年長の鳥から正しい渡りのルートを学べることだ。渡りをする鳥は原則として、自分たちの知識を世代から世代へと伝えていくことで、学習したランドマーク情報だけを頼りに進むことができる。しかし、外洋を越えて長距離を飛ぶ鳥が、そうした方法をどうやって使っているのかは明らかではないし、単独で渡りをする鳥はそもそも年長の鳥から教わることができない。

遺伝では説明できない

渡り鳥の幼鳥がみな、成鳥に渡りのルートを教えてもらえるわけではない。ヨーロッパに生息するカッコウの場合、幼鳥が里親の元から巣立つ頃には、生物学的な親である成鳥はすでにアフリカ中央部や南部にある越冬地に向けて旅立ってしまっている。そのため幼鳥は、越冬地までのルートを自力で見つけなければならない。他の多くの渡り鳥と同じように、カッコウも夜間に飛行する。夜は気温が低いという理由もあるが（身体が熱くなりすぎるのは飛行中の鳥にとって大問題だ）、天敵に見つからないようにするためでもある。渡りの経験がないカッコウの幼鳥は当然ながら、以前学習したルートをたどることはできない。だとすれば、どんなナビゲーション方法を使うことができるのだろうか。

カッコウの幼鳥は、親から遺伝した誘導プログラムに頼っていると長い間考えられてきた。それは基本的には、幼鳥に正しい方向を指し示すとともに、ある時間だけ飛び続けるよう指示するプログラムだ。そうした「コンパス兼時計」システムがあれば、幼鳥は少なくともだいたい正しい地域にはたどり着ける。しかしこの説は、最近の追跡調査の結果とうまく一致しない。

その追跡調査では、カッコウの幼鳥たちが驚くほど狭い「通路」に沿って飛び、その途中で休憩や食事のために、みな同じ集結地に立ち寄っていることが明らかになった。幼鳥たちは、５０００キロ以上飛んだ後でも、他の幼鳥から平均で１６４キロしか離れていない場所に到達していた。この調査からは、他の要因がからんでいる可能性が浮かんでくる。たとえば、正しいルートを示す大規模なランドマークを認識する、生まれつきの能力があるのかもしれない。

カッコウの幼鳥の並外れたナビゲーション能力のしくみは、いまだに謎のままだ。しかし少なくとも、他の単独で渡りをする鳥や、特徴のない外洋を越えて長距離の渡りをする鳥と同じように、進む方向を決めて、それに沿って飛ぶことを可能にするような、何らかのコンパスを利用しているはずだ。

1つの可能性は、昆虫からわかるように、そうしたコンパスが星の位置、つまり空に見えるパターンに基づいていることだ。

北半球の鳥は北極星を使うことができる。北極星はいつでも真北にある（これは磁気の北ではなく、地理的な北のことだ。磁極は動き回る性質があり、現在、地理的北極と磁北極は約500キロ離れている）。つまり北極星が真正面にあれば北に向かっていることになり、右側にあれば西に進んでいることになる。したがって鳥は、北極星との角度を変えないようにするだけで、どの方角でも一定のコースを保つことができる。何らかの時計を使ったり、計算したりする必要はない。渡り行動の研究に最も広く使われている装置がエムレン漏斗だ。スティーブン・エムレンが発明した、この驚くほど単純な装置は、捕まえられた鳥がケージから逃れて自分の選ぶ渡りの方向に向かおうと繰り返し試みる習性を利用している。昔からあるタイプのエムレン漏斗では、漏斗の底にスタンプ台があり、その上に鳥が立つようになっている。鳥が飛び立とうとして飛び跳ねると、斜めの側面に貼った紙に、鳥のインクの足跡が残るという仕掛けだ。その結果としてできあがる落書きのようなものは、その鳥が進もうとした方向を示すと考えられる。

1950年代後半にはフランツ・ザウアーが、プラネタリウムに星のパターンを投影し、それに鳥がどう反応するかを調べるという素晴らしい実験を考案した。そして、少ないサンプル数に基づく結果ではあるが、鳥は星のパターンをナビゲーションにうまく活用できると結論づけた。その後エムレンが、自らの考案した有名なエムレン漏斗を使って、ルリノジコがそれぞれの星にはあまり注意を払わないようにみえるものの、北極星を中心に回転する星のパターンを感知できることを示した。

ルリノジコは、この回転パターンの中心を見つけることはできるが、そのパターンに含まれる星の厳密な配置は気にしなかった。北極星ではなく、ベテルギウス（オリオン座にある明るい星）を中心にして星空を回転させた場合でも、ルリノジコはまったく平気で、それに合わせて進む方向を定めた。星が見えないと方向感覚を失ってしまうことから、星のパターンがルリノジコにとってどれだけ重要かがわかる。そう考えると、光害がルリノジコにとって脅威である理由も簡単に理解できる。星を使った正確なナビゲーションが可能なのは、星が見えているときに限られるからだ。

夜間に渡りをする他の多くの鳥も、同じ方法で真北を見つけているようだ。この方法の大きなメリットは、いったん学習してしまえば、使うのが簡単で、太陽コンパスのように何らかの方法で時間補正する必要がないことだ。しかし、鳥がそうした夜空のパターンを認識する方法をどうやって学習しているのかは、まだ明らかになっていない。星はとてもゆっくり動くので、鳥がその動きを知覚できるとは考えにくいが、夜間の異なる時間帯の「スナップショット」を比較することで、星の動きを推測できるのかもしれない。

1930年代、ウェールズ南西沖のスコークホルム島という小島に住んでいた、鳥類学者で作家のロナルド・ロックリーは、マンクスミズナギドリに驚くような長距離ナビゲーションの能力があることを明らかにした。ロックリーは2羽の野生のマンクスミズナギドリを、スコークホルム島からイタリアのベネチア（その鳥たちがふつうなら訪れるはずのない場所だ）に飛行機で運んだ。それでも、2羽のうち1羽はわずか2週間でスコークホルム島の巣穴に戻ってきた。

しかし1953年にはそれを上回るような実験がおこなわれた。ロックリーは、島を訪れていたミュージシャンのロザリオ・マッゼオを説得して、アメリカに帰国するときに2羽のマンクスミズナギドリを運んでもらうようにした。

＊　＊　＊

その夕方に、ロンドン行きの寝台列車に乗って、ペンブルックシャー州のテンビーを出発した。鳥たちは隣の部屋の乗客たちをかなり不審がらせたり、面白がらせたりした。乗客たちには、夜遅くに私の部屋から聞こえるミュウミュウとかクウクウとかいう音がいったい何なのかわからなかったのだ。翌日、鳥たちはずっとボール箱の間仕切りの中に入っていた。夕方に私はアメリカ行きの飛行機に乗った。鳥たちは座席の下に収納した。

この旅のストレスはかなり大きかったはずで、気の毒なことに1羽しか生き延びられなかった。マッゼオはボストンに着くとすぐにその1羽を放した。ボストンからスコークホルム島までの距離は5000キロ弱あったが、この鳥は（足環を付けてあった）たった12日半で自分の巣穴に戻った。実をいえば、ボストンで放鳥したことを知らせる手紙よりも早かったほどだ。当然ながら、この鳥を見つけた人は「心底仰天した」。

第10章 天の川とフンコロガシ

月は気まぐれなガイド

南フランス滞在中、30分ほど時間があいたときに、黒光りするフンコロガシに目をとめた。そのフンコロガシが、糞の玉を転がして、小さいが急な畝(うね)の上に運び上げようと何度も根気強く試みる様子に魅了された。頂上近くまで行ってはコントロールを失い、後戻りして最初からやり直し、ということを何度も繰り返したが、最終的には登り切った。私は拍手を送りたくなった。

古代エジプト人はフンコロガシ〔スカラベとも呼ばれる〕を崇拝の対象にしていた。空の上で太陽という球を転がす太陽神ケプリの象徴だと信じていたからだ。フンコロガシを長年研究してきたエリック・ウォレントは、古代エジプト人と変わらないくらいフンコロガシを崇拝している。「フンコロガシは意志がとても強い。そこが研究対象として素晴らしいところです。いろいろな意味で小さな機械のようですよ。彼らはどんなときでも、いつまでも糞玉を転がしているでしょうね」

球体を一直線に転がすというのは、それほどすごいことには思えないかもしれない。しかしフンコロガシがまず糞を完全な球にしなければならないということを忘れないでほしい（そうしなければそもそも転がらない）。そのうえで、一番後ろの足で糞玉の方向をコントロールしながら、ときに起伏のある地面を後ろ向きで進まなければならない。

ウォレントと共同研究者のマリー・ダッケは過去20年、フンコロガシのナビゲーションについての興味深い実験を重ねてきた。その成果はかなり話題になり、ついにはイグ・ノーベル賞を受賞することにまでになった。この賞は「人々を笑わせた後で、考えさせる」科学研究に対して、毎年ボストンで授与されている。その目的は、私たちを取り巻く宇宙のとてつもない不思議さと、それを研究する科学者たちのけたはずれで、しばしば常識破りの熱意に目を向けさせることにある。

イグ・ノーベル賞は、それほど真面目な反応を求めるものではないとはいえ、これはこれでかなり権威のある賞で、授賞式にはいつも本物のノーベル賞受賞者が出席している。ウォレントの研究チームが受賞したときには、それぞれの受賞者が大勢の聴衆の前で研究紹介の短いスピーチをする間、舞台の上に1人の少女が待機していた。話が退屈になってきたと思ったら、受賞者に話をやめるよう言い渡すのがその少女の役目だった。ウォレントは遮られずになんとか最後まで話せたが、そういう人は他には少ししかいなかった。

研究者になりたての頃、ウォレントはフンコロガシが暗闇でどのように物体を見るのかを研究していた。オーストラリアには、かつて持ち込んだウシによる問題を解決するために、アフリカからフンコロガシが移入されていた。オーストラリア原産のフンコロガシは習性としてカンガルーの糞しか扱わなかったので、ウシの糞がどんどんたまってもどうすることもできず、それが農業に深刻な影響を与えていたのだ。新たにやってきたアフリカのフンコロガシにとって、オーストラリアは天国のようだったに違いない。ウシの糞が山とあって、ライバルはいないのだ。彼らはオーストラリアのフンコロガシが見向きもしなかった糞を片っ端から覆い尽くしていった。そのおかげでオーストラリアの牧草地の生産力は回復しており、他の動物への影響もないようだ。

ウォレントは1996年、南アフリカのクルーガー国立公園で開かれた、フンコロガシの生物学に関する学会に出席した。そこでウォレントは、フンコロガシのことを初めて聞いた。よく知っている甲虫とは違って、このフンコロガシは糞をすくい取り、それを巧みに小さな球形にして、できるだけ速く転がす。その糞は餌として食べるか、中に卵を産んで土に埋め、生まれてきた幼虫の餌にする。

ウォレントは、発表者がこう言ったのを覚えている。「興味深いことに、フンコロガシは糞玉を必ず一直線に転がしますが、どうやってそうしているのか、私にはわかりません」。聴衆席に座っていたウォレントは、自分にはわかる、わかるぞと胸を弾ませた。フンコロガシは夜空の偏光パターンを使っているに違いない！　ウォレントは挙手して、質問をした。そこから彼の研究者人生の針路が変わった。

ウォレントの研究チームはすぐに、フンコロガシの目には、サバクアリとまったく同じように、偏光を検出する背側辺縁領域があることを確かめた。次にマリー・ダッケとともに、フンコロガシが実際に偏光をどうやってナビゲーションに使っているのかを探り始めた。フンコロガシたちには糞をめぐる激しい競争があるのは明らかで、素早く逃げるためには、糞の山から遠ざかる方向へ糞玉をできるだけ真っすぐ転がさなければならない。さもないと、他のフンコロガシとの小競り合いで、貴重な荷物を奪われる危険があるのだ。移動を始める前に、フンコロガシは新しく作った糞玉に上って、円を描く奇妙なダンスをしながら、頭上の空を注意深く点検する。

昆虫の多くは夜行性だ。しかしその複眼は、光が弱い条件ではきわめて感度が高いものの、視力そのものは鳥やヒトよりもはるかに劣る。そのため、ヒトと比べて暗闇で物を感知する能力は優れているが、視界はずっとぼやけている。したがって、フンコロガシがたくさんある星を1つずつ見分けられるとは思えない。もしかしたら、とても明るい星は見えるかもしれないが。

まず考えられるのが、フンコロガシが夜空で最も明るい光源である月を利用している可能性だ。フンコロガシの小旅行は短時間なので、月の方位角の変化を見込む必要はないが、それでも月は気まぐれなガイドだ。つねに満ち欠けしているので、反射する太陽光の量は大きく変動するし、月の出や月の入りの時間も毎日変わる。さらに話を複雑にしているのは、月が空の上で太陽にとても近くなって、まったく見えない「新月」になるときがあることだ。そのうえ月光の強さは、満月のときでも太陽よりはるかに弱い。ただし、月光のスペクトルは太陽光とほとんど同じで、紫外光も含んでいる。そのため、かなり時間はかかるが、理論上は日焼けならぬ「月焼け」をする可能性がある。

フンコロガシは、月の気まぐれさに対処するようによく適応している。そもそも、フンコロガシがガイドにしているのは、円い月の形そのものではなく、月光の偏光パターン（e-ベクトル）である。それはミツバチやサバクアリが日中、太陽の偏光パターンを使っているのと同じ方法だ。

南アフリカでも、ウォレントとダッケが実験をおこなった地域は、夜空が完全に雲で覆われることはあまりなかったが、月のない夜にはフンコロガシはどうするのだろうか。

フンコロガシが月光の偏光パターンを使って進む方向を決められるという発見は大きな注目を集め、それについて書いた論文は、一流科学雑誌である『ネイチャー』に掲載されるという栄誉を受けた。しかしそれから数年後、ウォレントとダッケは衝撃を受けた。ある見事に晴れ渡った夜、2人はカラハリ砂漠の端のキャンプ地にいた。ベルベットのような黒い夜空に数え切れないほどの星が瞬くなか、2人は新たな実験を始めようと、月が昇ってくるのを待っていた。

ウォレントは私に、それからどうなったかを説明してくれた。

フンコロガシを捕らえようと用意してあった糞に、フンコロガシが飛んできたんです。そして、糞玉を作り始めて——何てことだ！——見事な一直線で転がしていきました。偏光は使わずに。

「……」私たち2人はひどく不安になりました。突然「『ネイチャー』の論文の撤回！『ネイチャー』の論文の撤回！」という話になったんですから。

発表した論文に間違いが見つかって、取り下げざるをえないというのは、それがどんな科学論文雑誌でも世間的にかなり恥ずかしいことだ。しかし、『ネイチャー』のようなトップクラスの雑誌から論文を撤回するというのは、この上なくまずい事態である。ウォレントによれば、「この時点でかなり飲んでいた」というが、最終的に2人にある考えが浮かんだ。

ちょっと待て、空に巨大な光の帯がある！　天の川だ。フンコロガシはあれを使っているのだろうか——その可能性はあるだろうか？　周りには他に使えそうなものは何もありませんでした。

個々の星ではなく

新たな説を確かめるため、ウォレントとダッケは、フンコロガシにボール紙製の小さな帽子をかぶせて、空が見えないようにした。すると、視界を邪魔されない場合に比べると、フンコロガシは真っすぐに進むのにずっと苦労した。ボール紙製の帽子の代わりに透明なプラスチック製の帽子をかぶせてみると、元通りにうまく進めるようになったので、単に帽子が邪魔でうまく進めなかったのではないことがはっきりした。次のステップでは、その実験を円形のステージ上でおこなった。このとき、ランドマークがいっさい見えないよう、ステージの周囲を高い壁で囲んだ。さらにフンコロガシの動きを上から記録していたカメラも、ある種の方向情報を伝えているといけないので取り外した。

そのうえで、フンコロガシを1匹ずつ、糞玉とともにステージの中央に置き、端まで到達するのにかかる時間を計測した。ステージの端は円形の滑り台になっていて、そこをフンコロガシが落ちるときのカタカタという音が、端に到達したことを知らせる。そして端に達するまでの時間の長さによって経路がどれだけ直線に近いかを知るというしくみだった。ウォレントたちはこうした条件の下で、フンコロガシが真っすぐ進み続けるには、実際に星空を見る必要があることを確かめることができた。ただし、星だけでなく月も出ていれば、さらに良い結果になった。しかし曇り空の下では、フンコロガシは方向感覚を失った。

ウォレントたちはさらに、フンコロガシと実験用ステージをプラネタリウムに運び込んだ。そして1つ目の条件ではフンコロガシからは、天の川を模倣した長い光の帯も含め、星空全体が見えるが、月は見えないようにした。別の条件では、天の川だけが見えるようにした。天の川を含めた星空全体が見える場合は、月が見える場合と比べて、糞玉の転がしの結果はそれほど悪くなかった。そして天の川だけが見える場合にも、ほぼ同じくらいうまく転がせた。しかし、この辛抱強いフンコロガシが、天の川なしで、4000個のぼんやりした星を見られる場合は、結果がかなり悪くなった。ガイドになる星が18個しか見えないときは、さらに悪い結果になった。

つまり、フンコロガシは個々の星を道しるべとして使っているわけではないようだった。ダッケは次のように報告している。「この結果は、昆虫が定位に星空を使っていることを初めて明確に実証したものであり、動物界で初めて、天の川を定位に使っていることが確認されたケースである」

個々の星がフンコロガシの道しるべになっていないことはわかったものの、ウォレントの話では、フンコロガシに星が実際に見えるかどうかはまだはっきりしないということだった。ウォレントは見えるだろうと考えていて、コハナバチと同じように、フンコロガシの目にある個々の光受容細胞の反応を記録すれば、その点を解明できると期待している。

月光を使って進む方向を決める節足動物はフンコロガシだけではない。ラージイエローアンダーウィング〔大きな羽のあるガの一種〕にはそれができるようだし、ハマトビムシもできる。ハマトビムシは、海辺にいる、気づくかどうかというくらい小さな甲殻類だ。ワラジムシの仲間であるこの生物は、「トビムシ」という名前がまさにぴったりだ〔英語でも「sandhopper」（砂の上ではねる）という〕。殻を収縮させて、身体を空中に勢いよく飛び上がらせるという、生まれついての逃避行動を取るからだ。浜辺で砂の城を作ったことがあるなら、きっとハマトビムシに出会ったことがあるだろう。ただしその生息数は多くの場所で減ってきている。

ハマトビムシのように小さくて、一見すると原始的な生き物が、月の位置を気にする理由はなかなかわかりにくい。その答えは、ハマトビムシが水分にとても神経質なことにある。乾燥すれば死んでしまうが、海水に浸れば溺れ死んでしまう。そのため、ハマトビムシは潮の満ち引きに合わせて、つねに浜辺を行ったり来たりする必要がある。さらに、夜の採餌旅行を終えたら、砂が湿っている快適なエリアに無事に戻ってこなければならない。そして当然ながら、正しい方向に移動することが絶対に不可欠である。ハマトビムシは節足動物のゴルディロックスなのだ〔ゴルディロックスは「3匹のクマ」という童話に出てくる少女で、クマの家で熱すぎも冷たすぎもしない、ちょうどよい温度のお粥を選ぶ」。

1950年代に、レオ・パルディ（1915〜90年）とフロリアーノ・パピ（1926〜2016年）という2人のイタリア人科学者が、ハマトビムシは海に近づいたり遠ざかったりする動きをするために、太陽と月の両方を必要に応じてコンパスとして使っているという素晴らしい発見をした。この能力は2種類の体内時計に依存しているらしい。太陽の日周運動に合わせた時計と、それとは少し異なる月のサイクルに合わせた時計だ。

ハマトビムシの太陽コンパスは脳にある。一方、月コンパスは触角が基本になっている。そして、そういったプロセスをつかさどるメカニズムがどんなものであれ、明らかに生まれつきのものだ。飼育下で育ったハマトビムシでも、必ず生まれた場所に合った方向に移動するからだ。つまり、何世代にもわたって南向きの海岸で生息してきたハマトビムシは、海を探すときに必ず南に向かうのに対して、北向きの海岸で生息してきたハマトビムシは北に向かう傾向があるのだ。

＊　＊　＊

北極星の周りで星空が回転するパターンではなく、特定の星を頼りにナビゲーションをする能力を持った動物が、ホモサピエンス以外にもう1種類いるという証拠が見つかっている。ただし、それほど強力な証拠ではない。問題になっている動物はゼニガタアザラシだ。ニックとマルテという、わずか2頭のゼニガタアザラシを対象とした実験は、特別に作られた水槽付きのプラネタリウムの中でおこなわれた。2頭とも、プラネタリウムに投影した北半球の夜空から「道しるべの星」（シリウス）を見つけ、その真下にあたるプールの縁に泳いでいくことで、シリウスの位置を示すように教えられた。最終的に、2頭ともこの見事なわざをある程度正確にこなし、シリウスから方位角で1、2度以内をしっかりと狙えるようになった。この実験をおこなった研究チームは、その成果を根拠に、ゼニガタアザラシはミクロネシアやポリネシアの航法師たちが使っていたのと同じような、スターコンパスの能力を身につけられるのだと主張した。

海洋哺乳類は、夜空のパターンの中で道しるべの星を探し、その道しるべの星を外洋で進む方向を決めるための遠方のランドマークとして使う方法を身につけていると考えられる。少なくともこれは、沿岸部などの広大なターゲットに到着して、ゴールに関わる地上の定位メカニズムが泳ぐ方向を修正できるようになるまでの、海上での定位メカニズムとなりうるだろう。

これは興味深い説であり、正しいとすれば、多くの海洋哺乳類のナビゲーション方法を説明するのに役立つ。しかし、科学者が昔から使っている言い方をするならば、「さらなる研究が必要だ」。

第11章 匂いを道しるべにする動物たち

ファーブルの家を乗っ取ったガ

ちょっときて！　このガをみてよ、鳥みたいに大きい！

そう言いながら、ファーブルの小さな息子ポールは父の部屋に興奮した様子で駆けこんできた。巨大なオスのオオクジャクヤママユが家全体を乗っ取ってしまっているようだった。メイドはそれをコウモリだと思って、あちらこちらへ必死で追い回していた。ファーブルはろうそくを手に、書斎に向かった。その日の朝、羽化したばかりのオオクジャクヤママユをガーゼの布カバーに閉じ込めて、書斎に置いてあったのだ。

蝋燭を手に持って私たちは部屋に入った。そのとき目にした光景は、一生忘れられないものであった。ゆっくり、ひらひらした飛び方で、大型のガたちは籠のまわりを飛びまわったり、金網に止まったり、また飛び立ったかと思うと戻ってきたり、天井に舞い上がってはまた降りてきたりしているのだ。ガたちは蝋燭に襲いかかり、翅ではたいて消してしまう。我々の肩にぶつかり、服に止まり、顔のあたりをかすめる。そのさまは、まるでヒナコウモリの舞い飛ぶ降霊術師の巣窟のようである。幼いポールは恐がって、いつもより強く私の手をぎゅっと握り締めている。［……］どうやって知ったのかわからないけれど、四十頭の恋するガたちは、その朝、私の研究室でひっそり生まれた花嫁のもとに敬意を表するために、四方八方から必死になって駆けつけてきたのだ（『完訳ファーブル昆虫記～第7巻下』奥本大三郎訳、集英社）。

ファーブルは、プロヴァンスの暖かい夜に、こんなに多くのガを自分の家に呼び寄せたのはどんな奇妙な力なのかと考えた。メスが放った匂いが重要な役割を果たしていて、オスのフリルのような形をした精巧な触角がその匂いを検出する手段なのかもしれない。その考えは正しかった。今では、こうしたオスのガは、数キロ離れたところにいる交尾相手になりそうなメスが放ったフェロモンを感知し、それをたどって発生源までたどり着けることがわかっている。多くの昆虫は匂いを頼りにして、交尾相手を見つけたり、餌を探したり、産卵に適した場所を見つけたりしている。

そうした昆虫がたどる「匂いプルーム」（風下にたなびく匂いの流れ）は、拡散するにつれて急激に薄まっていくので、昆虫が初めは1個の匂い分子に反応している可能性がある。しかし、気流の変化のせいで匂いプルームが完全に途絶えることも多い。以前は、着実に強くなる痕跡（「濃度勾配」）をたどって匂いの発生源にたどり着いていると考えられていたが、実はそれほど簡単な話ではない。

この匂いをめぐる難題を昆虫が具体的にどうやって解決しているのかについては、これまでかなりの議論が繰り広げられてきた。匂いを見失った場合、あちこち探し回ってもう一度匂いを見つけるか、ひたすら風上を目指すといった方法もあるが、ファーブルが観察したオオクジャクヤママユはおそらく、とてつもなく敏感な左右の触角が受け取ったシグナルの違いも利用していたと考えられる。

ミツバチは、左右の触角を通過する化学成分の違いに応じて進む方向を変えていることがわかっているし、キイロショウジョウバエも同じことをする。さらに、あの素晴らしい能力を備えたサバクアリを使った最近の実験では、サバクアリが（第7章で説明したさまざまな視覚的手がかりに加えて）嗅覚的手がかりによって巣を見つけていること、さらに両方の触角を使うことでその効率を高めていることがわかった。左右の触角からの入力情報を比較するプロセスには、「ステレオ嗅覚」という華々しい名称があるが、これが動物にとってある種の「匂いコンパス」になっている可能性さえある。

サケの母川回帰

1940年代後半、若手研究者のアーサー・ハスラーは、魚が匂いを使って植物をどのように区別しているのかを明らかにしようとしていた。当時はコンラード・ローレンツが「刷り込み」の原理を発見したばかりで、ハスラーはローレンツの研究におおいに感銘を受けていた。刷り込みとは、一部の動物において強く固定化された行動パターンを生じさせる、短時間での不可逆的な学習形態のことだ。ローレンツの業績でよく知られているのは、孵化したばかりのハイイロガンには、最初に見た動くものが親として刷り込まれ、たとえそれが母親ガンではなく、たまたまそこにいたウェリントンブーツ姿の科学者でも、その後をやみくもに追いかけることを明らかにしたことだ。

ハスラーは、外洋で何年も餌を食べ、成長し、成熟したサケの成魚が、どうやって自分が生まれた同じ川に繁殖のために戻ってくるのかにも強い興味があった。この母川回帰という現象は、稚魚にタグを付けておいて再度捕獲するという研究で、すでにしっかりと確認されていた。しかしサケがこの並外れた離れ業をどのように成し遂げているのかは、まったく謎のままだった。

ハスラーは、人里離れたユタ州のワサッチ山脈をハイキングしているときに、啓示的な経験をした。滝に近づいていていたが、崖に遮られてまったく見えなかった。それでも、崖の岩がちな側壁をめぐってきた冷たいそよ風がコケやオダマキの香りを運んでくると、その滝の詳しい姿やそれが山の斜面上にある様子が、突如として私の心の目に飛び込んできた。実のところ、この匂いはあまりに印象的で、長い間意識して思い出すことがなかった子ども時代の仲良しの友達や行動の記憶が次々とよみがえったほどだ。

この連想がとても強烈だったので、私はすぐにそれをサケの母川回帰の問題に当てはめた。私は匂いと記憶のつながりをヒントにして、それぞれの川には独特な匂いの特徴があり、サケは外洋に下る前にその匂いを刷り込まれ、海から帰ってくるときにはその匂いを手がかりにして自分が生まれた支流を見つけるという仮説を立てた。

このひらめきをもとに、ハスラーの研究チームは見事な設計の実験を繰り返すことで、サケが基本的には、生まれた川を特徴づける特有の匂いを記憶し、それを手がかりに海から生まれた川へと戻ってくることを確かめた。

1970年代にハスラーは、孵化場で育ったサケを2種類の合成化学物質のいずれかに短時間触れさせ、その匂いを付けた川に呼び寄せる実験に成功した。サケは海にいる間にその匂いを嗅ぐことはなかったはずだが、それでも匂いの記憶を保っていたのだ。この同じ手法は後年、水質汚染によってサケが消えていた五大湖を浄化した後、そこにサケを呼び戻すのにも有効だった。

サケの母川回帰が嗅覚シグナルに頼っていることは、今では十分に確かめられている。しかし自然界では、魚の生活環（ライフサイクル）のさまざまな段階でいろいろな匂いが組み合わさって作用しているのだろう。そして魚は鮮明な「嗅覚の経由地」をいくつもたどりながら、川を下ったり、遡上したりしている可能性がある。

人間はどうかというと、私たちは良い匂いと嫌な匂いの違いはわかるが、ふつうは、少なくとも意識的には、嗅覚情報にあまり注意を払わない人がほとんどだ。視覚や聴覚が注意を独占しているのだ。

しかし人間も、状況が整っていれば、ナビゲーションに嗅覚をうまく使うことができる。私は夜間にヨットで帆走しながら、フィリピンのルソン島沿岸に近づいていったことがある。ヨットがまだはるか沖合にあるうちから、湿気と腐敗がもたらす濃い香りが嗅ぎ取れたことをおぼえている。まだ暗闇の中にあるジャングルで覆われた山から漂ってきたその香りは、沖合の穏やかな微風によって私たちのところまで運ばれてきた。もし私たちがヨットの現在位置をはっきり知らなかったら、そのエキゾチックな香りは、私たちが島に近づきつつあることを教えてくれただろう。もっと寒い海域にも、匂いが役立つことを示す例がある。私自身はまだ経験したことはないが、グアノ（海泥にある糞などが堆積して固まったもの）の悪臭がすれば、霧や暗闇に隠れた氷山の存在がわかるらしい。そういった事前の警告は、相当な数の船乗りの命を救ってきたはずだ。

20世紀に活躍したナビゲーションの達人であるハロルド・ギャティは著書で、山岳ガイドのイーノス・ミルズが、ロッキー山脈の標高３６００メートルの地点をひとりで歩いているときに雪眼炎で目が開けられなくなった話を紹介している。一番近くの住居は何キロも先だった。たいていの人は、自分がそんな窮地に陥っていることに気づけばパニックになるところだが、ミルズは冷静だった。「感覚は研ぎすまされた。命を落とすかもしれないなどとは、まったく頭に浮かばなかった」（ハロルド・ギャティ『自然は導く』岩崎晋也訳、みすず書房）。

ミルズは何も見えなかった。足跡は深い雪に埋もれていたが、進むべきルートの地図が頭の中にはっきりと描かれていた。スノーシューを履いて、杖で木々を探しながら歩いた。樹皮に触れて、往路に自分で手斧を使ってつけた道しるべを探した。

雪崩で死にかけながらもなんとか生き延び、巨大な岩を這うように登って、深いやぶを苦労して進むと、やがてなじみのある薪用のハコヤナギを燃やす煙の匂いがした。風上に向かって少しずつ進んで森の外へ出ると、匂いが強くなった。まだ目は見えなかったが、とうとうミルズは立ち止まって、人間の生活の音に耳を傾けた。そのとき、小さな女の子が優しくたずねる声がした。「今晩ここに泊まるの？」

人間の嗅覚は弱いのか

私たちの多くが人間の嗅覚を軽視するのは、アリストテレスの影響だといわれることが多い。確かにアリストテレスは人間の嗅覚をあまり評価しておらず、それは「精密ではなく、多くの動物よりも劣っている」(『アリストテレス全集7』所収「魂について」中畑正志訳、岩波書店)としかめつらしく宣言している。アリストテレスの考えでは、人間にとって嗅覚が役立つのは、食べ物が腐っているのを知らせて健康を守る場合だけだった。

しかし、フランスの人類学者で神経解剖学者のポール・ブローカ(1824〜80年)にも責任の一端はある。かなり奇妙な話だが、人間の嗅覚についてのブローカの見方は、彼の宗教に対する懐疑的な姿勢とつながっていた。ダーウィンの進化論を支持していたブローカは、人間の「目覚めた知性」

は、神が与えた魂を持つこととは関係がなく、むしろ人間の脳の前頭葉が特別に大きいことに依存していると主張した。さらに人間は、他のおおかたの動物とは違って嗅覚には支配されておらず、これは人間が自らの行動のあり方を選べることを意味しているとした。

つまり、非常に重んじられている「自由意志」は、ひとえに嗅覚があまり優れていないことの結果なのだ。ローマカトリック教会にとっては面白くない話だった。

ブローカの主張は、人間の嗅球（鼻にある嗅覚受容体からのシグナルを受け取る脳の部位）が脳全体の大きさの割に小さいという観察結果に基づいていた。人間はこの点では、嗅覚器官に支配されているとブローカが考えていたイヌやラットのような「下等な」動物と大きく異なっている。そこから人間の嗅覚は弱いという主張に進んだのは、小さな一歩ではあったが、間違った一歩だった。この考え方が、後の何世代もの科学者たちに無批判に受け入れられてしまったのである。この間違った科学的見解は、いったん定着すると何度も繰り返し現れた。

ダーウィン自身は、嗅覚は人間にとって「非常に微細な役割しか果たしていない」としたうえで、人間はそれを「弱められた、痕跡的状態」で「祖先」から受け継いだのではないかと考えていた。ただし、匂いには「忘れていた場所や風景をありありと思い起こさせる際だった効力」（『人間の由来』長谷川真理子訳、講談社学術文庫）があることは認めている。さらにジークムント・フロイトも、この神話を広げるのに彼なりの立場で一役買っている。他の動物では嗅覚が本能的な性行動を誘発するのに対して、人間の場合は嗅覚の弱さが性的抑圧や精神疾患の原因になっていると主張したのだ。

アリストテレス、ブローカ、ダーウィン、フロイトはみな、嗅覚を誤解していたといえる。1920年代におこなわれたおおまかな計算では、人間が区別できる匂いは1万種類に限られるとされていたが、私たちはもっと多くの種類を区別できる。実際に最近の研究では、この数を少なくとも1兆種類（1の後に0が12個ならぶ数だ）に上方修正すべきであることが示されている。

この発見も、方法論上の理由から疑問視されているものの、私たちの嗅覚は決して弱くなどない。ある専門家は最近、次のように述べている。

> 人間は嗅覚システムに問題がなければ、最も小さいところでは原子1個か2個からなる揮発性化学物質をすべて感知できる。むしろ一部の人には感じることができない、少数の匂いの存在を立証することが科学研究の対象になっているほどだ。

嗅覚研究の第一人者であるジェイ・ゴットフリードによれば、化学感覚（嗅覚と味覚）はおよそ10億年前に登場したという。

> 先カンブリア紀の化学物質のスープを動き回っていた細菌にとって、嗅覚は原始的だが強力な生物学的適応であり、糖やアミノ酸、その他の小さな分子を化学的に感知するのに十分なものだった。[……] 昆虫やげっ歯類、イヌが際だって敏感な嗅覚を持つ（一方で）、人間の嗅覚も驚くべ

きものだ。人間は、炭素原子が1個異なるだけの2種類の匂いを区別できる。また一部の匂いについては、ラットよりも敏感に感知できる。

人間の嗅球は、そのきわめて大きい脳全体に占める割合は小さいかもしれないが、絶対的なサイズとしてはかなり大きく、たとえばラットやマウスの嗅球よりも大きい。さらに糸球体と呼ばれる重要な処理単位が非常に多く含まれている。実際に、イヌには人間のおよそ10倍の嗅覚受容体があるが、糸球体の数では人間のほうが多い。さらに人間の嗅球は、脳の前頭前皮質との間にホットラインを持っている。前頭前皮質は、高レベルの意思決定プロセスをつかさどる脳の部位だ。他の感覚のシグナルは、意識を何に向けるべきかを判断する一種のフィルターである視床にまず送られるが、嗅覚は違うのだ。

それだけではない。他の動物と比べると、人間の脳では、嗅球からの情報の分析と解釈に向けられている部分が大きい。人間が断片的なシグナルからでも特徴的な匂いを認識できるのは、脳で「ギャップを埋める」ことができるからだ。さらに異なる匂いを、意味や感情を多く含んだ「知覚的統一体」にまとめ上げることもする。

マルセル・プルーストの小説には、ちょうどそんな統一のプロセスを思わせる有名な場面がある。

お菓子のかけらのまじったひと口が口蓋にふれたとたん、私は身震いし、［……］えもいわれぬ快感が私のなかに入りこみ、それだけがぽつんと存在して原因はわからない。[……]このエッセンスは、私のうちにあるのではなく、私自身なのだ。[……]すると突然、想い出が私に立ちあらわれた。その味覚は、マドレーヌの小さなかけらの味で、コンブレーで日曜の朝[……]叔母はそのマドレーヌを紅茶やシナノキの花のハーブティーに浸して私に出してくれたのである(マルセル・プルースト『失われた時を求めて 1――スワン家のほうへI』吉川一義訳、岩波文庫)。

神経科学の第一人者(美食家でもある)のゴードン・シェパードによれば、そうした並外れて複雑なメカニズムがあることで、「人間は、他の動物よりも豊かな香りと風味の世界を授けられている」という。

脊椎動物の「基本的なコマンドライン」

カリフォルニア大学バークレー校の心理学教授ルシア・ジェイコブスは、嗅覚と味覚が人間だけでなく動物全体にとってきわめて重要だとする説を熱心に主張している。

ジェイコブスは私に、密接な関係にあるこの2つの化学感覚は、私たちがその影響に気づいていないことが多いだけで、私たちの生活にとても重要なのだと説明した。たとえば女性は性交渉の相手として、自分と免疫系が大きく異なっている男性を好む。この無意識のバイアスが理にかなっているのは、その結果としてより健康な子どもが生まれる可能性が高くなるからだが、そのバイアスのもとになっているのは男性の匂いの違いだ。これ以上に重要な話があるだろうか。さらに、一人ひとりが生み出す独自の「体臭のカクテル」は、不安や攻撃性の高さについての情報も伝えている。私たちが知らない人と握手をした後に、無意識に手の匂いを嗅いでいるのはこのせいかもしれない。

人間の嗅覚が過小評価されるのは、私たちの鼻が地面から遠いところにあるのが理由の1つだ。つまり、本当なら嗅げるはずのたくさんの匂いに気づくことができないのだ。しかしイヌの行動を真似して熱心にあちこちを嗅ぎ回ってみると、多くの発見ができることに驚く。ブラジルのボトクドス族やマレー半島の先住民は、この方法を使って狩猟ができるし、カリフォルニアに住む学生でも、四つん這いの姿勢になれば匂いの跡をたどるのが驚くほどうまくなる。

ジェイコブス自身も、視覚や聴覚の手がかりを奪われた人々が、ある場所に固有の匂いの組み合わせからその場所を見つけ、さらに自分の嗅覚だけを使って元の場所に戻れることを確かめている。この発見に驚くのは、「人間にはすぐれた嗅覚があっても、それはナビゲーションではなく、匂いの区別や特定に使われているという思い込みがある」からだという。

ジェイコブスはそれを「視覚がものを見えなくしている」状態だと端的に表現する。視覚は人間の「デフォルト・モード」であり、私たちの感覚を通した世界観を支配している。視覚に大きく依存してしまうと、人間に、そして親戚である動物たちに可能なことを想像してみる力が制限されるのだ。

こうした欠陥は、特にナビゲーションというテーマにとって重要だ。

嗅覚というのは、脊椎動物の「基本的なコマンドライン（指令し動かすツール）」だとジェイコブスは考えている。そして匂いは「無限の組み合わせ」だと指摘する。つまり、可能な匂いは無限にあり、原理の上ではその一つひとつがビーコン（標識）やランドマークとして機能できるということだ。さらに、遠くからでも感知できる匂いは、動物にとって方向を示す非常に貴重な情報になる。もしかしたら、匂いはある種の地図の基盤にもなるかもしれない。そうした匂いの情報は、動物がまったくなじみのない場所にいるときには特に役立つだろう。

＊　＊　＊

陸地に暮らす多くの哺乳類は帰巣能力に優れているようであり、かなり遠くからでも自分のすみかに戻ってこられる。シカ、キツネ、オオカミ、ホッキョクグマ、ハイイログマなどがそうだ。イヌやネコは言うまでもない。

77頭のアメリカクロクマを行動圏から意図的に移動させ、追跡した実験は、この問題に興味深い角度から光を当てた。このアメリカクロクマに麻酔をかけ、意識のない状態で「移動放獣」した距離は、平均で100キロ強だった。これだけ移動させれば、いつものなわばりの十分外側になる。

クマを放した時点でどの方向に向かったかを記録し、最初の捕獲地点から20キロ以内に現れたら、すみかに戻ってきたと判断した。クマは放されると、すみかの方向に進む傾向が強かった。また射殺されたり、再捕獲されたり、追跡装置が期限切れになることなく、すみかに戻ってきたクマは34頭だった。ある1頭は271キロ離れた場所から戻ってきた。移動日数は平均300日近くだったが、どうやって帰り道を見つけていたかは歯がゆくなるほど不透明なままだ。

第12章 鳥は匂いを頼りに巣に戻れるか

「偽の放鳥地点」実験

私が伝書バトの不思議な帰巣能力に初めて触れたのは、イタリアのピサにある大学のオフィスだった。そこからは陽光に照らされた植物園が見え、有名なピサの斜塔からもそう遠くなかった。

パオロ・ルスチとアンナ・ガグリアルドは、すでに紹介したハマトビムシの研究者だった故フロリアーノ・パピの教え子だ。私が訪問するほんの半年前に亡くなっていたパピは10代の頃、当時イタリアを占領していたナチス勢力と戦うパルチザンに加わった。あちこちに連絡事項を届ける任務に就いていていて、捕まればスパイとして銃殺されていただろう。戦争が終わると、勇気ある任務への報奨として奨学金を受けて、ピサ高等師範学校で学び、その後は扁形動物の専門家になった。ホタルの光コミュニケーションも研究した。しかし、エルバ島出身だったパピはヨットに夢中で、それがきっかけで動物のナビゲーションに興味を持った。

自然選択による進化理論をダーウィンと同時に発見したアルフレッド・ラッセル・ウォレス（1823〜1913年）は、1873年という早い時期に、動物が匂いを手がかりに自分のすみかに戻るという考えを提案している。

多くの動物が持つ、目隠しをされて（たとえば馬車の中の籠に入れられて）移動した道を、逆にたどって巣に戻ってくる能力が真の本能であることは疑う余地がないと、一般には考えられてきた。しかしそうした状況にある動物はその経路の匂いにずっと注意を払っていて、その匂いが頭の中に、われわれが視覚から受け取るのと同じくらい鮮明でくっきりとした一連のイメージを残すように思われる。こうした匂いが正しく逆の順番で繰り返されれば（家、排水溝、畑、村にはすべて独自の明確な特徴がある）、その動物が同じルートを戻ることは、どれほど多くの曲がり角や十字路があっても簡単なことだろう。

名高いウォレスの提案だったにもかかわらず、他の科学者たちがその仮説を急いで検討することはなかった。しかし1970年代になって、パピがこの難題に挑んだ。伝書バトのナビゲーション能力をめぐっては、謎めいた「大気の要素」の重要性が以前から指摘されていたが、匂いが関係している可能性はまったく調べられていないことに気づいたのだ。

その当時、鳥のナビゲーション研究はもっぱら天体を手がかりにしたナビゲーション、特に太陽コンパスに注目していた。一般的には、鳥は匂いをあまり利用しないか、嗅覚がそれほど敏感ではないと考えられていた。そのため、パピがハトの嗅覚を奪い（つまり「無嗅覚」状態にする）、フィレンツェの鳩舎から西に54キロという、通常なら何の問題もない距離にある初めての場所で放したところ、鳩舎に戻れなくなったのは、パピ本人にとってもひどく驚く結果だった。

パピはこの悩ましい結果を、鳩舎を吹き抜けるさまざまな匂いにハトが非常に細かく注意している証拠だと解釈した。風で運ばれてくるさまざまな匂いを、そのときの風向と結びつけていると考えたのだ。ハトは放鳥地点でそうした特徴的な匂いのいずれかを認識すると、鳩舎の時点でその匂いを運んできた風と反対の方向に飛んで、すみかに戻ろうとする。奇妙に思えるが、コンパスを使って歩くときに、遠くのランドマークにコンパスを合わせておき、そのランドマークに到着したら、今度は往路と反対（逆方向）のコースを取ればスタート地点に無事に戻れるというのと基本的には同じだ。

こうして「嗅覚ナビゲーション仮説」が誕生した。しかし、匂いの中からどんな有用な長距離ナビゲーションの情報でも導き出せるという考え方は、疑いの目で迎えられた。ガグリアルドの話では、パピは顔をしかめながら、妻でさえ信じようとしないと冗談を言っていたという。

当初は大半の研究者が、何十キロもの距離があっても嗅覚が十分に役立つという仮説を受け入れがたいと考えた。特に大きかった反論は、乱流が空気をかき混ぜるので、長距離を伝わって鳥の鼻腔に到達した嗅覚情報はひどく混乱している可能性がある、というものだった。イタリア国外の科学者の多くが、パピが報告した観察結果を再現しにくかったことも問題だった。

嗅覚を奪うための処置のせいで、ハトが混乱したり、動揺したりしてしまって、嗅覚ばかりか、あらゆる種類のナビゲーションの手がかりに注意を払えなくなったのではないかという問題もあった。それはかなりもっともな懸念であり、パピ自身も初めから指摘していた。しかし、そうではないようだ。嗅覚を奪われたハトでも、ランドマーク情報を使って戻ってこられるような慣れた地域で放鳥されれば、無事ナビゲーションできることが、多くの実験で確認されている。

とはいえ、ハトの帰巣行動が、鳩舎で受けていた風の方向に影響されていることを確かめる方法は他にないだろうか。

パピは、鳩舎の周囲に風向きを変える板を設置し、幼鳥が受ける風の向きを左右にそらせる実験をした。さらに送風機の力を借りて、風向きを反対にすることも試した。風が重要な情報をもたらしていると仮定すれば、こうしたトリックでハトは道に迷うようになると予想され、実際にそうなった。パピの仮説が要求する通り、向きを変えた風を受けていたハトは、放鳥されると、風向の変え方に対応した「間違った」方向に進んだのである。

ハトが成長後に嗅覚をナビゲーション目的で使用するとしたら、風の情報に接することが必要になる重要な成長段階があるように思える。もしかしたらサケと同じように、幼鳥は風が運ぶ匂いの「刷り込み」を受けるのかもしれない。

しかし懐疑的な意見の人々は、「風偏向器付き鳩舎」実験には説得力がないと指摘する。風向を変える板が、ハトの太陽コンパスが当てにしている偏光パターンを妨害しているのではないか、あるいは重要な音の手がかりをひずませているのではないかという声があった。

パピの仮説を支持する研究者たちはこの40数年間、こうした指摘をはじめとする反対意見に対応すべく、熱心に研究を続けてきている。

鳥のナビゲーションの第一人者であるドイツのハンス・ヴァルラフも、最初は他の人と同じようにこの仮説を疑っていた。しかし、パピの研究結果への対応として適切なのは、それを徹底的に検証することだと思い至った。ヴァルラフは最近、「嗅覚に基づいたナビゲーションを支持する、一貫した結果を出している」と自らが考える、異なる種類の実験を17件もリストアップしている。

その中で最も注目すべき実験は、いわゆる「偽の放鳥地点」を使ったものだ。この実験では、匂いのしない空気を送り込むフィルター付き換気装置を備えた密閉した容器を用意し、そこにハトを入れて運ぶ。1つ目の地点では、その場所の空気を数時間呼吸できるようにするが、放鳥はしない。次に（ふたたび浄化した空気を送りこみながら）鳩舎から見て、1つ目の地点とは逆の方向にある2つ目の地点に運んだ。そこに到着したら、その場所の匂いは嗅がせずにすぐに嗅覚を麻痺させてから、やっと放鳥した。するとそのハトは、「すみか（鳩舎）とは逆の誤った方向」に向かったのである。

つまり、そのハトは、空気を試しに吸うことはできたが放鳥されなかった1つ目の地点からみれば、正しい方向に進んだことになる。一方、嗅覚を麻痺させられる前に、実際の放鳥地点でその場所の空気に触れた「対照群」のハトは、すみかに向かう正しいコースを取った。

つまり放鳥地点で匂いを嗅げなかったハトは、自分たちが利用できる情報、すなわち1つ目の地点で触れた匂いだけを頼りにした結果、間違った方向に向かった。一方で放鳥地点で匂いを嗅げた対照群のハトは、より新しく、適切な嗅覚情報がある点が有利であり、正しい方向を選んだのである。

これは見事な実験だったが、すべての人が納得したわけではなかった。パピの仮説に批判的な立場の研究者も、同じ「偽の放鳥地点」実験をおこなった。ただし1つ目の「偽」の放鳥地点では、ハトを無意味な人工の匂いに触れさせた。この匂いには、ナビゲーションの手がかりとして役立つ情報がまったく含まれていない。するとこのハトは、本物の空気に触れさせた対照群のハトと同じように、実際の放鳥地点で正しい方向を向いた。この実験をした研究者たちは、「匂いに触れさせても、ハトにはナビゲーションの情報がまったく与えられない」ときっぱり結論づけた。彼らの考えでは、無意味な匂いでも本物の匂いでも、匂いの役割は、どこか知らない場所にいるという事実をハトに伝え、それによってまったく異なるナビゲーションシステムを始動させることだけだった。ナビゲーションの面で役立つような、他の情報を与えることはないというのである。

しかしもっと最近になって、ガグリアルドが嗅覚ナビゲーション仮説を支持する他の研究者とともに同じ実験を繰り返すと、偽の放鳥地点で無意味な匂いに触れることが、ハトの帰巣能力を実際に弱めていることがわかった。こうした実験結果の食い違いは、ハトの訓練や年齢、経験の違い、さらに地理的な状況が原因で生じている可能性がある。

つまり、私たちは袋小路に入り込んでいるようだ。専門家の間からは、ハトの嗅覚ナビゲーションをめぐる長年の議論は、条件が同じになるよう設計された新しい実験を協力しておこなうことに両陣営が合意しないかぎり、決着がつかないという声もでている。

どんな匂いを利用しているのか

伝書バトと違って、アホウドリやフルマカモメ、クジラドリ、ミズナギドリのような外洋の鳥は、よく発達した嗅覚器官を持っていて、餌を見つけたり、つがいの相手を探したり、巣の場所を見つけたりするのに使っている。そうした鳥の大半がきわめて長生きで（寿命は40年から60年）、成鳥になるとずっと同じつがいの相手とともに同じ場所に巣を作り続ける。さらに非常に長距離を飛ぶことができ、そのずば抜けたナビゲーション能力にはおそらく匂いが関係している。

ミズナギドリに追跡装置を取り付けた実験では、驚くようなデータが得られている。一時的に嗅覚を奪われたミズナギドリは、特に陸地から遠い場所で放鳥された場合に巣に戻るのに苦労した。そうしたミズナギドリは、大西洋の真ん中にあるアゾレス諸島のファイアル島で捕獲され、そこから800キロ離れたところで放鳥されると、自分の巣に戻るまでに何千キロもさまよった。一方、嗅覚を奪われなかった対照群のミズナギドリは、程度の差こそあれ、真っすぐに巣に戻った。

一方で、ミズナギドリを地中海西部の陸地が見えない海域で放鳥した場合には、あまりすっきりした結果にならなかった。どのミズナギドリもかなり短時間でなんとか巣に戻ったが、嗅覚を奪われなかった対照群がほぼ真っすぐのルートを取ったのに対して、奪われたミズナギドリの多くは北に向かってから、海岸線をたどってイタリアの沖合にあるコロニーに到達していた。まるで、帰り道の手がかりになる見慣れたランドマークを探しているようだった。時間補正式太陽コンパスがミズナギドリのナビゲーションツールの1つだという証拠もある。

スペインのバレアレス諸島に生息するミズナギドリについて、コロニー付近でのいつも通りの行動を追跡すると、匂いを嗅ぐことができないミズナギドリもうまく採餌できているようだった。しかしその巣に戻るルートは、バレアレス諸島が視界に入ってくるまでは対照群のように真っすぐではなく、おそらく島が見えた時点で視覚的なランドマークを見つけられたようだった。さらに、採餌中のミズナギドリの移動経路を数学的に分析すると、匂いを頼りにナビゲーションをしていると仮定した場合に予測される通りに、風速の影響を受けていることがわかった。

そこで疑問が出てくる。鳥たちは実際に何の匂いを利用しているのだろうか。

今のところ、ハトが頼りにしている自然由来の匂いは特定されていないが、海鳥は餌の存在を示すある種の匂い、特にジメチルスルフィド（DMS）という化合物に敏感に反応する。もちろん、鳥にどの匂いを嗅ぐことができるのか聞くわけにはいかないが、心拍数の変化をモニターするとそれに近いことがわかる。この手法を用いることで、ナンキョククジラドリがきわめて低濃度のDMSを感知できることが確認されている。DMSは気候調節に重要な役割を果たしているので、その濃度分布の季節変化はよく調べられており、外洋の島の周辺や、水深の浅い大陸棚や海山の上には高濃度領域があることが知られている。それはまさに、海鳥の餌が豊富にある場所だ。

そうした海域で、毎年決まった季節に起こる匂いの強い微生物の大量発生現象が、海鳥の採餌だけではなく、飛ぶ方向を決めるのにも役立っている可能性がある。海洋底全体が海鳥に、少しずつ異なる匂いからなる比較的安定な「ランドスケープ」をもたらしているという説もある。海鳥は長い旅の間に、こうしたランドスケープをよく理解することができる。

とはいえ、大海原を飛ぶ鳥が**完全に**嗅覚に頼ってナビゲーションをしているという説は、簡単には信じがたい。なによりも、大気だけでなく、海自体にも大きな乱れが生じることを忘れてはいけない。


鳥のナビゲーションをめぐる混乱のほとんどは、鳥が（他の多くの動物と同じように）幅広い種類のナビゲーションメカニズムを使用していて、自分の置かれた環境に合うようにメカニズムを選択していることから生じる。それぞれのソースから得られる情報の質を、何らかの方法で吟味したうえで、どのメカニズムが最も信頼できるか判断し、それによって旅の各ステージでそれぞれ違うナビゲーションツールを使うのだろう。

このような明らかに混乱した事情に照らせば、ハト（および他の鳥）を不慣れな場所から巣へと導く、まったく別の感覚があるのではないかと思われるかもしれない。

すぐに考えられるのは、鳥が磁場を手がかりにしているということだ。ハトが磁場に敏感に反応することはきちんと証明されている。しかし鳥はふつう、嗅覚が完全であるかぎり、頭部に磁石を取り付けて周囲の自然磁場を混乱させても、方向感覚を失う兆候は示さない。さらにアホウドリとウミツバメは、そうした条件下でも無事に巣に戻ることができる。つまり明らかに、こうした鳥は磁場だけを手がかりにしているわけではないのだ。

一方、鳥を無嗅覚にする処置によっては、人工的な磁気源の存在を検出する能力にも影響が出る場合があった。そのため、嗅覚を奪われると巣に戻れないからといって、鳥が嗅覚だけを手がかりにしていると結論づけるのも、やはり安全ではない。

伝書バトはデッドレコニングをおこなっているのだろうか。あるいは何か別の方法で行きのルートを引き返しているのだろうか。慣性的なメカニズムを使ったり、匂いや音のランドマークを把握したりして巣に戻っていることは考えられるが、放鳥地点まで麻酔をかけて運んでも帰巣能力にはあまり影響しない。意識のない動物が進む方向や位置の変化をどうやって把握できるのかということになると、確かめるのは相当難しい。

動物のナビゲーションの専門家の中には、嗅覚ナビゲーション仮説全体について懐疑的な姿勢を取り続けている人もいるが、多くは伝書バトや海鳥が帰巣のために匂いを少なくとも部分的に利用していることを認めている。しかし、その方法は決して明らかではない。このテーマは、嗅覚神経地図が果たしうる役割を考えるときに再度取り上げよう。

＊　＊　＊

道化師のような顔をして、ぶんぶんと音を立てるように飛ぶニシツノメドリは、たまらなく魅力的な動物だが、ちょっと変わり者でもある。

渡り鳥はふつう、ある1つの場所で越冬するものだが、ニシツノメドリは、夏が終わりに近づくと、さまざまな方向に向かう。さらに幼鳥は夜間にどうやら単独で、成鳥よりずっと前に営巣地を離れるので、越冬地までのルートを他の鳥から教わっている可能性はとても低い。

ウェールズ沖合のスコマー島のニシツノメドリを追跡した科学者チームは、8月には大半がまず北西方向に向かい、その一部はグリーンランドまで到達するが、それとは別に、ビスケー湾（イベリア半島北岸からフランス西岸に面する湾）まで南下した個体もいたことを発見した。その後は、どのニシツノメドリも北大西洋に向かう傾向があった。やがて冬の終わりになると南下し、一部は地中海まで到達してから、春に繁殖地に帰り着いた。戻ってくる方角はさまざまだった。とりわけ驚いたのは、それぞれのニシツノメドリが毎年決まって、他の個体とは違う独自の経路をたどる傾向があったことだ。

陸鳥とは違い、ニシツノメドリは休みたければいつでも海面に下りられるし、さまざまな場所で冬を越すことができる。おそらくそのためか、若いニシツノメドリたちは（親から受け継いだり、社会的に獲得したりした）厳格な指示に頼るのではなく、それぞれが独自の渡りのルートを作り出して、それを毎年忠実にたどる。しかし、それがどんな方法によるのかはまだわかっていない。

第13章 音によるナビゲーションの謎

聴覚ランドスケープ

イギリス人の探検家で登山家のフレデリック・スペンサー・チャップマン（１９０７〜７１年）は、第二次世界大戦中、マレー半島のジャングルの敵陣内で18カ月にわたりで生き延びた人物だ。それより前の１９３０年代のある日、チャップマンはイヌイットの猟師の一団とともに、グリーンランド東岸をカヤックで進んでいた。強いうねりが寄せていたので、濃い霧がたちこめてきても、波が砕ける音に耳を傾けていれば海岸沿いにカヌーを進めるのは難しくなかった。ただ、イヌイットたちが自分の住むフィヨルドをどうやって見つけるつもりなのか、チャップマンにはわからなかった。一方で旅の仲間たちはいたって落ち着いていた。１時間ほど漕ぎ続けた頃、先頭を漕いでいた猟師が突然、海岸に向かってカヤックの向きを変え、フィヨルドの狭い入り口へと正確に入っていった。

チャップマンは面食らったが、説明は素晴らしく単純だった。

海岸に沿ってずっとユキホオジロの巣があり、それぞれのオスが［……］自分の縄張りを目立つ岩の上で歌うことで主張していたのだ。オスのユキホオジロはそれぞれ少しずつ歌がちがい、個々の歌を識別していたエスキモーたちは、自分たちの村へ続くフィヨルドに巣を持つ鳥の歌が聞こえたとき、海岸に向けて曲がったのだった（ハロルド・ギャティ『自然は導く』岩崎晋也訳、みすず書房）。

私たちはふつう、鳥のさえずりを使ってナビゲーションすることはないが、誰でもあちこち移動するのに音に大きく頼っているし、船乗りにとっても音が役立つことは多い。切り立った崖に近づいていくときに、手をたたく音や銃声のような鋭い音を立てると、垂直の岩面ではっきりと反響する。音はだいたい1キロを3秒かけて進むので、時間差は崖の近さの目安になる。これは、月のない夜や視界が悪いときには有益な情報だ。さらに、砕ける波の音質を聞くだけでも役立つことがある。岩場に打ち寄せる波は、小石や砂、泥の浜辺に打ち寄せる波とは立てる音がかなり違う。経験豊富な船乗りなら、その違いだけで自分がどこにいるのか判断できることもある。

昆虫の触角と同じように、人間の2つの耳は方向探知機として機能している。音が耳に届く時間のわずかなずれや、音の強さの非常に小さな差から、音源が自分の左右どちらにあるのかがわかるのだ。この原理は、ステレオ方式や「サラウンドサウンド」方式のスピーカーによって生み出される立体音響効果の基本になっている。音源が自分に近づく方向や離れる方向に移動する場合に生じる、見かけの周波数の変化（ドップラー効果）からも有益な情報が得られる。たとえば、自動車のノイズを聞けば、それが自分に向かってきているのかどうかを判断できる。

視覚障害のある人々は、ある場所から別の場所へ安全に移動するために音をよく使う。杖でコツコツたたいたり、舌打ちをしたりして音を出し、戻ってきた反響音のわずかな違いを感知することで、周囲に何があるのか判断できるのだ。しかし興味深いのは、そうした人々がしばしば、自分のしていることをかなり違ったふうに説明することである。自分は物体の存在を「感じて」いるというのだ。これは、通常は聴覚と関連のない脳の部位が反響音を処理しているということかもしれない。

59歳のカナダ人ブライアン・ボロウスキは生まれつき目が見えず、3歳か4歳のときに、舌打ちや指を鳴らす音を使った反響定位（エコロケーション）を自力で習得した。

> 歩道を歩いていて、木々の横を通るときに、私はその木を聞くことができます。垂直な幹があって、たぶん頭上には枝が広がっていて［……］自分の前にいる人の姿を聞いて、よけて進むこともできます。

目の見える人々も（目隠しを着けて）練習すれば、同様のスキルを身につけることが可能だ。

ガーナの漁師は、オールを水中に突き立てることで魚を見つけられるという。オールの平らな面が、水中で魚が立てる音を集める指向性アンテナになる。オールのハンドルに耳を押し当てれば、漁師は魚がだいたいどのあたりにいるのかわかる。しかし、一部の動物が音を巧みに使うことには本当に驚嘆させられる。最もよく知られている例がコウモリだ。

コウモリが完全な暗闇でも正確にナビゲーションできることは、1793年に、イタリアの聖職者ラザロ・スパランツァーニ（1729～99年）の独創的な実験によって発見された。スパランツァーニは以前から、夜中に部屋に入ってくるコウモリがたった1本のろうそくの光でも飛び回ることに気づいていた。そこで、そのコウモリの1匹を捕まえ、片方の脚に糸を結びつけることで、その夜間飛行能力を調べることにした。ろうそくを吹き消してからコウモリを放すと、糸が引かれる感触で、コウモリがふたたび部屋の中を飛び回っているのがわかった。光がまったくなくても影響はないようだった。次にコウモリの視力を失わせて実験したところ（この実験が現代の倫理基準を満たさないのは間違いない）、うまく獲物を捕まえられただけでなく、スパランツァーニがそのコウモリを捕獲した鐘楼に戻ることもできたという。

スパランツァーニの発見は、そのほとんどが論文として発表されなかったことから、当時はまったくというほど注目されなかった。1938年になってようやく、コウモリの渡りに興味を持ったドナルド・グリフィン（1915～2003年）というハーバード大学の若手研究者が、コウモリの夜間飛行能力の性質を解明した。グリフィンと同僚のロバート・ガランボスが証明に成功したのは、コウモリは超音波域でクリック音やブンブンいう音を発して、返ってくる反響音を分析する（エコロケーション）ことで、暗闇の中でも飛んでいる昆虫を感知して、その獲物にまっしぐらに向かえることだった。これは潜水艦の探知に使われるソナーのしくみとまったく同じである。グリフィンは、コウモリの並外れたナビゲーションスキルや獲物を捕まえる能力が、周囲のきわめて詳細な三次元「像」を構築することで成り立っているはずだと気づいた。

コウモリの重要な食料であるガには、独自の対抗手段を発達させたものがいる。コウモリが獲物に迫るときに使う特殊なシグナルを察知して、回避行動を取ったり、自らシグナルを発してコウモリのソナーを「妨害」したりするのだ。そのため、コウモリがガを捕まえるには非常に素早く動かなければならない。

エコロケーションをするコウモリは、哺乳類界のナビゲーション名人を名乗る資格が十分にあり、それだけに直面する課題も非常に大きい。そもそも、自分で発した音の反響音を聞いただけで、自分がどこにいて、周りに何があるかを判断できなければならない。これがどういうことか想像してみよう。コウモリは、草の生い茂る牧草地、木の皮や葉、レンガ壁、小さな飛ぶ虫、池の表面など、周囲のあらゆるものの表面で反射して、押し寄せてくるさまざまな音を聞き分けねばならないのだ。

これはたとえコウモリがじっとしていたとしても十分難しいが、コウモリはかなりの高速で飛ぶことがあるし、直線で飛ぶことはほとんどない。実際、コウモリの空中での方向転換は、たいていの鳥よりも見事だ。さらに面倒なことに、コウモリは自分自身のシグナルと、周囲を飛んでいる同じ種類のコウモリのシグナルを聞き分ける必要もあるかもしれない。

一部のコウモリは、完全な暗闇の中を飛びながら、細かな金網に開いた小さな穴をしっかり見つけて、その穴を何事もなくくぐり抜けられる。毎晩、自分のねぐらから決まった「飛行経路」で猟場に向かうときに、数キロ続く、曲がりくねった地下通路を通っていくコウモリもいる。しかしコウモリのエコロケーションにも限界がある。その最大有効範囲は約１００メートルしかないのだ。そのため、遠くのランドマークを感知するのには役立たない。コウモリの長距離ナビゲーションは、他の感覚、特に視覚に頼らなければならないのだ（53ページを参照）。

獲物を見つけ、捕まえるのにソナーを使っている哺乳類は他にもいる。特に知られているのが、さまざまなイルカや、その他のハクジラ類だ。

捕獲されて飼育下にあるイルカを観察すると、完全な暗闇の中でも水中の小さなターゲットを非常にうまく感知できる。音を使って障害物を避けられるのも間違いない。イルカが発する高強度の超音波クリック音は、３００メートル程度までの範囲の環境を描き出す。外洋で実施された無線追跡調査では、イルカがこのシステムを使って、海底地形をたどって移動していることが示されている。飼育下にある2頭のネズミイルカの研究でも、ソナーを利用してランドマークに対する自分の位置を確認していることがわかっている。

クジラやイルカがナビゲーション目的でソナーを使っているという確実な証拠はあまりないが、

使っていないとしたら驚きだろう。実際に一部の研究者は、イルカやクジラのソナーシステムも、コウモリと同じように、本来はナビゲーション目的だった可能性があると考えている。

長距離の渡りをするクジラは、海中の「聴覚ランドスケープ」を利用しているのではないかと考えてみたくなる。クジラが発するシグナルはおそらく、外洋の深海域を旅するときに有益な情報をもたらしてくれるほど強くはないが（深海域の水深は通常3～4キロある）、浅海域や海山の上では役立つだろう。

不思議な現象

アメリカ地質調査所の地球物理学者ジョン・ハグストラムはこの20年間ほど、ハトには低周波音（「インフラサウンド」とも呼ばれる）を頼りにした精緻なナビゲーションシステムがあることを世間に納得させようと努力してきた。ハグストラムが生物学の専門家でないことを最初はけげんに思うかもしれないが、その珍しい経歴があるからこそ、ハグストラムはこの特定の問題を探求するのに適任なのだ。私はハグストラムのオフィスで彼にインタビューをした。そのオフィスはサンフランシスコのすぐ南のメンロパーク近郊にあり、スタンフォード大学に近かった。

ハグストラムの父は物理学者で、息子にも同じ道に進んで欲しいと考えていたが、息子自身は挑戦しがいのある野外生活を送れる仕事を選ぼうと心に決めていた。『ナショナルジオグラフィック』誌の専属カメラマンになるのが理想だったが、もう少し現実的な進路として、コーネル大学で生物学を学ぶことを選んだ。ところが大学での生物学の授業は医学生向けで、実験室内で過ごす時間が多くなるとわかった段階で、ハグストラムは地質学に専攻を変えた。１９７６年に、ハグストラムはたまたま、当時ハトのナビゲーション研究の第一人者のひとりだったウィリアム・キートン（１９３３〜８０年）の講演を聴いた。

ハグストラムは、キートンが話したことの中でも特に、ジャージーヒルという場所の近辺で放鳥された一部のハトがみせる奇妙な行動に心をとらえられた。そうしたハトはいつも迷ってしまって、無事に鳩舎に戻れることがめったにないというのだ。そしてそのハトには共通点があった。すべてコーネル大学の鳩舎のハトだったのだ。奇妙なことに、ニューヨーク州北部の他の鳩舎のハトは、同じ場所で放鳥しても問題はなかった。この不思議な現象をどう説明したらよいか悩んでいたキートンは聴衆に向かって、いい考えがないかと呼びかけた。ハグストラムは、この社交辞令的な質問に興味を持って、ずっと忘れずにいた。

数年後にハグストラムは、『ナショナルジオグラフィック』の記事を読んだのがきっかけで、この問題にまた関心を持つようになった。そして、音が問題解決の穴を埋める手がかりかどうかを調べた研究がほとんどないことに衝撃を受けた。地震学の授業を受けていたハグストラムは、音波が伝播するしくみをよく理解していたし、動物のナビゲーションについてもいろいろと資料を読んでいた。しかし地球物理学者としての仕事のせいで、アメリカ各地への出張でいつも忙しく、この問題を深く追求できなかった。そして1998年になり、アメリカ東部やヨーロッパで開かれた鳩レースが、謎の原因により「ばらばらに（スマッシュド）」なったという記事を読んだ。「スマッシュド（smashed）」というのは、伝書バトが時間までに巣に戻ってこられない、あるいはまったく戻ってこない場合を指す専門用語だ。

ハトが太陽コンパスと磁気コンパスの2種類のコンパスを使えることは十分に証明されていたが、コンパスだけでは知らない場所から無事に帰巣できない。何らかの地図も必要だ。広く議論されているのが、鳥はそうした地図の基礎として、地球磁場強度の勾配を利用しているという説だ。ハグストラムには、この説ではうまく説明できないという確信があったが、パピの嗅覚マップ（ナビゲーション）仮説に対してもかなり懐疑的だった。いずれにしても、どちらの説もキートンがジャージーヒルで20年近くにわたり繰り返し観察していた現象を納得のいく形で説明できなかった。

ハグストラムはいつの間にか、音が鍵になっているという考え方にどうしようもなく引きつけられていた。その可能性は、（コウモリのエコロケーションで有名な）グリフィンもかなり昔に考えていた。偉大な物理学者ニールス・ボーアの名言を言い換えるなら、ハグストラムの考えは「正しい説であるのに十分なほど馬鹿げて」いた。

私たち人間に聞こえる範囲の音は空気中であまり遠くまで届かない。一方、動物の中には人間の可聴域の下限（20ヘルツ程度）よりずっと低い周波数の音を感じ取れるものもいる。このいわゆる「インフラサウンド」は消散するのが非常に遅いので、何千キロも伝わることがある。そうしたインフラサウンドを基準にして自分の位置を判断することは、原理上は可能だろう。

伝書バトがインフラサウンドを感知できるのは確かだが、そもそもなぜその能力が進化したかはよくわからない。1つの可能性は、ハトだけでなく他の鳥も、強風や雨をもたらす気象前線の接近を知るのにインフラサウンドを利用しているということだ。長距離を旅する鳥にとっては、この能力は大きな強みになるだろう。

ハグストラムは、ばらばらになったレースでハトの「地図感覚」を混乱させていたかもしれない、何らかの音響擾乱（おそらくはインフラソニック）を見つけられたのだろうか。

いくつもの可能性を探って失敗を重ねたすえに、ハグストラムは答えらしきものを発見した。超音速旅客機コンコルドの衝撃音だ（当時コンコルドはまだ運航されていた）。この強力なインフラサウンド源のせいで、伝書バトのナビゲーションシステムが機能しなくなったか、あるいは一時的にハトの耳が聞こえなくなったのではないかと考えたのである。

ハグストラムは、フランス北部のナントで1997年6月29日に開催された、イギリスの王立鳩レース協会の創立100年を記念するレースで、イギリスの鳩舎から運んだ6万羽以上のハトが放されていたことを知った。通常であれば95パーセントが無事に鳩舎に戻るはずなのだが、このときはほとんどのハトが戻らなかった。あまりの事態に調査が開始されたが、最終的な報告書でも結論が出なかった。困惑したレース主催者は、ハトの失踪をいつもの犯人のせいにした。悪天候だ。

しかしハグストラムが計算してみると、大半のハトが英仏海峡を越えていたのと、1日1便のパリ発ニューヨーク行きのコンコルドがその上空を通過した時刻がちょうど重なっており、コンコルドはフランス沿岸部を越えた後で超音速に達していたことがわかった。そして重要だったのは、無事に戻った数少ないハトは飛ぶのが遅かったということだ。つまりこのハトたちは、コンコルドの通過時にはまだ英仏海峡に到達していなかったことになる。そう考えると、これは期待のもてる説明に思えた。

次に、１９９８年に実施されて、混乱がみられたレースのデータを調べると、そうしたレースはフランスで１件、アメリカで２件あった。これらのレースに参加していたハトは、超音速飛行時に航空機を包み込むように発生する円錐型の衝撃波（マッハコーン）に遭遇した可能性はないことがわかったものの、タイミング（と気象条件）から、低速の音波に遭遇していた可能性があった。コンコルドが着陸に向けて減速していたとき、ハトはその前方にいたからだ。

しかし、１つ例外があった。ペンシルベニアで実施され、ばらばらになったレースだ。このレースを調べてみると、コンコルドの到着予定時刻はレースよりもずっと早かった。残る可能性は１つしかない。それはいわば大穴だった。彼の説が正しいのなら、その日のコンコルドは、予定時刻より２時間以上遅れてニューヨークに到着していなければならないのだ。そこでハグストラムは、ＪＦＫ空港にあるエールフランスのカウンターに電話をかけて聞いてみた。ハグストラムが話をした担当者は、初めは馬鹿にしたようにその考えを退けた。偉大なコンコルドの到着がそんなに遅れたなんてあり得ませんよ。それでもハグストラムが、完全に科学的な目的で問い合わせているのだと説明すると、担当者はしぶしぶながら、確認すると請けあった。

ハグストラムが電話をかけ直すと、エールフランスの担当者は「あなたは魔法使いですか？」と言ってきた。その日はパリでの機材トラブルのせいで、本当に到着が2時間半遅れていたのだ。そうなると、ペンシルベニアのハトたちはやはり衝撃波に遭遇していた可能性が出てくる。ハグストラムは、ハトの行動から飛行機の遅れを予測できただけでなく、遅延の長さまでわかったことを指摘する。それはたぶん研究人生で一番痛快な瞬間だったとハグストラムは言うが、それでも結果を発表するには問題があった。

ハグストラムは、ハトが鳩舎に戻れなかった何度かのレースが、コンコルドの通過と重なっていたという事実からさらに踏み込んで考える必要があった。彼は、キートンの時代にコーネル大学の鳩舎で集められた4万5000羽による2500回の放鳥の記録も調べている。キートンは評価の高い科学者だったし、そのデータが新しくないからといって、重要性が弱まることはない。それどころか、キートンのデータのおかげで、ハグストラム自身が無意識にバイアスを持ち込んでいる可能性がなくなるのである。

すでに説明したとおり、キートンはコーネル大学の鳩舎のハトをジャージーヒルで放鳥すると、たいてい適当な方向に飛んでいってしまい、実際に帰巣できるのはわずか10パーセントだと気づいていた。キャスターヒルでの状況は違っていたが、奇妙なのは同じだった。そこで放鳥されたハトは、たいてい同じ方向に飛んでいくが、それが間違っていることが多かったのだ。ウィーズポート近くの別の放鳥地点では、ハトはほぼ毎回正確に帰巣したが、きちんと帰巣できない例外的な事例が一度だけあった。こうした不思議な結果すべてを、1つのプロセスで説明できるだろうか。

インフラサウンドは、海上の嵐や陸上の竜巻、さらには強風と山脈などの地形の相互作用など、さまざまな自然現象によって発生する。岸辺で砕ける波も発生源になる。特に、外洋の定在波は発生源として重要だ。定在波（定常波とも呼ばれる）は、テーブルを繰り返したたいたときにコーヒーカップの表面に現れる、持続的な波のパターンのようなものだ。楽器の音色にも同じような波形が隠れている。ハグストラムが関心を持っている定在波は、それよりはるかに規模が大きい。その定在波は、外洋の嵐やハリケーンで生成された大規模な風波が、互いに干渉して強め合うことで生まれる。周波数が同じで、進行方向が反対の波の列がぶつかりあうと、波を強め合うような干渉が起こるのだ。この定在波によって気圧の振動（マイクロバルム）が生じ、上空の成層圏まで伝わる。

このマイクロバルムは、上空の気温勾配や高速の気流によって地表方向に曲げられる。それが地表でまた反射して上空方向に進む。このプロセスが繰り返されると、マイクロバルムをはるか遠くまで伝える「導波管」（音のパイプラインのようなもの）が生まれる。

まだ続きがある。同じ定在波がさらに、その下の海洋底に小さな地震のような震動（脈動と呼ばれる）も発生させるのだ。この脈動は外向きに放射状に広がり、最終的に大陸の真ん中にある地震計でも検出されることがある。実際に、こうした海を発生源とする脈動やマイクロバルムはそれぞれ固体地球と大気において、インフラサウンド周波数帯のほぼ連続的な背景雑音になっている。その周波数は0.2ヘルツ程度、周期でいえば約6秒だ。そのため、遠地地震や、核実験による振動のような重要な現象を検出しようとする科学者にとって、脈動やマイクロバルムは大きな問題の原因になる。

これまでハグストラムが提案してきたのは、ハトは地表のわずかな振動で生じるインフラサウンドを検知でき、この能力が並外れた帰巣能力の根底にあるという説だ。もっと正確にいうと、それぞれのハトは自分の鳩舎と、周囲の地形が生み出すインフラサウンドの特性のようなもの、つまり音の指紋とを関連づける方法を知っているのである。ただ、その根本的なプロセスに大きく影響しているのが、空気中を伝わってきたマイクロバルムなのか、それとも地面を通って大気に広がった脈動なのかはよくわからないという（ただし、大半の証拠は後者であることを示している）。

いずれにしても、場所ごとの特徴があるインフラサウンドは、教会の鐘の音のように、鳩舎のある地域から遠くへと広がっていく（ただし鐘の音よりもずっと低く、私たちにはまったく聞こえない）。こうした極低周波音は、空気中を非常に遠くまで伝わることができるので、ビーコンのような役割を果たし、ハトが正しいコースで帰巣することを可能にしている。ただし、正常な状況にある場合だが。

ところが、大気中の温度勾配や、地形によってその音が曲げられると、ハトにとっては困った事態になる。このような状況が、ジャージーヒルやキャスターヒル、ウィーズポートのハトの奇妙な行動の原因だとハグストラムは解釈している。

音のシャドーゾーン

ハグストラムは、コンピューターを使った大気モデリングプログラムの力を借りて、インフラサウンドの伝達が大気中の温度や風の分布、気象の変化、さらに物理的な地形から受ける影響を明らかにしている。そうした要素によって、局所的な「無音域」、つまり音のシャドーゾーンが生じると、その中にいるハトは、自分の鳩舎の地域から届く必要不可欠な固有のインフラサウンドを聞き取れないのだ。

無音域は、アメリカ南北戦争でも深刻な問題を引き起こした。両軍の司令官は大規模な部隊を後方に配置しておき、戦闘の音が聞こえて、必要だとわかったときにだけ投入することが多かった。しかし、手の届くような近くにいながら何も聞こえないこともあった。1862年9月19日のイウカの戦いで、ユリシーズ・グラント将軍〔後の第18代アメリカ大統領〕が部下のローズクランズ将軍に援軍を送り損なった理由は、音のシャドーゾーンで説明できるだろう。大砲の音がグラント将軍のもとにまったく届かなかったのだ。

大気モデリングでは、ジャージーヒルで放鳥されたコーネル大学の伝書バトにおける奇妙な方向感覚の喪失が、音のシャドーゾーンによっていかに引き起こされたのかがわかっている。通常の条件では、コーネル大学周辺からのインフラサウンドはジャージーヒルまで届かないのだ。しかし、コーネル大学のハトがジャージーヒルから無事に帰巣できた日が1日だけあった。ハグストラムは、その日の気象条件が通常とは異なっていたために、コーネル大学周辺からのインフラサウンドの広がり方が根本的に変化していたことを示した。その結果、ジャージーヒルにいたハトは、コーネル大学と音響的につながっているというめったにない日に、一度だけ、自分の鳩舎に戻るためのビーコンを見つけられたのだろう。

一方で、キャスターヒルやウィーズポートで放鳥されたハトが方向感覚を失ったのは、気象条件の変化や地形の影響で伝播方向が変わったせいで、インフラサウンドのシグナルが複数の方向からやって来たのが原因だろう。キートンのデータにみられた、めったに起こらない他の例外的な事例も、対応する日に観測されていた竜巻やハリケーンからのインフラサウンドによる干渉現象で説明できた。

ハグストラムの仮説への反論としてよく指摘されるのが、ハトの耳は左右の間隔が狭いので、波長が1キロ以上もある低周波音から有益な方向情報を引き出すことはできない、というものだ。もしハトが動き回ることができないなら、これはもっともな批判だといえるが、円やループを描きながら飛ぶことで、ハトは実際より大きな仮想的な耳を作ることができる。そしてドップラー効果を利用して、鳩舎周辺の特徴的な音がやってくる方向を判断するのである。レーダー光学分野でもまったく同じ原理を利用していて、「合成開口法」と呼ばれている。放鳥されたハトは、すみかの方向に飛んでいく前に上空を旋回することが多いが、これもハトがインフラサウンドから方向情報を引き出しているという説と一致する。

さらに重大な反論は、手術で聴覚を奪ったハトでも、すみかの方向がわかるというものだ。しかしこの証拠は強力でもなければ、明確でもない。最初に実施されたこの手の研究は、規模が小さく、結果の一貫性もなかった。聴覚を失ったハトの中にも正しい方向に進めないハトがいたし、一方で面白いことに、聴覚を失っていない対照群の一部のハトも、正しい方向に進めなかったのだ。

ハグストラムが最近調べ直した、やはりキートンが集めた未発表のデータによって、このテーマの新たな面に光が当たっている。キートンのさまざまなテストで使われた聴覚を失ったハト（これをグループとして扱う）は実際に、聴覚を失っていない対照群とは違ったふるまいをしていた。つまり、一般的に正しい方向に進むことが少なかったが、それでも多くはなんとか無事に帰巣した。しかし、聴覚を失っていない対照群の中にも、正しい方向に進めないハトはいたのである。

これについてハグストラムは、対照群が音のシャドーゾーンの被害者になる場合があると考えている。聴覚を失ったハトのほうは（自分の耳が聞こえないことに気がついて）、経験のない幼鳥がするように、鳩舎から遠くに移動する間に自分のコンパス感覚のひとつをモニターしておいて、その逆のコースをたどって帰巣したのだろう。

別の間接的な証拠は、ヨーロッパの伝書バトの帰巣能力にみられる不思議な季節的パターンから出てくる。冬になると、ヨーロッパの伝書バトは夏よりも迷いやすくなり、帰巣に時間がかかる傾向があるのだ。この異常は、ドイツでは「ヴィンターエフェクト（Wintereffekt：冬季効果）」として知られているが、北アメリカでは観察されたことがない。ハグストラムは、そうした異常が発生するのは、冬季に北太平洋で発生する嵐が増えるせいで、インフラサウンドの背景雑音が大きくなり、それが成層圏の偏西風によって（アメリカ大陸ではなく）ヨーロッパの方向に選択的に伝わるのが原因だとしている。

嗅覚ナビゲーション仮説を支持する研究者からは、ヴィンターエフェクトは、ナビゲーションに役立つ植物の匂いが冬季には減少することでも説明できるという指摘がある。

こうした個別の観察事例から得られるのは、自分のインフラサウンド仮説に合致する状況証拠だけだということを、ハグストラムは進んで認めるだろう。ハグストラムは本業の研究があるため、ハトがインフラサウンドを使っているかどうかを確認するのに必要な実験はできないが、近いうちに他の研究者が実験を進めることを期待している。

*　*　*

繁殖期になると生まれた土地に戻ってくる動物はたくさんいるが、大規模なコロニーで繁殖する動物（アシカやアザラシなど）の詳しい行動を研究するのは難しい。近づきすぎると攻撃してくるとなればなおさらだ。

最近、サウスジョージア島（南大西洋にあるイギリス領の島。フォークランド諸島の東1000キロに位置する）沖合のバード島にあるナンキョクオットセイの大規模コロニーで、科学者たちはそうした問題を克服した。この島では高架歩道を設置して、オットセイの各個体の位置を高精度で測定できるようにしている。研究チームは、長い棒の先に取り付けた装置で電子個体識別タグを読み取るという方法で、メスのナンキョクオットセイが子どもを産むために、たとえ何年後であっても、自分の生まれた場所にきわめて正確に戻ってくることを明らかにした。

大半のメスは、自分の生まれた場所から12メートルの範囲内に戻ってきており、なかには身体1つ分（2メートル）の範囲に戻ってきたメスさえいた。オスについては（オスはたくさんのメスを従えて「ハーレム」を作る）、同じ方法での調査はまだ実施されていないものの、生まれた場所にさらに忠実だという可能性がある。1890年代に撮影されたキタオットセイのコロニーの写真は、「実質的に現在と同じハーレムの分布パターン」を示している。

オットセイがどのようにしてこれほど正確に戻ってくるのかは、まったくわかっていない。ふるさとに戻る旅が最終段階になり岸までたどりついてからは、視覚と嗅覚が重要になるだろう。そして遠く離れた海にいるときには、天体か磁場を手がかりにしているのかもしれない。それは誰も知らない。

第14章 磁気感覚の正体を探る

偏角・伏角・強度とナビゲーション

船乗りは何百年も前から、磁気コンパスを頼りに針路を決め、その方角に舵を取ることができた。コンパスが示す32の「方位点」の暗唱方法を覚えるのは、すべての水夫の通過儀礼であり、方位点が角度に取って変わられるまで続いた。現在では単に、北を0度、東を90度、南を180度、西を270度という。今でも「北東」や「北北東」を使うことがあるが、もっと複雑な「方位点」の名称はほとんど忘れられてしまっている。

天然磁石は、鉄を引きつける性質のある永続的に磁化された岩石（磁鉄鉱）の小片であり、古代から文献に残されている。磁石を自由に動くように吊り下げると「北を探し求める」性質は、早い時期から知られていたはずだ。中国では、約2000年前にある種の磁気コンパス（羅針盤）が発明されていたようだ。この見事な道具がナビゲーション目的で使われ始めた時期は不明だが、11世紀にはすでに使用されるようになっていたのは確かだ。12世紀までには、ヨーロッパでも羅針盤が登場していた。ただし、それがヨーロッパで独自に発明されたものかどうかについては、いまだに議論がある。

15世紀から始まったヨーロッパ人による新大陸発見の航海では、太陽や星の高度を計測する装置と同じくらい、磁気が果たした役割も大きかった。すぐにひらかれた大西洋横断貿易ルートも、その助けがなければ維持できなかっただろう。GPSが登場するまでは、磁気コンパスが何よりも重要なナビゲーションツールだった。現在でも操舵コンパスがなければ船は完全とはいえない。

私たちの足下の地下深くでは、液体金属である外核が固体状態の内核（温度は約6000度）で加熱されており、その外核に生じた激しい渦が地球全体を包み込む磁場を生み出している。

この「地球磁場」による保護シールドがなければ、地球上に生命は存在していないだろう。地球磁場ははるか宇宙空間まで広がっていて、太陽から流れ出す高エネルギー粒子の流入を妨げている。この働きがなければ、地球を守っているオゾン層は高エネルギー粒子に剥ぎ取られるだろう。そうなれば、あらゆるものが危険な太陽風にさらされて、地球の表面は不毛の土地になってしまう。

地球磁場は、ふつうの棒磁石の周りにある磁場と同じだが、言うまでもなく、その規模ははるかに壮大だ。この磁場には2つの極があって、「磁力線」で結ばれている。磁気コンパスの中の磁石は、この磁力線に沿った方向を指す。磁石の一方の端は磁北極を、もう一方の端は磁南極を指す。別の言

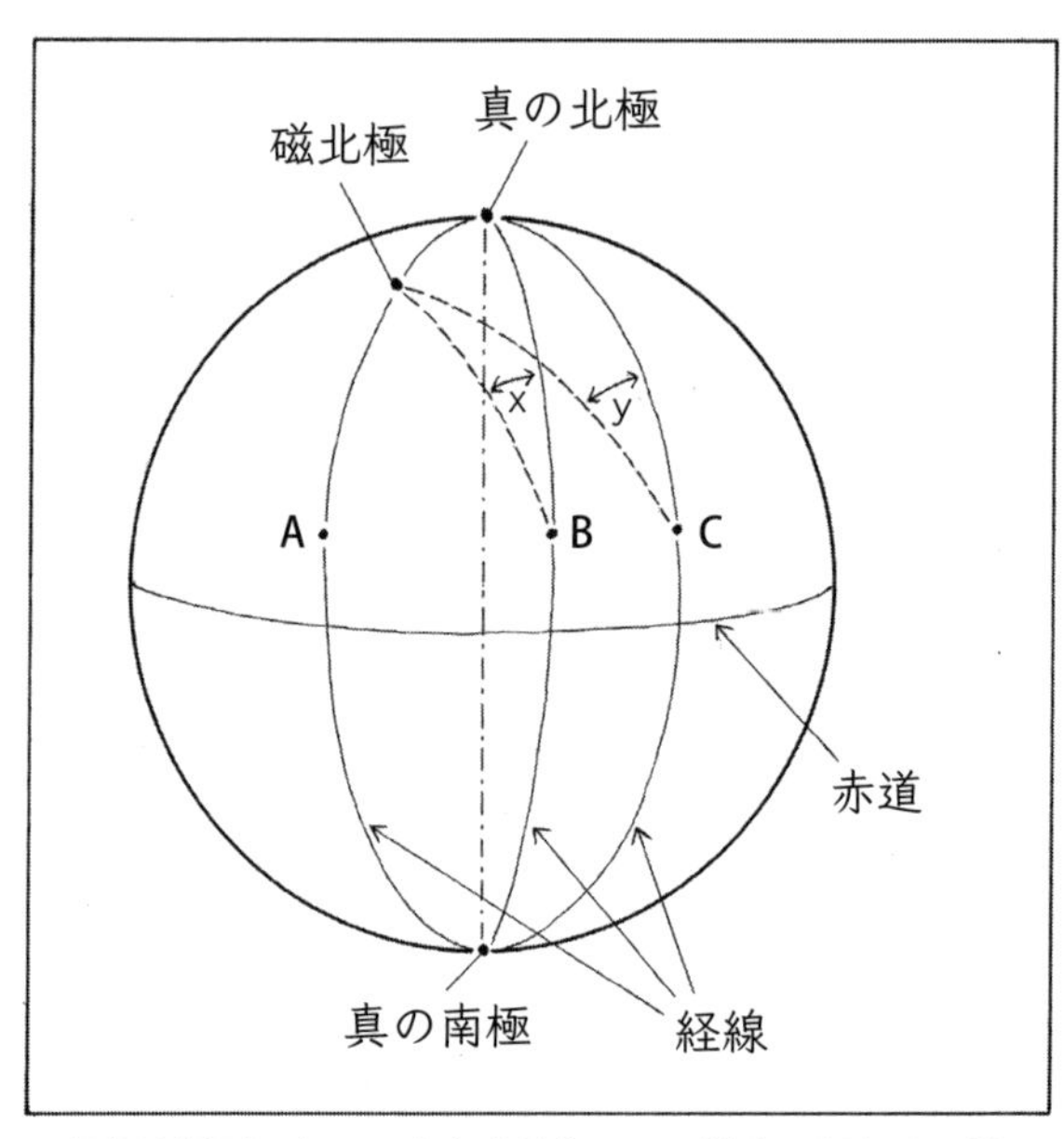

偏角は場所によって大きく異なる。A地点の偏角は0だ。
角度xとyは、B地点とC地点での偏角を表す。

い方をすれば、磁気コンパスの磁石は「磁気極性」に感度があるのだ。しかし問題が1つある。磁極が地理上の極（地理極）と一致することはほとんどないことだ。実際に磁極は現在、地理極から数百キロ離れており、つねに移動している。

結果として、地球上のほぼあらゆる場所で、真の（地理的な）北（南）極と、コンパスが指す北（南）は異なっている。この角度の違いは専門用語では「偏角」と呼ばれている。磁気コンパスを使ってナビゲーションをする場合には、偏角を計算に入れることが不可欠だ。そうしないと、まったく思いもよらない場所にたどり着いてしまう。さらに、磁極に近い場所にいると、偏角が短い距離ですぐに変化するので、磁気コンパスは事実上使えない。

ハレー彗星で有名な、イギリスの優れた天文学者エドモンド・ハレー（1656〜1742年）は、1699年に大西洋とインド洋への困難な長距離航海に出帆し（巨大な氷山を見ることができるほど南極にも近づく）、その航海の間に磁気偏角の測定を繰り返しおこなった。航海から戻ると、偏角が同じ点をつないだ精巧な海図を発表した。その地図は船乗りが船の経度を決めるのに役立つと期待したのだ。理屈のうえではよい考えだったが、この地図は定着しなかった。海上で磁気偏角を測定できることはそれ以前にハレーが証明していたものの、正確に測定するのは少しも簡単ではなかったし、偏角の値がつねに変化し続けるというさらに深い問題もあった。結果としてハレーの海図は、地図製作の観点では驚くべき業績ではあったが、広く利用されることは決してなかった。

磁力線は、一方の磁極から垂直に出ると、徐々に傾きが小さくなりながら地球の周りを伸びていき、赤道域では地表と平行になる。そしてふたたび反対の極へ垂直に入る。この磁力線と地表の角度は「伏角（ふっかく）（inclination）」と呼ばれており、場所によって変化する。船乗りは伏角を意味する言葉として、「傾き（inclination）」よりも現象をよく表す「下がる（dip）」という用語を使っているが、その理由はわかりやすい。方位磁針を垂直面上で回転できるようにすると、赤道近くでは水平のままだが、磁極に近づくとそれに引き寄せられて、片方の端がどんどん傾いて、もう一方の端よりも下になるのだ。

地球磁場の伏角はナビゲーションにおいて、便利ではあるが曖昧さがつきまとう。伏角は磁極に

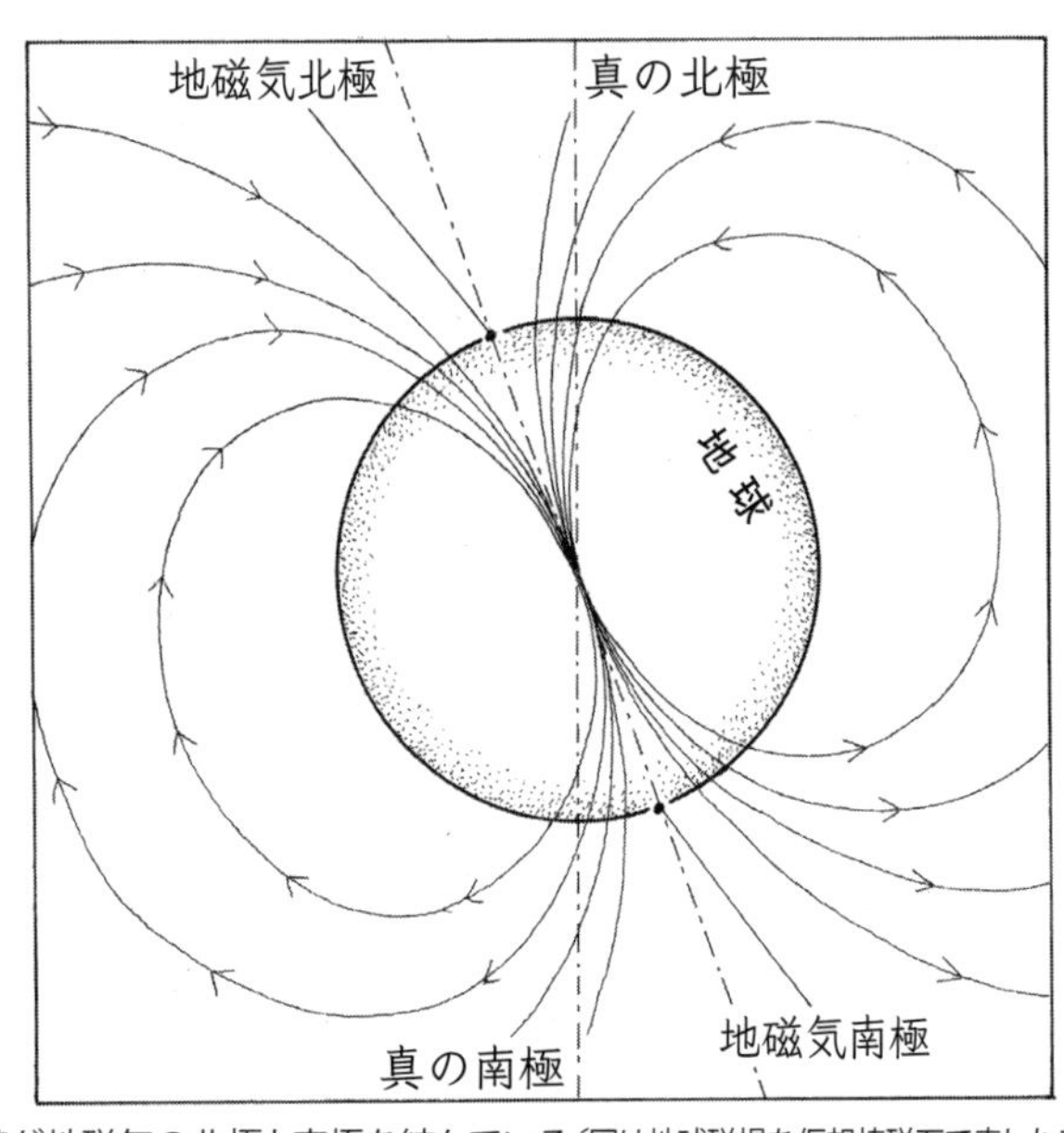

磁力線が地磁気の北極と南極を結んでいる〔図は地球磁場を仮想棒磁石で表したモデル〕。

近づくにつれて着実に増加し、赤道に近づけば減少するが、磁北極と磁南極のどちらに近づいているのかはわからないのだ。

地球磁場でもうひとつ重要な要素が、その強さ、つまり「磁場強度」だ。これは磁極の近くで最も強くなり、赤道に近づくにつれて徐々に弱くなる。ただし東西方向ではあまり変化しない（変化するとしても不規則だ）。地球磁場は絶対的な強度としてはそれほど強くはない。ナノテスラという単位で表すと、強度は約2万5000ナノテスラから6万5000ナノテスラまで幅がある。ちなみに、冷蔵庫に貼り付ける小さなマグネットの磁場強度は約1000万ナノテスラだ。

地球磁場の強度は場所によってかなり

違い、さらに時間とともに変化する。毎年、毎日、毎時間、いや実際には毎秒単位で、場所によって異なる予測できない変化をするのだ。長期的な変動（「永年変化」）は、地球の中心核で展開するプロセスから生じるが、そのしくみにはいまだに謎が残る。一方、1日の中で生じる急激な変化は、電離層に太陽光が当たることで発生する電気的活動が原因だ。地球磁場の三次元的な構造も見込んでおかなければならない。上空に行くと磁場強度が急激に減少するからだ。

地球磁場は複雑で、非常に活動的なため、磁場強度の変化を表す地図はどんなものでも、各地点の実際の値をかなり大まかに近似しているにすぎない。さらに、地殻内には思いもよらない場所に磁気を帯びた岩があって、それが磁場強度の局所的な変化を引き起こし、背景にある南北方向の磁場強度の変化を打ち消してしまう可能性がある。そうした局所異常が操舵コンパスに乱れを生じさせるほど強いため、海図に表示されている場合もある。こういった理由から、地球磁場強度を測定するだけで、自分の位置について信頼できる情報を得るのはかなり難しい。

考えなければならない要素がもう1つある。地球磁場はときおり不規則なタイミングで向きが反対になる。つまり、地球磁場の北極が南極になり、南極が北極になるのだ。この「地球磁場の逆転」が最後に起こったのは約78万年前だが、それより前にも何度も発生している。そうした逆転現象は、海洋底の岩石に化石のように残された古い磁場の痕跡を調べるとわかる。

地球磁場の逆転は一般的に完了までに数千年かかると考えられており、逆転の途中の段階では、それ以前に存在していた2つの極がある磁場が弱まって、複数の極がある奇妙な磁場が生まれる。そんなときに、磁気コンパスのようなものを頼りに針路を決めるのは、かなり不安だろう。

人間が使うコンパスとの違い

動物がナビゲーションに地球磁場を使っているという説は、19世紀にはかなり議論されていた。ロシアの動物学者で探検家のアレクサンダー・フォン・ミッデンドルフ（1815〜94年）が1855年にその可能性を指摘すると、1882年にアルジェリア在住のヴィギエという詳細不明のフランス人が、動物は地球磁場の伏角と強度の両方を使って進む方向を決めている可能性があると考えた。ヴィギエは、磁気がハトの帰巣能力に影響しているかどうかを調べるためには、磁石の棒とふつうの棒をハトに取り付ける実験をすればいいという先見の明のある文章を残している。

しかしこの説は定着せず、磁気ナビゲーション仮説は長い間、主流派の科学者からはほとんど無視されていた。その状況がようやく変わったのは1960年代のことだ。その頃には、いくつもの発見がしたたるように少しずつ届いていて、それまで懐疑的だった科学者たちが再考するきっかけになった。シロアリ、ハエ、サメ、カタツムリといった驚くほど多様な動物が、磁気に敏感に反応する証拠が登場してきた。その後、その能力はさらに多くの動物で見つかり、ミツバチや鳥にもあることがわかった。

ミツバチが磁気を感知できることを示す最初の手がかりは、巣の周りの自然磁場を磁気コイルシステムで無効にする実験から出てきた。その実験では、採餌係のミツバチが尻振りダンスで示す方向がごくわずかに変化していたのだ。さらに興味深い発見は、天体の手がかり（太陽やe・ベクトル）を奪われたミツバチのダンスは決まった方向を示していないようにみえるが、実はあるパターンにしたがっていたことだった。彼らは全体として、磁気コンパスの4つの基本方位にあたる方角を指す傾向があったのだ。周囲の磁場を無効にすると、この不思議な「意味のない」パターンは消えた。

ミツバチが地球磁場を感知できるのは確かだが、それをナビゲーションに直接使っているわけではないようだ。おそらくミツバチは、日の出と日の入りの頃に生じる地球磁場強度の規則的な日変化を使って、太陽コンパスをつかさどる体内時計を較正しているのだろう。他の動物もそれと同じことをしているかもしれない。ミツバチの磁気感覚は、規則正しく並んだ巣房を作るのにも役立っている。まだよくわからないのは、曇っていて太陽コンパスが使用できないときに、ミツバチがナビゲーションの補助として磁気情報を使っているのかどうかである。

鳥に磁気感覚があるという証拠は、フリードリッヒ・メルケルとウォルフガング・ヴィルチコによる先駆的な研究を受けて、1960年代から登場し始めた。しかし大きなブレークスルーとなったのは、ウォルフガング・ヴィルチコと妻のロスヴィータが1971年におこなった、ある重要な実験だった。ふたりは、渡りをする習性のあるヨーロッパコマドリを八角形のケージに入れた。このケージには、それぞれの辺に1つずつ、合計8つの止まり木が等間隔で設置されていた。そして、「ツークンルーエ」（渡りの時期になったときに鳥が落ち着かなくなることを表す、愉快なドイツ語）（日本語では「渡り衝動」などと訳される）の状態のヨーロッパコマドリに人工的な磁場をかけて、どの止まり木を選ぶかを記録した。この実験の狙いは、磁場強度、伏角、南北の極性という磁場成分のどれが鳥の行動を決めているのかを調べることだった。

ヴィルチコ夫妻は、そうしたパラメーターをさまざまに組み合わせ、それを順序よく入れ替えて実験を進めた。その結果、驚くべきことがわかった。コマドリが選ぶ方向は、磁場の極性ではなく、伏角によって決まったのだ。その場合、コマドリは最も近い磁極がある方向は判断できるが、それが北か南は区別できない。つまり、コマドリのコンパスは人間が使い慣れたコンパスとはかなり違っているということだ。しかしこれは、コマドリが北か南にしか飛ぶことができないという意味ではない。いったん磁気コンパスを正しく合わせれば、コマドリは好きな方向に進むことができる。

この種の「伏角コンパス」は、伏角がまずまず大きくて感知しやすい中緯度から高緯度では、かなりうまく機能すると予想される。しかし赤道付近のように磁力線が水平になっている地域では、伏角はわかりにくくなる。それこそヴィルチコ夫妻が発見したことだった。コマドリは水平な磁場内に置かれると、どこに行けばよいかわからなくなり、方向感覚を失ったのである。この発見には重要な意味合いがある。北半球から南半球（およびその逆）に渡りをする鳥が磁気赤道に近づいていく場合には、磁気感覚には頼れないということだ。

ヴィルチコ夫妻の発見はその後、多くの他の室内実験でも再現されており、動物ナビゲーション研究の歴史上で最も重要な発見に数えられている。

伏角コンパスは他にも20種類の鳥で見つかっていて（鳥以外の動物でも発見されている）、鳥類に普遍的な能力なのかもしれない。一部の渡り鳥は、日中は主に伏角コンパスを使って方向を決めているようだ。ただし伏角コンパスの較正には、空の偏光パターンを使っている。夜に渡りをする鳥も伏角コンパスを使うことができ、その較正には薄暮時の太陽方位角を用いている。この方法なら、赤道を越えて進むときでも方向を一定に保つことができるのだ。しかし伏角コンパスの精度については多少議論がある。長距離の渡りをする場合、伏角コンパスだけを頼りに、外洋の島のような小さな目標地点に到達するのが難しいのは間違いない。横方向に流されても、伏角コンパスではわからないからだ。

次々と研究結果が発表されるようになって、磁気感覚が珍しい現象ではないことがますます明確になってきている。鳥類や、サンゴ礁に棲む魚に加えて、ショウジョウバエや甲虫など（これはごく一部の例にすぎない）、さまざまな無脊椎動物にも磁気感覚があるようだ。

＊　＊　＊

ザトウクジラは毎年、水温は低いが餌が豊富な南極付近の夏の餌場から、メスが子どもを生む、太平洋や大西洋の中央部に位置する温かい熱帯海域まで長い移動をする。その距離は８０００キロを超えることもある。

さらに驚くのは、ザトウクジラのナビゲーションの正確さだ。追跡装置を使った最近の研究では、太平洋と南大西洋のどちらでも、ザトウクジラは矢のように真っすぐなルートをたどっており、何日も続けて真っすぐに泳ぎ続けることも多いことがわかった。横からの海流の影響を補正することもできているようだった。ある事例では、巨大なクジラでも影響される熱帯低気圧の通過も計算に入れていた。これは簡単なことではないが、ザトウクジラがどんな手がかりを使っているのかはまったくわからない。そのうえ、追跡調査を除けば、ザトウクジラを使った実験をおこなうのは、実際的な面でも倫理的な面でもかなり難しい。

クジラが磁気の手がかりを使っていることはあり得る。一部の研究者は、クジラが浜に乗り上げる現象（数百頭にもなる場合がある）を、地球磁場に反応している証拠だと考えている。こうした「マスストランディング（集団座礁）」現象では、座礁したクジラが死んでしまうことが多く、昔から科学者たちを困惑させてきた。

その原因について、これまでに多くの説が提案されており、人間活動によって生じた水中の大きなノイズがクジラを混乱させるという説もある。しかし、アメリカ東海岸でのマスストランディングは、磁場強度が比較的小さい地域に集中しているように思えるため、地球磁場強度の勾配がクジラの方向感覚にある程度の役割を果たしている可能性がある。別の研究チームは、これと同じ考え方として、北海南部で最近起こったマッコウクジラのマスストランディングは、強力な太陽嵐によって生じた地球磁場の乱れが原因だとしている。

しかし、他にも多くの説明が考えられる。クジラは一定の方向に進むのに、太陽や月、星を利用しているのかもしれない。彼らはよく海面から頭を上げて、周囲を見ているようなしぐさをする（この行動は「スパイホッピング」と呼ばれる）。クジラがよく海の中の海山を訪れるという研究結果もあり、そうした海山がクジラにとって、ナビゲーション用のビーコンの役割を果たしているのかもしれない。受動的聴覚やエコロケーション、嗅覚、さらには重力勾配まで関係している可能性もある。

第15章 大集団で数千キロも旅するチョウ

オオカバマダラはどこへ行った？

ここで子ども時代に私が大きな影響を受けたものの話に戻ろう。北アメリカのオオカバマダラが毎年おこなう渡り行動だ。この他に類を見ない現象の実態は、意外にも最近まで謎に包まれていた。この謎が解明されたのは、強い決意で研究に取り組んだカナダ人昆虫学者フレデリック・アーカート（1911〜2002年）の功績によるところが大きい。

アーカートは子どもの頃からガとチョウに夢中だったので、当然の流れとしてオオカバマダラに興味を持つようになった。このチョウが、冬の数カ月間姿を消すことはよく知られていて、その一部が南に向かっていることはわかっていた。しかし、どのくらい遠くまで移動しているのかは不明だったし、一部が冬眠しているという可能性もあった（冬眠する場合、おそらくは見つかりにくい風雨をしのげる場所にいるだろう）。

アーカートは冬眠中のオオカバマダラを見つけようとこつこつと探しまわったが、まったく見あたらなかった。それでは、オオカバマダラはいったいどこに行ってしまうのだろうか。この疑問は、世界大恐慌のさなかの１９３０年代、トロント大学の大学院生だったときにもまだアーカートを悩ませていたが、当時は母の「見事で熱心な助力」を受けながら、空いた時間になんとか調査を続けられるという状況だった。

第二次世界大戦中、アーカートは気象学者としてカナダ国内のさまざまな地域に派遣されたため、各地のオオカバマダラの個体群を調べることができた。しかし、本格的な研究資金を獲得できたのは１９５０年になってからだった。今度は妻のノラに助けられながら、アーカートはライフワークとなる研究プロジェクトに着手した。チョウを視覚的に追跡することはとても難しかったので（長距離になれば不可能だ）、アーカート夫妻はチョウに標識を付けることにした。

この作業は実際にやってみると簡単ではなかったが、アーカート夫妻はオオカバマダラに小さな紙製の標識を貼り付けるという方法を編み出した。それぞれの標識には、固有の数字と、発見者宛の報告送付の依頼が付いていた。標識を貼り付けるときには、オオカバマダラをそっとつまみ、粘着性のある標識がはがれないように翅を覆う微細な鱗片をごく一部分だけこすり落とす。この方法だとチョウをそれほど苦しめないようだ。ただし、タグを付ける人の側にはかなりの手先の器用さが求められる。

1951年に、ノラがオオカバマダラへの標識付けについての論文を書くと、多くのナチュラリストや生物学者の関心を集めた。その結果、アーカートのもとには「アメリカやカナダの各地から、手伝いたいという申し出が殺到した」という。そして300人以上のボランティアが「協力者」として登録した。これは初期のクラウドソーシングの事例として、かなり成功したものだといえる。

この大勢のボランティアの助けを借りて、アーカート夫妻は苦労して30万匹以上のオオカバマダラを捕まえ、標識を貼り付けた。やがて標識が付いたチョウを目撃したという報告が少しずつ届き始め、あるパターンが見えてきた。ロッキー山脈の東側で標識を貼り付けたオオカバマダラは（太平洋側には習性が異なる別の個体群が生息する）、そのほとんどが南下してテキサス州に入り、さらにメキシコ国境を越えているようだった。アーカート夫妻は渡りをするチョウたちを、最終的にはメキシコシティの西にある火山山地までたどることができたが、痕跡はそこで途絶えた。

アーカート夫妻がこの研究一筋で積み重ねた努力がようやく報われたのは、1970年代に入ってからだった。標識調査ではそれ以上先に進めなくなったふたりは、誰かがパズルの最後のピースを埋めてくれることを期待して、メキシコの新聞に広告を出した。

1973年に、ケン・ブルガーというメキシコシティ在住のアメリカ人が、夫妻の出した広告の1つを見て、メキシコ人パートナーのカタリナ・アグアドと一緒にキャンピングカーでオオカバマダラ探しに出かけた。2年後に山の中の高地で、ブルガーたちは雹（ひょう）をともなう嵐に見舞われた。ところが空から降ってきたのは雹だけではなかった。何千匹ものオオカバマダラも雹に打たれて落下してきたのだ。ブルガーたちはすぐに、アーカート夫妻の目から長い間逃れていた、オオカバマダラの越冬地を初めて発見した。そこには文字通り、何百万匹ものオオカバマダラがモミやマツ、スギにびっしりと集まっていて、その重みで木々がしなっていたほどだった。林床にはチョウの死骸が分厚く積み重なっており、辺りで飼われている牛のごちそうになっていた。

アーカート夫妻も都合がつくとすぐにそこにやってきて、標識が付いたオオカバマダラを数匹見つけることもできた。これは、その木々にしがみついているチョウの少なくとも一部が、実際にアメリカから南下してきたことを示す重要な証拠だった。その後の研究では、オオカバマダラの翅に含まれる炭素と水素の同位体分析によって、そのチョウの何代か前のイモムシが餌を食べていた地域を特定できた。メキシコの山間部の越冬地にいたオオカバマダラのほとんどが、アメリカ中西部から来ていたのだ。

1976年にこの素晴らしい発見を発表するにあたって、アーカートは越冬地の正確な位置を決して明かそうとしなかった。唯一明らかにしたのは、それが「メキシコのミチョアカン州北部に位置する火山山地の斜面上にあり、標高は3000メートル強」だということだ。世間の注目が集まりすぎて、弱いオオカバマダラに脅威が及ぶことを恐れたのは確かだが、同じようにオオカバマダラを熱愛していた、仲間の鱗翅類研究家のリンカン・ブラウアーにさえ、越冬地の詳しい情報を教えようとしなかった。実際のところアーカートは、ブラウアーに間違った道を教えることまでしたのである。

しかしブラウアーはだまされなかった。非協力的なアーカートがうっかり残したヒントから、その越冬地の場所をどうにか突き止めた。さらに1986年までに、それ以外の越冬地も11カ所発見した。最初に発見された越冬地だけで、3.7エーカーの面積に1400万匹以上のオオカバマダラがいた。どの越冬地も標高3000メートルほどの森林に位置している（していた）。そうした高地は、涼しいが気象条件が安定していて、オオカバマダラが休眠と呼ばれる鎮静状態で冬を越すのに適していた。

アーカートのとてつもない新発見は世界中で大きく報じられたが、この並外れたチョウの大集合を昔から知っていた地元の人々にしてみれば、少しも驚くことではなかった。そして現在の越冬地は、広さやチョウの数はかなり減ったものの、人気の観光地になっている。

春になって日が長くなると、オオカバマダラは性的に興奮して、木々からいっせいに舞い上がる。オスは催淫効果のあるダスト（粉）をメスに振りかけ、つかみ合って地面に下りる。情熱的な交尾を終えると、チョウたちは流れるように北上するが、オスの多くは途中で死んでしまう。メスはアメリカ南部でトウワタに卵を産みつけると死ぬ。孵化した幼虫は、餌を食べ、やがてさなぎになる。

次の世代の成虫が羽化すると、さらに北上し、そこでふたたびメスが産卵する。夏の終わりに日が短くなってくると、成虫の最終世代（4世代目か5世代目）がメキシコへと南下する。なかにはカナダから長旅をスタートするものもいる。75日ほどで3600キロ飛ぶので、1日およそ50キロの計算だ。ただしオオカバマダラはそれ以前にこの旅をしたことがなく、他のチョウにコースを教えてもらえるわけでもない。

北上する場合、メスのオオカバマダラがするべきナビゲーションは比較的単純だ。トウワタを見つけて卵を産めばいいだけである。しかし秋になって日が短くなり、気温も下がって、南下すべき時期が来ると、オスとメスはどちらとも、遠い土地に点在する越冬地に戻るコースを見つけなければならない。そんな大変なことが可能だとは信じられないが、過去20年ほどの間に注目すべき発見が次々となされたことで、その点についての私たちの理解は大きく変わっている。

とんでもなく複雑で高度なシステム

アリゾナ大学のサンドラ・ペレスは1990年代に、フォン・フリッシュとヴェーナーの先行研究に刺激を受け、オオカバマダラがミツバチやサバクアリのように太陽コンパスを使っているかどうかを確かめることにした。実験では、実験室の照明の点灯タイミングを調整することで、自然界よりも日の出と日の入りが6時間遅い1日を擬似的に作り出し、その部屋にオオカバマダラの1グループを閉じ込めるという、いわゆる「体内時計シフト法」を使った。対照群の1グループは、室内に閉じ込めたが体内時計シフトはさせなかった。さらに、ケージなどに閉じ込められたことがない野生のオオカバマダラを捕獲して、もう1グループの対照群とした。

ペレスの研究チームのメンバーはエネルギーにあふれていて、オオカバマダラを1匹ずつ放すと、並んで走りながら、手に持ったコンパスを使って進む方角を推定した。グループごとの平均的な方角を比較したところ、体内時計をシフトさせたグループは西北西に進んだが、対照群はすべて南南西のコースをたどった。

　これは、オオカバマダラが時間補正式太陽コンパスを使っていると考えた場合の予想と完全に一致する結果だった。ペレスはさらに、オオカバマダラが曇りでも進む方向を維持できるらしいと述べている。そこからペレスは、オオカバマダラには「非天体式」のバックアップコンパスがあって、それはおそらく地球磁場に基づくものだろうと考えた。

　それから数年後、動物ナビゲーション研究の第一人者であるドイツのオルデンブルク大学のヘンリク・モウリトセンと、共同研究者でカナダのオンタリオ州キングストンにあるクイーンズ大学のバリー・フロストは、飛行中の昆虫が進もうとする方角を正確に、そしてあまり走り回らずにモニタリングする実験方法を考案した。一種のフライトシュミレーターの中で、オオカバマダラに糸を結びつけ、1回の実験で4時間（距離では約65キロに相当）にわたって方角を記録するのだ。

　ふたりが実施した体内時計をシフトさせる実験では、オオカバマダラのグループを2つ用意した。1つは6時間「進めた」グループ、もう1つは6時間「遅らせた」グループだ。これと別の対照群グループでは、期待通りペレスの実験結果とほぼ同じ南西方向に進んだ。実際のところ、対照群の平均的な方角は、現実に飛んでいたら最終的にメキシコの目的地に到達するルートとかなりよく一致した。

　体内時計をシフトさせた2グループでも飛ぶ方角はかなり一定していた。時計を「進めた」グループは南東を目指し、「遅らせた」グループは北西を目指したのだ。こうした方位のずれの大きさは、太陽の方位角の変化からの予測とかなりよく一致した。これは、オオカバマダラが時間補正式太陽コンパスを使っていることを裏付ける、かなり強力な証拠だ。

　マサチューセッツ大学医学部のスティーブ・レパートの研究チームは、以前からおこなってきた一連の実験で、オオカバマダラが太陽の位置だけでなく、ミツバチやサバクアリのように偏光で生じるe‐ベクトルにも反応していることを確かめている。1日の中での太陽方位角の変化に対応するには、サバクアリやミツバチと同じように何らかの時計が必要になる。このメカニズムには触角が重要らしい。オオカバマダラの触角を切り落としたり、塗料を塗ったりすると、時間補正ができなくなるからだ。ただし、それがどのようなしくみなのかは正確にはわからない。

　レパートはスタンリー・ハインツェ（第7章に登場）とともに、オオカバマダラの脳の中心複合体に、e‐ベクトルの特定の角度に反応する細胞を発見した。これはバッタで見つかっていた細胞と非常によく似ていた。したがって、太陽そのものが雲に覆われているときでも、オオカバマダラはe‐ベクトルを使って移動の方向を決められる可能性がある。e‐ベクトルパターンには曖昧な面があるため、オオカバマダラは太陽の方位角を追跡するだけでなく、太陽の高度変化も測定する必要がある。そのプロセスには、脳にある2つ目の時計からの入力情報がいるだろう。しかしやはり、その本質的なしくみはまだ確かめられていない。

　オオカバマダラの渡りは、ここまで説明してきた部分だけでも、とてつもなく複雑で高度なシステムだが、さらに別の側面があるかもしれない。ペレスが疑ったように、オオカバマダラも磁場を使ってナビゲーションをしている可能性があるのだ。

レパートとパトリック・グエラによる研究では、散乱光のもとでオオカバマダラを人工磁場にさらすフライトシミュレーション実験をおこなった。実験したチョウの数は少なかったものの、実験結果からは、オオカバマダラが伏角コンパスを持っている可能性が示された。グエラは、その伏角コンパスがオオカバマダラの触角にある光受容体に基づいていて、空からの直接的な手がかりが使えない場合のバックアップメカニズムになっていると考えている。

しかし、その考えにすべての研究者が納得しているわけではない。モウリトセンとフロストは、フライトシミュレーターを使って140匹ものオオカバマダラをテストしたが、磁気による方向決定の証拠は得られなかった。ふたりはその後、オオカバマダラを別の場所に運んで放す実験によって、その渡りの平均的な飛行方向を調べた。最初にカナダのオンタリオで実験をして、次に西に2500キロ運んでから、カルガリーでふたたび実験をするという手順だ。オンタリオでは、以前の研究結果と同じように、オオカバマダラはほとんどがメキシコに向かう正しい方角（南西）に飛んだ。そしてカルガリーでも同じような方角に向かった。これは、もしロッキー山脈を越えられるなら、最終的に太平洋に到達することになるコースだ。つまりオオカバマダラには、西へ運ばれた分だけコースを修正する能力はないようだった。

モウリトセンとフロストはさらに、標識を付けたオオカバマダラを何年もかけて再捕獲して得た大量のデータを慎重に調べた。オオカバマダラは、太陽コンパスで決められたほぼ南西のコースをたどっているにすぎないというのが、ふたりの結論である。しかし、別の要素も働いているようだ。それは、城壁のようにそびえるロッキー山脈（オオカバマダラに越えられない）や、メキシコ湾の海岸（オオカバマダラは海を越えて飛びたがらないので、この海岸線沿いを飛ぶ傾向がある）のような地形的特徴である。こうした地形が物理的障壁として機能し、オオカバマダラはその障壁に沿って効果的に飛ぶことで、しっかりと南に向かい、テキサスやメキシコに到達するのだ。

最後に1つ大きな謎が残っている。オオカバマダラは、これまで説明してきた多種多様なメカニズムによって、最終目的地から数百メキロ以内に到達できるかもしれないが、メキシコ中部の山地にある越冬地に正確に到着する方法はいまだにはっきりしないのだ。1つの可能性としては、旅の終盤では、オオカバマダラがある種の匂いのビーコンを目指して進んでいることが考えられる。それは高地にある冬の避難所の地面を覆う、死んだ仲間たちの死骸の匂いという可能性さえある。

北アメリカに生息するオオカバマダラが毎年おこなう渡りは、あらゆる自然の驚異の中でも特に不思議なものだ。しかし、それを後世の人々が目にする機会はないかもしれない。オオカバマダラが越冬する森林が違法伐採によって縮小しつつあることも問題だが、脅威はそれ以外にも数多くある。たとえば殺虫剤や除草剤の過剰使用によって、オオカバマダラが直接死んだり、餌として頼っている食草が育たなくなったりしている。そのため、科学者がこの途方もないパズルの最後のピースを埋めるための時間は足りなくなってきているのかもしれない。

＊　＊　＊

インド洋西部のモルディブ諸島の住民たちは、毎年10月にはトンボが現れるものだと経験的に知っている。そうしたトンボの中で最も多いのが、この島では単に「オクトーバー・フライヤー（10月の飛ぶもの）」と呼ばれるウスバキトンボで、その訪れは北東からモンスーンが吹く季節の前触れとなる。それにしても、このトンボはどこから来るのだろうか。

この現象を詳しく調べてきたチャールズ・アンダーソンは、こうしたウスバキトンボ（体長は5センチほどしかない）の大半が、インド南部かスリランカから飛んできていると考えている。このトンボにとってモルディブは中継地点（ストップオーバー）にすぎないという。実のところ、その最終目的地はアフリカ大陸東部のようで、そこで雨季に降る雨は、彼らの子孫が育つのに理想的な環境をもたらしてくれる。その土地で生まれたトンボが、さらにアフリカ大陸南部まで到達することもありうる。トンボが陸上を4000キロも飛べることは知られているが、海上を少なくとも3500キロ飛べるらしいこともわかってきた。

たとえ飛ぶのがうまくても、いったいどうしたら昆虫がそんなに途方もない距離を飛べるのだろうか。その答えは、モンスーンにともなう上空の風を利用して勢いを得ていること、さらにその高速で動く同じ空気の流れで運ばれている、もっと小さな昆虫を餌にしていることのようだ。おそらく、数え切れないほどのトンボが長旅をして、アフリカのあちこちで繁殖をした後に、その子孫がインドに戻り、そこからまた次のサイクルが始まるのだろう。この場合の往復の総移動距離は1万8000キロにもなる可能性がある。オオカバマダラの往復7000キロさえ短く思えるほどの距離だ。ウスバキトンボはオオカバマダラと違って、海をはるばる越えねばならないことを考えればなおさらである。

最近の研究で、ウスバキトンボの体内にある水の重水素濃度を測定した結果は、アンダーソンの仮説を裏付けている。モルディブにやってくるウスバキトンボは、アンダーソンが考えていたよりもさらに遠い距離を旅してきているらしい。その旅は、インド北部かネパール、さらにヒマラヤ山脈の向こうから始まっていた可能性があるのだ。

このオクトーバー・フライヤーは別格のようだが、空を飛ぶ昆虫は非常に効率的な渡りをする。その距離を身体のサイズとの比で拡大すると、昆虫で最長の渡りは、最大の鳥の渡りよりも約25倍長いことになる。その理由の1つは、昆虫が風をとても巧みに使うことにある。

第16章 なぜ針路をうまく修正できるのか

ガンマキンウワバの渡り

夏になるとヨーロッパに現れるガやチョウは、長い渡りのすえにたどり着くものが多い。温暖な緯度で冬を過ごした後、豊富な餌を求めて、そして天敵や病気を避けて、北にやってくるのだ。ヒメアカタテハはその代表的な例である。春になると、数え切れないほどのヒメアカタテハが北アフリカを出発し、世代を重ねながら、最終的にイギリスに到達する。そこで産む卵はかなりの数になることが多い。やがて次の世代が北ヨーロッパの冬を避けるために南下する。この旅は、オオカバマダラの旅と同じくらいの距離があり、やはり太陽コンパスを使っているようだ。

渡りをするチョウやガで、ヒメアカタテハほどカラフルではないが、やはりとても印象的なのがガンマキンウワバだ（翅にYの形の白い模様があるため、「シルバー・ワイ・モス」とも呼ばれる）。このガは、私の小学校の採集用トラップによくかかったが、それは当然だった。多い年には最大で推定2億4000万匹のガンマキンウワバが、冬を過ごした地中海沿岸からイギリスにやってくるからだ。イギリスで繁殖し、およそ3倍の数になったガンマキンウワバは、秋になると南に渡る。このガは農業に深刻な被害をもたらす害虫なので、以前から科学者の注目を集めてきた。特に熱心に研究してきたのが、昆虫の渡りの第一人者であり、コーンウォール州ファルマスのエクセター大学を研究拠点とするジェイソン・チャップマンだ。

私はチャップマンに話を聞くために、ファルマスに向かった。少年時代、チャップマンは空いた時間のほとんどを、南ウェールズの田園地帯にある自宅近くで鳥を観察したり、ガやチョウを捕まえたりして過ごした。私と同じように、家でイモムシを育ててもいた。ジェラルド・ダレルの本や、デイビッド・アッテンボローのテレビ映画に大きな影響を受けたが、科学者の中で一番のヒーローはアルフレッド・ラッセル・ウォレスだという。

ウォレスがとても興味深いのは、ダーウィンとは違って、完全に自分で道を切り開いたことです。裕福ではなく、とりたてて良い教育を受けたわけでもありませんが、行動力の人でした。標本を収集して売って研究費にあてようという考えで、アマゾンに行ったのですが、その後ウォレスに降りかかったのは、ふつうの人なら立ち直れないような出来事でした。帰国する途中で、船が火事になり、すべてを失ってしまったのです。救命ボートに乗るときに、標本をすべて船に置いてこなければなりませんでした。ライフワークが燃え尽きてしまい、その後、救助が来る前に死にかけました。それでも彼はあきらめず、今度は東南アジアの熱帯雨林を何年も旅したのです。

　家族で大学に進学した人はいなかったし、両親は研究者の仕事で生計が立てられるのか疑問に思っていたが、チャップマンは生物学者を仕事にしたいと決意していた。スウォンジー大学で学び、学部生時代の研究プロジェクトでは、チョウの太陽に対する反応をあらゆる面から調べた。サウサンプトン大学で博士号を取得すると、昆虫の渡りに関心を持つようになり、ハードフォードシャー州にあるロザムステッド研究所に就職して、そこで垂直型観察レーダー（ＶＬＲ）という装置を使った研究を始めた。

　その装置の名前から予想できるとおり、ＶＬＲでは垂直方向の上空を指す幅の狭いレーダービームからの反射を使うことで、最高で高度約１０００メートルを飛んでいる昆虫を見つけられるだけでなく、その大きさや飛行の速度や方角、高度、そして場合によっては種類まで判断できる。チャップマンはこの装置の力を借りて、イングランド南部で夜間におこなわれる昆虫の移動が実に驚くような規模であることを明らかにしている。１年間に推定で数兆匹もの昆虫が、北から南、そしてまた北への渡りをしており、その総重量は数千トンになるという。そうした渡りをする昆虫の多くがガンマキンウワバである。

乱流を感知して

チャップマンが私にしてくれた話によれば、ガンマキンウワバはさなぎから羽化すると、できるだけ早く渡りをしようとするという。そのナビゲーションシステムはシンプルだ。ガンマキンウワバには、望ましい渡りの方角（春には北、秋には南）があり、さらに一定時間飛行するようにプログラムされているのだ。

ガンマキンウワバは、羽化直後の数夜は渡りのことしか考えていませんが、渡りの過程で生殖器が成熟し始めます。おそらく2、3昼夜のうちに、性的成熟を促すホルモンが放出され、やがて性的に成熟すると、渡りを中止します。

このタイミングで、オスがメスを見つけて交尾する。するとメスは卵を産みつける食草を見つける。次の世代がよく育つ土地にたどりつくかどうかは、いろいろな要因に左右されるが、最も重要なのが風だ。ガンマキンウワバは、ほんの数日のうちに、1000キロを超える長距離を飛ばなければならず、もし頼りになるのが自分の飛翔筋だけなら、そんなに遠くまで飛べないだろう。しかし強風に乗っていけば、対地速度は時速90キロに達する。この速度を維持できれば、夏の一晩で600キロ以上進むことができる。この前進のペースは、多くの渡り鳥を上回る。

羽化直後のガンマキンウワバは、夕暮れに飛び立つと、上空の気流を調べにいくらしい。風向きがだいたいよければ、本格的な長旅に出る。そうでなければ、地上に戻ってきて、もっと良い条件になるのを待つ。タイミングの良い期間は数日間しかなく、さらにイギリスの気候を考えれば、かなりの数のガンマキンウワバが死ぬ場合もあるはずだ。それでも、十分な数が生き延びて、南へのレースを続けているのは間違いない。

ガンマキンウワバは上空に行くと、温かい高速の気流を探し、それに乗って進んでいく。条件の良い夜には、渡りの最中のガンマキンウワバはみな、同じ方角（1、2度の範囲）にかなりの長距離を進むと思われるが、ただ流れに身を任せているだけではない。気流が正しい向きに進んでいなければ、望ましい方角に近くなるよう針路修正をする。この針路修正は、雲のせいで月や星がはっきり見えなくてもできている。

ガンマキンウワバはある種のコンパス感覚を持っていて、それによって方向を決めることができるというのがチャップマンの仮説だった。しかしすでに説明したとおり、コンパスでは横方向に流されていてもわからない。十分な光があれば、ランドマークや、下方を通過する地面の「オプティックフロー」を観察することで、横方向の誤差を感知できるかもしれない。しかしチャップマンは、単に暗すぎたり、飛行高度が高すぎたりする場合もあるはずだと考える。この点は大きな謎だった。

そこで助け船を出したのが、ロザムステッド研究所の同僚で、大気物理学者のアンディ・レイノルズだった。レイノルズはある種の数値モデリングをおこない、高速の気流内で生じる小規模乱流が、流れに沿った方向では他の方向より強く感じられることを明らかにした。ガがその乱流を感知できるとしたら、自分が風下に真っすぐ向かっているかどうかわかるだろう。コンパスの指す方角と、風向を比較すれば、原理上は横方向に流されているかどうかが判断でき、適切な針路修正をおこなえる。

これは興味深い考えだったが、この時点では1つの説にすぎなかった。そこでレイノルズは、実際に検証可能な予測計算をした。この手がかりとなる「微視的乱流」は、レイノルズの計算では、コリオリ力（地球の自転により運動物体に働く慣性力）によって（北半球では）わずかに右にずれる。ガが風向を知るのにこの乱流を使っていたら、やはりわずかな右へのずれを示す傾向があるだろう。そしてまさにそのとおりのことをチャップマンは発見した。つまりガンマキンウワバが自分の乗っている気流の方向を判断できることを示す証拠が見つかったのである。

ガンマキンウワバは何らかのコンパス感覚を持っており、スタートの段階での針路決定と、横風によって望ましい渡りの方向から大幅にずれる恐れがある場合の針路修正の両方をおこなっている。チャップマンはそう確信している。そのコンパス感覚は、部分的には太陽に頼っている可能性があるが、夜間でも（さらに月や星もないときでも）正しい方向に進み、さらに適切な針路修正ができることから、太陽コンパスがすべてではない可能性があるとみている。

ガンマキンウワバは磁気コンパスも使うことができるはずで、その較正には日没や日の出の前後の空の光を使っているとチャップマンは考えている。しかし、ガやチョウが地磁気をナビゲーションに使っていることを示す確かな証拠を得るには、他のケースをあたる必要がある。

ウミスズメは、ウミスズメ科に属する白と黒の小さくて快活に飛び回る海鳥で、北太平洋沿岸部に生息する。カナダのブリティッシュコロンビア州の沖合にあるハイダ・グワイという離島には、大規模なウミスズメのコロニーがある。

このウミスズメが越冬している場所を突き止めるため、科学者たちがこの島のウミスズメの一部を追跡したところ、とても驚くことがわかった。以前の巣穴に無事戻ってきたウミスズメはわずか4羽だったものの、それらの個体は太平洋を越えて、中国や韓国、日本の沿岸までの8000キロもの渡りをして、また戻ってきていたのだ。つまり、往復1万6000キロの旅をして、同じ場所に正確に戻ってきたのである。ハイダ・グワイから中国などへ飛ぶには、ベーリング海とオホーツク海を経由して、かなり北をまわるのが最短コースだが、追跡データからはウミスズメが実際にそのコースを通っていたことがわかった。

太平洋でこれと同じような東西方向の渡りをしている鳥は、他に知られていない。またウミスズメがこうした渡りをする理由や、そのナビゲーション方法は謎のままだ。この追跡調査を実施した研究チームは、こうした途方もない渡りは、ウミスズメがはるか遠い昔に、東アジアの本来の生息地から北アメリカへと分布を広げるときに通ったルートを反映しているのではないかと考えている。

*　*　*

第17章 スノーウィー山地の「闇の王」

ボゴングガの調査隊とともに

私がヘンリク・モウリトセンを彼のオフィスに訪ねたとき（それはドイツのオルデンブルグ大学のキャンパスの外れにある、木製の梁がむき出しになった古いファームハウスを利用していた）、私たちはたくさんのテーマを議論した。彼とバリー・フロストのオオカバマダラの研究の話もした。その会話の流れで、モウリトセンは近々オーストラリアに行って、別の鱗翅目の渡り行動の調査に参加する予定だとふと口にした。その鱗翅目とは、ボゴングガ（「ボゴンモス」とも表記される）というガだ。

これは逃してはならないチャンスだ。そう思った私は即座に、自分もその調査に参加できないだろうかとたずねた。モウリトセンは、このプロジェクトの責任者は実はエリック・ウォレントなのだといって、私の希望をウォレントに伝えてくれた。するとそこからはあっという間に話が進んだ。ほんの数週間後、私がスウェーデンにウォレントを訪ねると、会ったばかりだというのに、オブザーバーとして私を参加させることを寛大にも同意してくれた。それから1カ月後、気づけば私は夏の終わりを迎えたオーストラリアのスノーウィー山地を車で上っていた。行く手に何が控えているのか、漠然とした考えしかなく、興奮すると同時に少し心配でもあった。

オオカバマダラやヒメアカタテハ、ガンマキンウワバと同じように、ボゴングガも長距離の渡りをする。冬にクイーンズランド州南部で産卵すると、新たに羽化した成虫は殺人的な夏の暑さを避けるため、春にはニューサウスウェールズ州のスノーウィー山地を目指す。その距離は1000キロ以上だ。毎年、推定20億匹のボゴングガがそうした渡りをしてきた。

首都キャンベラはボゴングガの飛行ルート上に位置しているので、街明かりに引き寄せられたボゴングガが、エレベーターのシャフトや換気ダクトをふさいで問題になることがときおりある。シドニーオリンピックの閉会式では、仲間からはぐれたボゴングガが、国歌斉唱中のオペラ歌手の胸元にとまって、思いがけずテレビに映るということもあった。オーストラリア出身のエリック・ウォレントによれば、ボゴングガは彼の母国では大切にされてはいるが、同じくらい嫌われてもいるという。

スノーウィー山地は氷河で覆われた侵食地形で、標高は2000メートル以上ある。山々の頂には風化した巨大な花崗岩が積み重なっていて、まるでイギリスのダートムーアの岩山のようだが、規模はこちらのほうがはるかに大きい。ボゴングガは、そうした岩の間の亀裂に集まって、暗くて気温の低い岩壁をその小さな身体でまさにタイルのように覆い尽くす。その数は、岩肌1平方メートルあたり1万７０００匹にもなる。彼らは「夏眠」と呼ばれる、冬眠の夏バージョンというべき休眠状態で夏をやり過ごす。運が良く捕食動物に食べられずにすめば、秋にはまた空に舞い上がって北上し、ふたたびとてつもない渡りのサイクルを始める。

ボゴングガがなしとげる渡りは、２つの重要な点からみて、オオカバマダラよりもさらに見事だといえる。1つは、オオカバマダラが昼に飛ぶのに対して、ボゴングガは夜しか飛ばないので、真っすぐなコースを保つのに太陽コンパスを使えないこと。もう1つの大きな違いは、ボゴングガが（途中で死なないかぎり）２０００キロを優に超える往復飛行を最後まで一世代で必ずおこなうことだ。まずスノーウィー山地まで南下すると、同じルートをたどってクイーンズランド州に戻り、そこで繁殖活動をおこなってから死ぬのである。

スタンリー・ハインツェとエリック・ウォレントは、ボゴングガの驚くべき生活史を報告する面白い論文を書いており、そこでは、オオカバマダラが昆虫の渡りの王だとすれば、ボゴングガは間違いなく「闇の王（ダークロード）」だとしている。ふたりは、ボゴングガが直面するナビゲーションの問題を、次のように説明している。

> ボゴングガは、１０００キロ離れたところからスタートし、山中にある小さな洞窟を探し当てる。一度も越えたことのない土地を越え、訪れたことのない場所を見つけるのだ。さらに彼らはこれを夜間に、数滴の花の蜜を糧に身体を動かし、米粒サイズの脳を使っておこなう。エンジニ

アに同じようなロボットを作ってもらおうとしても、とても無理だ。こうした見事な渡り行動を実現するためには、ボゴングガの脳は、複数のソースから得られる感覚情報を統合し、内部コンパスを参照しながら、その時点で向かっている方向を計算しなければならない。そのうえで、その方向と望ましい渡りの方向を比較して、少しでもずれがあれば、補正操縦コマンドを実行する。その一方で、荒れ狂う冷たい風に激しく揺さぶられながら、ごくかすかな光の中で安定に飛行し続ける。

ボゴングガの研究は、動物ナビゲーション研究において特に重要な多くの疑問を探るのに理想的な手段だ。ウォレントははじめ、ボゴングガはフンコロガシと同じように、天体ナビゲーションのようなことをしているという仮説を立てた。しかし、数メートルしか移動しないフンコロガシと違って、ボゴングガは一晩中飛行し、風次第では、ゴールに到達するのに数日から数週間もかかることがある。そのため、ボゴングガが使う手がかりは、それがどんなものであれ、かなり安定した状態にあるはずだ。北極星はその条件を満たすが、赤道より南では見ることができない。さらに月や天の川、星はつねに動いているので、ウォレントの研究では、それらがボゴングガにどうやって必要な情報を与えているかはわからなかった。

ああ、これはだめだ、こういう手がかりを使っているのではないんだ、と思いました。特にそう感じたのが、ある実験で、黒い布を使って空を隠したのに、それでもあのガたちが進み続けたときです。それでひらめきました。磁場に違いないと。それはまさに「わかった！」という瞬間でした。鳥も夜間に飛ぶときには、まったく同じことをします。北半球なら、北極星の周りで星が回転するパターンを使えますが、磁気コンパスにもかなり頼っているのです。何てことだ、そうに違いない。ボゴングガが同じことをしないわけがないじゃないか。

キャンベラから南に向かう、やや上り坂の道は、牧羊が盛んな地域を抜けていった。その地域にはしばらく前から雨が降っていないように見えた。道端のあちこちには、不注意なカンガルーやウォンバットの膨れた死骸が残されている。ようやくクーマという小さな田舎町にたどり着いた。さらにそこからスノーウィー山地の真ん中にあるコジオスコ国立公園を目指して進むと、徐々に辺りが殺風景になってきた。木々がまばらになり、家がどんどん少なくなっていく。この地域はかつて、ブッシュワッカーという盗賊に苦しめられていた。19世紀初頭、この地域に入植した農民たちは、うろつき回る無法者たちにおびえながら暮らしていたのだ。

ウォレントの家は丘の中腹に立っていた。そこは一番近い小さな町から約15キロ続く、長くほこりっぽい道の終点で、周りをスノーガムの木〔ユーカリの一種〕に囲まれていた。ウォレントは私をチームの他のメンバーに紹介した。バリー・フロスト、ルンド大学のデイビッド・ドライヤーとデイビッド・スザカル、オルデンブルグ大学のアニャ・ギュンターだ。ヘンリク・モウリトセンは私と入れ替わる形で、後からやってくる予定になっていた。

私がそれからの数夜で目撃した実験は、数年前に始まっていた研究の続きだった。その目標はまさに、ボゴンガがナビゲーションに磁気的な手がかりを使っているかどうかを解明することだ。実験では、北に向かう秋の渡りが始まるタイミングでボゴンガを捕まえて、バリー・フロストとヘンリク・モウリトセンが以前オオカバマダラの研究で使ったような、円筒形の実験装置の中で飛ばす。そして正確に調整したコイルシステムを使って、ボゴンガにさまざまな人工磁場をかけて、反応を記録するという計画だった。

隠れ家となる洞窟

私が到着したとき、チームはしばらく前から実験をしていたため、ガの数が足りなくなっていたので、もう少し捕まえる必要があった。採取用のライトトラップは暗くならないと設置できないので、太陽が出ている間は、ボゴンガが大量に集まっている山頂の岩の割れ目を見にいくことになった。ウォレントと私は、アニャ・ギュンターとデイビッド・スザカルとともに、早い時間にスレドボに向けて出発した。スレドボは、クラッケンバック川が流れる谷の斜面にあるスキーリゾートだ。夏の終わりだったので町はとても静かだったが、私たちはスキー用のリフトに乗って、標高約2000メートルの地点まで行くことができた。そこから先は、深いやぶと、ミズゴケ湿原を抜けて登っていき、寂しくも美しい山頂に出た。その荒れ地には点々と花が咲いていた。私たちはすぐに、他にはまったく誰もいないことに気づいた。姿が見えるのは、数頭の野生のポニーと、頭上を旋回するカラスだけだ。

スノーウィー山地はかなり浸食の進んだ地形で、それは見た目でもわかる。丸みを帯びた山頂には、壮大で曲線的な彫刻のような岩がそびえている。ボゴングガがねぐらにしている洞窟の探し方を心得ている人はあまりいないが、ウォレントは私たちを最適な場所の1つに案内してくれた。はっきりした踏み分け道はほとんどなく、なんとも皮肉なことに、私たちは何カ所かで立ち止まって、現在地を確認しなければならなかった。きつい日差しの下をかなり歩いたすえに、私たちは目的地に到着した。傾斜が急な草地の頂上に重なり合うようにそびえる、割れ目のある岩の集まりだ。

岩をいくつか這い上り、岩の裂け目の入り口にたどり着いた。ナッツのようなきつい匂いが空気に満ちている。足下の地面には、雨水でねぐらから流されたボゴングガの死骸が、ばらばらの状態で厚く積み重なっていた。匂いの源はこれだった。

岩のすき間は狭かったが、私たちはなんとか身体を押し込むことができた。裂け目の中では、ボゴングガの翅から剥がれ落ちた鱗粉が空中に大量に漂っていて、それが太陽光の筋を横切るときにはきらきらと輝いた。かなりのボゴングガがすでに出発した後で、私たちの周りには飛んでいるのは数匹だった。懐中電灯で照らすと、残っているガが集まっている部分が見えた。身体の上にくすんだ灰褐色の翅をきちんとたたんで眠っていて、それが冷たい岩の壁で完全に規則正しいパターンを作り出している。言うまでもなく、ボゴングガにはまぶたはないが、それぞれのガの身体が下にいるガの日よけになっているので、目に直接光を受けているのは最前列のガだけである。それは静寂そのものであり、昆虫のナビゲーションの効率性の証拠だった。

ウォレントの話によれば、入植者によって強制的に移住させられる以前の古い時代、この山地の両側に暮らしていたアボリジナルは夏の数カ月間、この岩がむき出しになった山頂部で過ごしていたという。それは低地の暑さを避けるためであり、同時に火で炙ったボゴングガというごちそうを楽しむためでもあった。それはどうやらとても美味しいらしい。人々は歌と踊りを楽しみ、妻をめとった。初期の開拓民による記録には、アボリジナルの人々が、そんなボゴングガのごちそうで活気づく祝祭「コボロリー」から戻ってくるときには、前よりもはるかに元気になっていて、「肌はつやつやして、大半がかなり太っていた」という記述がある。しかしアボリジナルの人々がここを去って久しく、コボロリーはいまや遠い記憶でしかない。

洞窟がそれぞれ、ある特定の土地からやってきたボゴングガで占められていることを示す証拠が多少ある。今後の確認が必要な説ではあるが、もしそうなら、ボゴングガのナビゲーションの正確さはメキシコの高原の森で越冬するオオカバマダラを上回る。しかし、たとえボゴングガがそこまでえり好みが厳しくないにしても、ちょうど良い洞窟を見つけることはやはり必要で、それは決して簡単ではない。嗅覚的手がかりがボゴングガを引き寄せている可能性があり、それは私たちが気づいたナッツのような匂いかもしれない。

ウォレントと同じルンド大学の研究者たちは、ボゴングガの触角に洞窟で採取したさまざまな匂いを吹き付けたときに、触角が発する神経シグナルを記録する実験を進めているが、まだ何の反応も引き出せていない。しかし、その実験に使ったのは夏眠中に採集したガだったので、もはや匂いに反応する動機がなかったこともあり得る。手がかりが何であれ、南下するボゴングガはすべて渡りが初めてなので、手がかりを認識する方法を他のガから教わっている可能性はない。そうなると、手がかりに引きつけられるのは本能的な反応のはずだ。ここから、いくつかの興味深い未解決問題が生じる。

私たちが下山し始める頃には、太陽はすでに沈みかけていて、ライトトラップの設置場所に到着したときには暗くなってきていた。そのライトトラップはそれほど高度な仕掛けではないが、効果は高かった。それは小型発電機を電源とする大型投光照明器と、ひよわな木々の間に張った白いシートからなっていた。1、2分のうちに、ライトトラップにはありとありとあらゆる昆虫が集まってきたが、ほとんどはボゴングガ以外の昆虫だった。その中に巨大なムカシゼミ〔オーストラリアにのみ現存する古い種類のセミ〕がいて、ウォレントはそれに夢中になっていた。

とてもたくさんの見慣れない昆虫が飛び回る光景に、昆虫好きの私はうっとりしたが、そこからボゴングガを探し出すのは初心者には簡単ではなかった。ボゴングガを捕まえるのにもかなり苦労した。一方、研究チーム内の若手2人は、私よりも反応がはるかに素早くて、捕まえるのがうまかった。

翌朝、私たちには実験用のボゴングガに「ストーク付け」をする作業があった。これは、ボゴングガを実験装置につなぐ精巧なしくみの中でも重要な部分だ。ボゴングガは小型冷蔵庫で冷やして眠った状態にしておき、その状態で小さな金網でやさしく押さえて動かないようにする。次のステップでは、胸部（頭のすぐ隣にある、身体の中間部分）背中側のごく一部分から毛を剥がす。この作業には、バリー・フロストがその辺にある材料で作った、自動車の電動式燃料ポンプを動力とするミニチュア掃除機を使う。

毛を剥がして外皮がむき出しになった部分には、ごく少量の接着剤を付けられるので、そこに一方の端を小さな輪にした細いタングステンワイヤを素早く接着する。このストークと呼ぶパーツを、ボゴングガの身体に対して垂直に付けることがきわめて重要だ。そうしないと、ある一定の方向に飛ぶことができないからだ。無事に「ストーク付け」ができたら、ボゴングガを小さな箱に別々に入れ、餌であるハチミツを綿棒に付けて与えたうえで、仕事をしてもらうまで冷暗所に置く。ボゴングガはふつう、ストークを取り付ける頃には目を覚ましているので、箱に移すときに逃げてしまうこともある。それをもう一度捕まえるのはたやすいことではない。

実験場所は、ウォレントの家を見下ろす丘の頂上にあった。そこには電力ケーブルが引かれ、小さなテントが張ってあって、記録機器や磁気コイルシステムの制御装置と、それを操作する人々を風雨から守っていた。私たちは日没頃に、カンガルーの糞の山を避けながら、クーラーに入ったガとその他のあらゆる道具――紅茶とビスケットも――を持ってゆっくりと丘を登っていった。気温が急激に下がり、その夜はウォレントが貸してくれた防寒肌着がとてもありがたかった。

そこには2台の円筒形の実験装置（モウリトセンとフロストがオオカバマダラのナビゲーション能力のテ

ストに使ったのに似たもの）があった。それぞれの実験装置の上部には、透明なアクリル樹脂のアームが渡してあり、そのアームから吊り下げたワイヤにボゴングガのストークをつなげるようになっていた。装置に取り付けたボゴングガは、好きな方向に自由に「飛ぶ」ことができる。円筒形の装置の床には動くパターンが投影されていて、それが作り出す「オプティックフロー」がボゴングガに離陸を促す。さらにフィードバックシステムの働きで、ボゴングガの飛ぶ方向とオプティックフローの向きが一致するようになっていた。

ボゴングガが選んだ方向は電子的にモニターされ、近くのテント内にあるノートパソコンに送られた。さらに、実験装置の周りに設置したコイルシステムを使って、磁場を正確に回転させ、ボゴングガがその変化に厳密にどう反応するかを調べることができた。

視覚と磁気のスナップショット

ウォレントのチームがこの実験に初めて挑戦したときは、大失敗だった。ときどき（一貫性のない）大きな効果はあったものの、ボゴングガは磁場の変化にまったく反応しなかった。結果が出ないまま3年がすぎ、ウォレントたちは、ボゴングガが磁気コンパスを持っていないか、持ってはいてもそのしくみを理解することが不可能か、どちらかだと考え始めた。やがてウォレントは、ボゴングガが磁気的手がかりだけでなく、視覚的手がかりにも反応しているのかもしれないと思いついた。

つまり、このいまいましいアームを実験装置の上に渡しているし、磁気コイルも見えるようになっている。何よりこの装置の壁はボール紙でできているので、何日か夜露が降りたら、表面がでこぼこしてくる。そういうでこぼこは、私たちの目にはほとんど見えません。しかし、私は昆虫の優れた夜間視力のことをよく知っているので、ボゴングガには全部見えているとはっきり言えます。私たちの考えが足りなかった。ボゴングガたちはそういうものが全部見えていて、それを使っているんです。

ウォレントたちはどうすることにしたのだろうか。視覚的情報のもとになり得るものをすべて取り除くことは不可能だったので、ストークのすぐ上にある軸に、円形の散光板を水平に取り付けて、ボゴングガにその上が見えないようにしたのだ。ただしこの散光板があっても、ボゴングガが夜空から届くかすかな紫外光を受け取ることはできた。それはとても重要だった。ボゴングガの磁気コンパス感覚は、紫外光に頼っている可能性が高いようだったからだ。しかし、でこぼこだらけの実験装置の壁の問題が残っていた。

ウォレントは巧みな解決法を考え出した。

私たちは、かなりはっきりしたランドマークを設置することで、微妙なランドマークを打ち消すことにしました。装置の壁はもともと薄いグレーのような色だったので、そこに黒い地平線を引いて、さらに山も加えました。山といっても、黒色の三角形を透明なフィルムに描いただけですが、フィルムを裏返せば、地平線上の0度〔真北〕の位置と、120度〔およそ南東微東〕の位置に置けるようになっていました。

そうするとようやく、有益な結果が得られ始めた。

そこで私たちは4段階からなる実験をしました。1つの段階に5分、全部で20分かかる実験です。第1段階では、地磁気と同じ強さの磁場を通常の真北、つまり0度に向けて、山も0度のところに起きました。つまり全部同じ方角です。5分たったら、すべてを120度動かしました。山と磁場はやはり同じ方角にあります。するとボゴングガも向きを変えました。全部のガではないですが、明確な効果を示すには十分でした。第3段階では、山はそのままにして、磁場を0度に戻しました。

するると大混乱が起こりました。ボゴングガは、山に向かって2分間飛び続けた後で、混乱し始めて、完全に方向を見失ってしまったんです。第4段階、つまり最後の5分間で、山を0度に戻すと、ボゴングガはまた方向感覚を取り戻しました。しかし第3段階で、手がかりが一致しない状態では、本当に大変なことになるんです。データを見れば、実際に影響があることはきわめてはっきりしています。

磁場を変えることでこういう混乱を引き起こせるのなら、ボゴングガには磁気感覚があることになります。磁気感覚がなければ、そのまま山に向かって進み続け、そのまま方向をまったく見失うことなく第3段階を終えていたはずです。そして、さらにこの結果が素晴らしいのは、私たちは4メートル離れたところにいて、磁場を変えるためにボタンを押していただけなので、ボゴングガを物理的に少しも邪魔していなかったことです。


ウォレントはこの最初の「手がかりの矛盾」実験を通して、ボゴングガは、人間の舵手が海上で羅針盤の示す方角に船を向けるときにするのとまったく同じことをしていると考えるようになった。舵手にとっては、羅針盤の指示面をずっと見つめているより、船をその方角に合わせてから、船首と重なる遠くの雲や、あるいは星などを見つけ、それを見て舵を取るほうがずっと簡単だ。そして、ときどき羅針盤に視線を戻して、正しい方角を向いているかどうか確かめる。ボゴングガも同じように、まず磁気コンパスを参考にして進む方向を決めた後は、利用できるあらゆる視覚的手がかり（ウォレントの実験では装置内の「山」だった）を使ってコースを保つようだ。

周囲の磁場が急に変わったときにボゴングガが混乱したのも、理解できる。彼らは視覚的「ランドマーク」に合わせ続けるべきか、それとも磁気シグナルにしたがって針路を修正するべきかで混乱したのだ。ウォレントは、磁気コンパスのほうがランドマークよりも優勢であり、磁場の変化への反応が遅れたのは、ボゴングガが体内コンパスを使った方向の確認を平均2分おきにおこなうせいだと考えている。このシステムは、太陽や月を使うコンパスよりもはるかに優れている。時間補正のようなことがまったく必要ないからだ。

もちろんこういったことを、科学的に完全に厳密に証明するのは簡単ではない。ボゴングガの行動はすべて厳密に同じではないので、データはつねにノイズだらけだ。これは、ひとつにはボゴングガの実際の個体差が原因だが、別の影響（ストークの取り付け方が悪いとか、光や音に邪魔されたなど）のせいもあるかもしれない。

そういったわけで、私がウォレントのチームに合流したとき、彼らが抱えていた仕事は、混乱の原因と考えられるあらゆる要素を取り除くために、一連の実験を新たに始めることだった。特に必要だったのは、ボゴングガにさまざまな手がかりを任意の順序で示すことだった。前の年の実験はいつも、すべての手がかりが通常の渡りの方向である真北の状態から始めていたのだ。

日が暮れると、頭上の空には見事な眺めが広がった。光害の影響が及ばない海の真ん中にいるときでも、これほどたくさんの星を見たことがなかった。天の川が明るく輝いていた。ふつうなら長時間露光写真でしか見られない、ちりが集まっている暗黒星雲まで見分けられた。南十字星が南東の方角から堂々と上ってくる。天の南極に近い、星の少ない領域には、私たちの銀河系に最も近い銀河である大マゼラン雲と小マゼラン雲がくっきりと浮かび上がっていた。

私たちはテントの中に早朝までいて、一晩で20匹から30匹の実験をおこなった。実験手順は慎重に標準化されていて、ガに光をあてたり、実験装置の近くで音を立てたりしないようにかなり気をつかっていた。それぞれの実験では最初に、自然の地球磁場の中でボゴングガが進む方向を好きなように決められる時間を取った。次にランダム化された既定の順序で、４通りのテスト条件を適用していった。

テント内で、私たち４人は近くに座り、ボゴングガの行動を記録する２台のノートパソコンを見守った。そして、磁場を切り替えたり、「山」を動かしたりするタイミングになると、仲間に声をかけた。実験装置に入れられた後に、ボゴングガがどんな行動をとるのかが詳しくわかった。すぐに落ち着いて１方向に飛ぶようになる（北向きのことが多いが、必ずしもそうではない）こともあるが、あらゆる方向に飛び回ることもあった。この問題は、ストークの取り付けが適切でなかったのが原因のようだった。ボゴングガが落ち着くと、テントの後方に１人で座っているウォレントが２つのコイルシステムをオンにし、私たちは何が起こるか見守るのだった。

はじめは、多くのボゴングガが「正しくない行動」をしているように見えたが、徐々にパターンが見えてきた。仮説に合わない結果を除外したいという衝動は強いものだ。そして必ずしもすべての科学者がその衝動を抑えられるわけではない。データを改ざんすることで、「統計学的に有意」にみえる結果を得ることはできる。ただしその結果は、実際には誤解を生むものだ。そのため、すべての有効なデータを結果に含めることがきわめて重要なのだ。

こういった実験には相当な忍耐力が求められる。そしてジョークは、たとえ下手なジョークでも、気分を明るくする。ライトトラップで見かけた巨大なムカシセミをウォレントが驚くくらい褒め称えた話は、ずっとジョークの種になっていた。こういうことで笑えるとは予想外だった。その日用意してあったボゴングがようやくなくなって、よろめきながら暗い斜面を下りていき、ベッドに入る前にウイスキーを1杯飲むことができたときにはほっとした。

実験は、私が離れた後も数週間続いた。実験結果を十分に分析するのに、さらにそこから数カ月かかった。彼らがニューサウスウェールズ州の寒い丘の上で過ごしてきた夜は、間違いなく実を結んでいる。磁気コンパスの使用が、飛行中の昆虫でようやく説得力のある形で実証されたのである。そのうえ、視覚と磁気の「スナップショット」を比較するという、まったく新しいナビゲーション方法も明らかになった。これは今までどんな動物でも見つかっていなかった方法だ。

* * *

ニューヨークにはかつて、トイレに流されたペットの赤ちゃんワニが、街の下水管に広がる暖かな地下世界で生き延び、コロニーを築いているという噂話があった。それが本当の話とは思えないが、フロリダ州南部では、逃げ出したペットのエキゾチックアニマルが実際に厄介者扱いされている。世界最大級のヘビであるビルマニシキヘビが最近、亜熱帯性湿地であるエバーグレーズに棲みついていて、この土地の野生動物に深刻な影響を与えているのだ。このヘビはフロリダキーズにも生息地を広げている。

こうした侵略的外来動物の広がりを食い止める1つの方法が、問題を起こしている地域から移動させることだが、まずはその動物が移動先にとどまることを確かめる必要がある。特にオーストラリアのイリエワニでの経験（第7章を参照）を考えれば、それは重要だ。

そこで科学者らは、エバーグレーズでビルマニシキヘビを捕まえて、それに（麻酔下で）無線追跡装置を埋め込んだ。そして不透明な密閉容器に入れて、最大で36キロ離れた場所まで運んだ。そのうち6匹をそうした遠い場所で放し、6匹（対照群）は捕獲場所に真っすぐ連れ帰って、そこで自由にした。

ビルマニシキヘビに埋め込んだ無線タグは、軽飛行機からモニタリングした。誰もが驚いたのは、移動させたヘビがすべて元の生息地に向かって進み、6匹中5匹が捕獲場所から5キロ以内に戻ってきたことだ。そうしたヘビは、対照群に比べて活動的で、移動速度も速く、明らかに自分がどこに行きたいのか理解していた。一方、対照群のヘビはランダムに動き回っているだけだった。

帰巣するビルマニシキヘビがデッドレコニングを使っていた可能性は低いと考えられるので、おそらくは、磁気か匂い、天体に基づいたある種の地図を持っているのだろう。このような行動がヘビで観察されたのは初めてだ。

PART II 「地図・コンパス」ナビゲーション

第18章 動物はどんなマップを使っているか

他者中心型ナビゲーション

私の目の前には、英国海軍省作成の北大西洋の古い海図がある。西側には、北アメリカの海岸線のうち、ハドソン海峡の入り口にあるレゾリューション島からフロリダ沿岸のジュピター海峡までが記されている。東側は、はるか北のフェロー諸島と、南のカナリア諸島という2つの群島で区切られている。上端にはグリーランドの最南端であるフェアウェル岬も突き出している。しかしもちろん、海図の大部分を占めているのは広大な海だ。この海図には、各海域の水深データが点在しているほかに、3つの羅針図(コンパスローズ)も載っている。それは真北に紫色の星が付いていて、北極星の古い名称である「ステラ・マリス」(stella maris：「海の星」の意味)を思い出させる意匠だ。

こうした海図はそれほど特別なものには見えないかもしれないが、そこには苦労して集められたとてつもない量の情報が詰まっている。小型帆船を指揮し、ときには無甲板船も使いながらこうした海図を作成したのは、若い海軍将校たちだった。アラスカやフエゴ諸島（南アメリカ大陸最南端に位置）、そしてマラリアが蔓延する熱帯アフリカの沿岸部など、遠く離れた危険な場所での調査に彼らは命がけで挑み、あらゆる種類の苦難に耐えた。

水深と方位を何万回も測定する必要があったし、さらにあらゆる機会をとらえて、太陽や月、星を参考に自分の位置を決めなければならなかった。それはまさに英雄的な努力だといえる。現在は電子式測深機やGPS、人工衛星画像があるので、この調査作業は大幅に簡単になったとはいえ、海図の作成はいまだに骨の折れる作業である。

本書の「はじめに」では、見知らぬ街に到着した旅行者が、GPSを使わずに市内を歩き回れるようになるにはさまざまな方法があることを簡単に説明した。その際には、地図の助けを借りる方法と借りない方法があった。この2つのアプローチは概念的にまったく異なるもので、科学者には「他者中心型ナビゲーション」と「自己中心型ナビゲーション」と呼ばれている。自己中心型の方法でナビゲーションをする場合、重要なのは、環境の中の対象が自分自身とどのように関係するかということだけだ。あなたは目立つビルに注意を払い、大きな交差点でどちらに曲がったかを記憶する、などの行動をとる。しかしどの場合でも、世界はあなたを中心に回っている。本書ではすでに、自己中心型ナビゲーションが作用している例を、サバクアリからボゴングガまで数多く見てきた。

簡単に言ってしまえば、自己中心型ナビゲーションで重要なのは、自分が来た道を正確に引き返せるように、ルートを示すランドマークを認識できるようにすることである。たとえば、私たちの想像上の旅行者は、出かけるときのルート上で目にしたものを逆の順番でたどれば、自分のホテルに戻ることができる。

そして、もう1つの方法がデッドレコニングだ。複雑さが多少増すとはいえ、デッドレコニングも自己中心型ナビゲーションの一形態である。これは、出発地点に対する自分の位置をいつでも示せるよう、たどってきた経路と移動距離の情報を統合する方法だ。デッドレコニングを使えば、私たちの想像上の旅行者は、自分のホテルがどちらの方向にあって、そこまでどのくらいの距離があるのかをつねに把握していられるだろう。それはヴェーナーが観察したサバクアリが採餌に出かける場合と同じだ。旅行者はホテルまで戻るのに、来た道をただ引き返すのではなく、最短距離で戻れるのである。

この2通りの自己中心型ナビゲーションの方法は互いに矛盾するものではなく、人間を含めて多くの動物が両方を使っている。ただしどちらの方法も、自分の進み具合を中断なくモニタリングできなければうまくいかない。突然見知らぬ場所にいて、どうやってそこにたどり着いたのかもわからず、戻る方向を確認するシグナルを何も検出できないという状況では、どちらのシステムも役立ってはくれないだろう。そういう状況で必要なのは、よほどの幸運か、進むべき方向を決めるまったく別の方法か、どちらかだ。

ここで「地図」が登場する。そしてそれは他者中心型ナビゲーションへの切り替えを意味する。

他者中心型ナビゲーションは、自分の周りにある対象が、幾何学的にみて互いにどのような関係にあるのかを理解することにかかっている。先ほどの北大西洋の海図のような印刷された地図からは、まさにそうした種類の情報が得られる。最近、主に使われているデジタル地図でも同じだ。そうした地図は1つの座標系に基づいていて、最もよく使われるのは緯度経度による座標系である。

しかし地図というのは、地図上で現在地を何らかの方法で見つけられなければほとんど役立たない。その方法の1つが、近くに見えるランドマークと、地図上でそれを表している記号を一致させることだ。しかし海の上や、目立つ物が何もない砂漠の真ん中にいて、ランドマークを参考にできない場合、この方法は機能しない。何か別の方法で自分の現在地を見つけないかぎり、あなたは実際に迷うところまでいかなくても、迷子のような不安な気持ちになるだろう。私たち人間には、ランドマークを使わなくても地図上での現在位置がわかるツールがいろいろとある。GPSはその中で最も新しく、最も精度が高いというだけだ。何らかの道具で自分のいる緯度と経度を測定することができれば、地図上で現在地を示すのは簡単な話だ。そうすれば、どこであれ、自分で選んだ目的地の方向を、定規と分度器を使ってすぐに求められる。

つまり、たとえばだが、あなたが北緯40度西経40度にいるとしたら、そこが北大西洋の真ん中で、アゾレス諸島コルヴォ島から西に約420海里（778キロ）の位置だとすぐにわかる。そしてニューヨークに向かって進みたいなら、海図を見れば、真西からほんの少しだけ北の針路を取ればよいことがわかるだろう。

ここで説明した方法は、そのままの名前だが、「地図・コンパス」ナビゲーションとして知られている。そして、人間以外にそういう方法が使える動物がいるのかどうか、いるとすればそれはどのようなしくみなのかは、動物ナビゲーションの研究者が直面している最も複雑な問題の1つだ。

ベクトル・勾配・モザイク

問題の中心にあるのは、認識できるランドマークが何もない、見知らぬ場所にいると気づいた場合に、自分の位置を決定できるか、そのうえで目的地の方向や距離を求めることが可能かということだ。もちろん動物は航法衛星〔衛星測位システム〕を使えないが、おそらく私たちのように、遠くの発生源から届いたシグナルを手がかりに現在地を知る何らかの方法があるのかもしれない。たとえば考えられるのは、音や匂い、地球磁場の特徴だろう。

人間の観点でみれば、これはかなりとっぴな考えなので、（架空ではあるが）現実的な例を1つか2つみるとわかりやすいかもしれない。

あなたは、ホップの香りが特定のビール醸造所から漂ってくることを知っているとしよう。その場合、その香りを運ぶ風の向きを観察することで、自分がどの方向を向いているかがわかる。向かい風がホップの香りを運んでくるなら、ビール醸造所はあなたの正面にあるはずだ。そしてもし（風向きが変わった後に）別の方向にある畑からラベンダーの香りがしてきたら、ビール醸造所とラベンダー畑の位置を記した「メンタルマップ」の中で、自分がどこにいるかを（きわめて）大まかにつかむこ

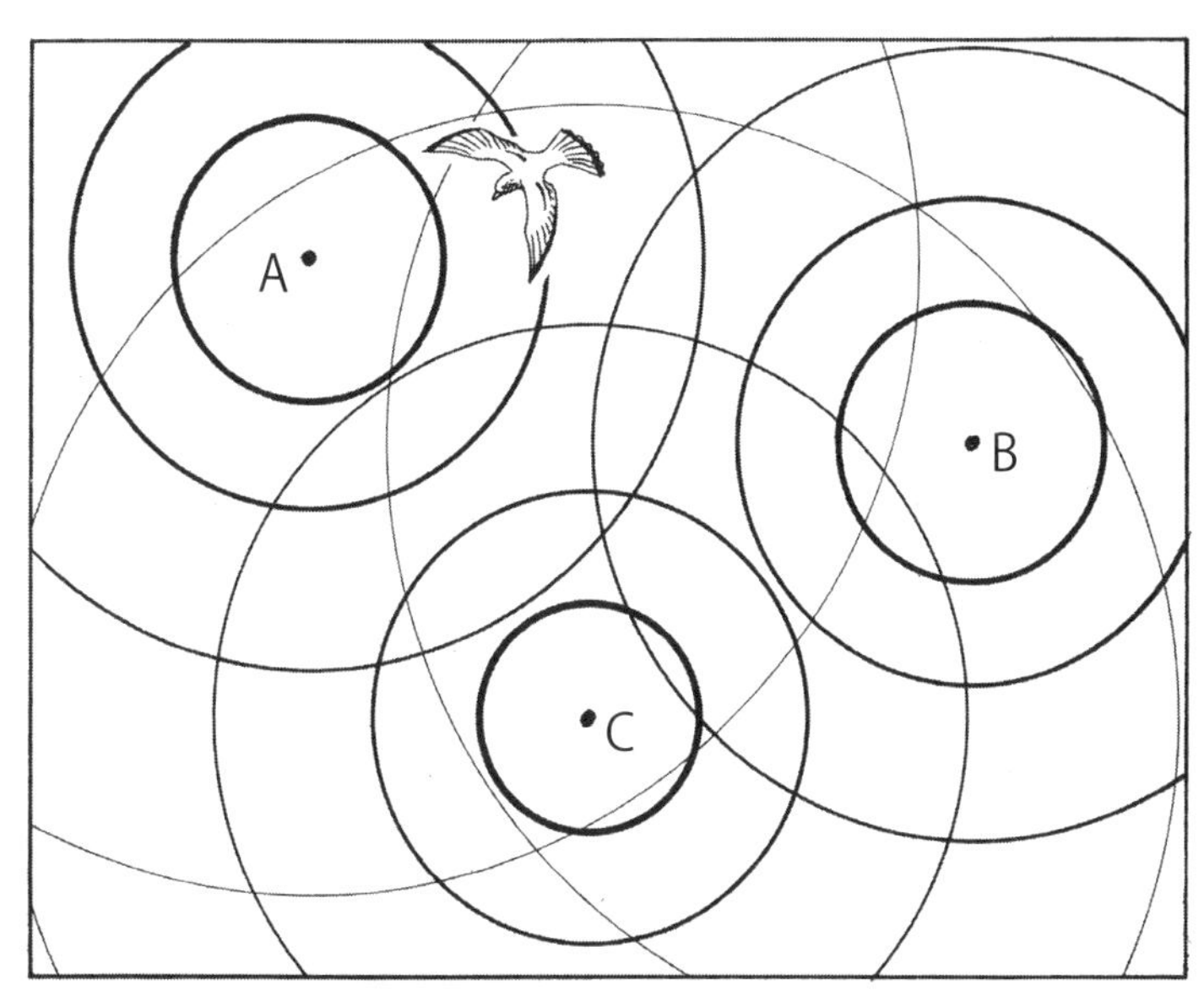

仮説に基づいた勾配マップ。図中のA、B、Cは別の音源を表す。
同心円は、音が広がるにつれて音量が小さくなる様子を示している。

とができる。この場合、あなたは方向情報に頼っているので、この地図は「ベクトルマップ」と見なされる。

一方で、自分に届くシグナルの性質や強度の変化も利用できるだろう。あなたは、3カ所の音源（たとえば鐘楼、杭打ち機、ライフル射撃場）から届く音の大きさを勾配の形で表したメンタルマップを持っているとする。その地図では同心円を使って、遠くから来る音の強度と、音源からの距離との関係を表すことができる。観測された3つの音の大きさを表す円が地図上で交わる点を（どうにかして）突き止めれば、自分のだいたいの位置を知ることは理論的には可能だ。現実世界では、風やその他の要因があると、このシステムはかなり信頼性が低くなるが、基本的な考え方はわかりやすいと思う。こうした「勾配マップ」は、匂いなど他のシグナルに基づいたものも原理上はありうる。

音や匂いなどの局所的な手がかりは、ふつうはあまり遠くまで届かないので、その発生源がかなり近くにあるのでないかぎり、動物がそうした手がかりを使って自分の位置を確認しているとは考えにくい。しかし、天体や磁場などの手がかりは地球規模で利用でき、一部の動物はそれを使って、長距離にわたる地図・コンパスナビゲーションをおこなっているかもしれない。

理屈としては、人間のナビゲーターが六分儀を使うのと同じように、動物も太陽や星を観測することで自分の位置を判断できるだろう。しかしそれには、2つの時計と、観測している天体の正確な運動についての詳細な情報が必要になる。それはかなり無理難題に思えるし、動物がこの方法で自分の位置を決められるという証拠はない。私たちだって、テクノロジーの力を借りなければそういうことはできない。

磁場を利用するには、強度と伏角というように、磁場を定義するパラメーターを2つ以上測定し、それが地球の表面上でどう変化するかを知っている必要がある。原理上は、そうしたパラメーターの勾配が動物にとって緯度や経度のような座標系になり、磁気マップ上に自分の位置を記すことは可能だ。

人間以外の動物も、私たちの想像上の旅行者と同じように、自分の周囲を調べるだけで、自分の世界を描写した地図のようなものも手に入れられる。私たち人間にとっては、視覚情報を元にそうした地図を組み立てるほうが理解しやすいが、動物の地図は必ずしも視覚情報に基づく必要はない。動物は、自分の行動圏内のさまざまな場所と、固有の匂いや音の混合物を結びつける方法を習得しているだろう。そうした混合物の1つずつが小さなタイルのようになっていて、1つにまとめると、全体として「モザイクマップ」の基礎をなす。その動物はこのモザイクマップがあれば、目を開けていなくても、自分のいる場所を（少なくともだいたい）突き止めることができるだろう。とはいえ、その動物がよその縄張りに乗り込んでいくときには、そういう地図が役立たないのは明らかだ。

こうしたさまざまな種類の地図がどのような規模のもので、どのくらいの精度があるのかを知るのは難しい。その動物の感覚能力や認知能力、そして手に入る情報の質によるところが大きいだろう。そしてもちろん、さまざまな種類の地図を同時に使うこともできる。たとえば、ワタリアホウドリはおそらく、長い一生の中で海全体を含めたベクトルマップや勾配マップ、モザイクマップを作り上げるのだろう。その元になるのは、さまざまな種類の大量の手がかりだ。そういった地図は磁気コンパスとともに、広い地域をカバーする正確な長距離ナビゲーションシステムの基礎になっている可能性がある。

理論の話はこのくらいにしておこう。ここからは、人間以外の動物が、単純な自己中心型ナビゲーション法に頼る代わりに、実際に地図を使っている証拠を探っていきたい。

ムクドリの幼鳥と成鳥

話の始まりは、1950年代に、オランダ人科学者のアルバート・クリスティアーン・パーデック（1923〜2009年）が（今だったら許されないような）長期にわたる実験を始めたことだ。この実験では、オランダのハーグの近くで、西を目指す秋の渡りの途中にある何千羽ものムクドリ（成鳥と幼鳥の両方）を捕まえて、標識用の足環を付けた。そのムクドリを、通常の渡りルートから数百キロ外れたスイス国内のさまざまな場所に飛行機で運び、放鳥した。

放鳥する際に成鳥と幼鳥を混在させたケースもあれば、分けたケースもあった。通常の状況では、足環を付けたムクドリはみな、フランス北西部にある越冬地に向けてハーグから西南西の方角に向かって飛んでいるはずだったが、スイスに移動したムクドリがすべてその方角を維持したわけではなかった。パーデックの実験では、成鳥はたいていハーグからスイスへの「横方向」への移動を補正して、北西の方角を目指すことがわかった。一方で、幼鳥だけで渡りをする場合、大半が南西に飛び続けて、最終的にはフランス南部かスペインにたどり着いた。しかし成鳥と一緒に旅するときには、幼鳥も進む方向を修正した。パーデックの実験では、他にもわかったことがあった。スイスに移動させた幼鳥は、その後の年も「間違った」地域、つまり最初にスイスに移動させられた後に越冬した、本来なら決して訪れていなかったはずの土地に忠実に戻る傾向があったのだ。

パーデックはこうした結果を、ムクドリの成鳥は自分がどこに行こうとしているかわかっていて、

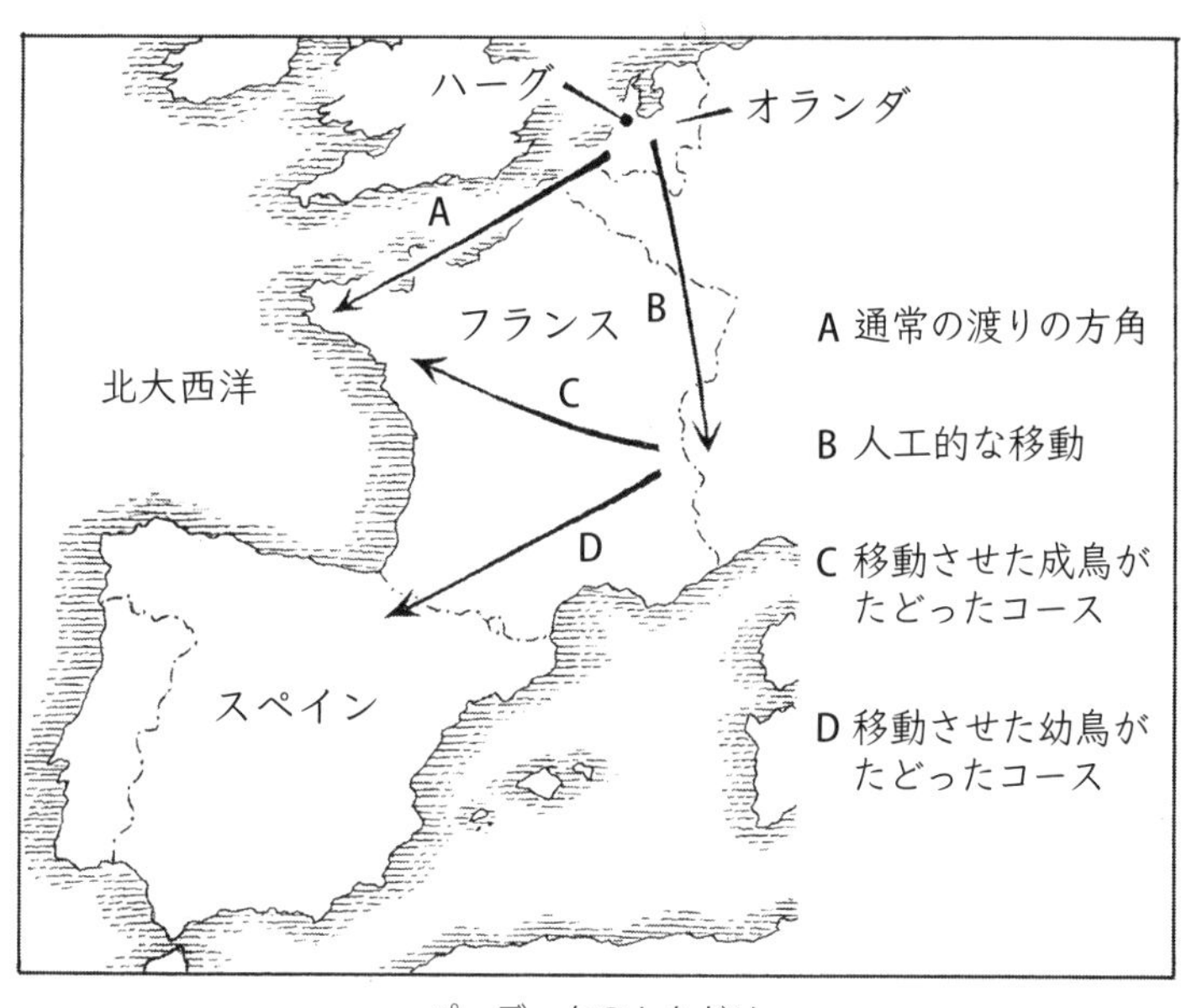

パーデックのムクドリ

ある種の地図を利用しているが、幼鳥は（自分の好きなように渡りをする場合）遺伝的にプログラムされた方角に進み、やがて渡りの衝動が消えたら止まるだけだという証拠と解釈した。そして、そうした地図・コンパスナビゲーションの能力が生まれつきであることを前提としつつ、ムクドリは、少なくとも一度は渡りの目的地に到達してからでないとその能力を使えないのだと主張した。別の言い方をすれば、本能だけでは十分ではなく、ムクドリは渡りのコースについての地理的知識を獲得する必要もあるということだ。そう考えれば、成鳥と渡りの初心者の間で渡りの結果が違うことも理解できるとパーデックは考えたのだ。

こうしたパーデックの研究（これはエ

ムレン漏斗内を飛び回る鳥［第9章を参照］ではなく、野生の鳥の自然な行動をみている点で価値がある）や、他の類似の研究は、一部の鳥が地図・コンパスナビゲーションをしているという説を後押しするものだ。しかし、これは大胆な主張であり、他のもっとシンプルな説明を考えないわけにはいかない。成鳥は適切なおおよその方角に向かって一定時間飛び続けるように、遺伝的にプログラムされているのかもしれない。そして居心地の良い場所にいったん到着したら、匂いや音など、その地域のビーコンを認識するようになり、それ以降の年は、たとえ遠く離れていてもそのビーコンに引き寄せられるのだ。あるいは、ルート沿いに次々と現れるランドマークを覚えているだけかもしれない。もしかしたら、天体や地磁気の手がかりを使っているかもしれないし、これまでに説明した方法を組み合わせている可能性もある。

ハトは鳥の世界の実験用ラットであり、これまで研究対象とされる機会が他のどんな鳥よりも多かった。ハトの驚くべき帰巣本能は、磁気コンパスだけでなく、地図を利用していることを前提としなければ説明できないと主張する研究者もいる。それは視覚情報に基づかない種類の地図だ。

この主張を裏付ける研究結果の中で最も驚くものの1つが、ハトにすりガラス状のコンタクトレンズを装着させ、ランドマークを見つけられないようにした実験から得られている。そうしたハトは、最長で130キロ離れた場所に移動させても、鳩舎から数キロの範囲内に戻ってこられることが多かったが、透明なコンタクトレンズを装着したハトに比べると、戻ってくるのにかなりの苦労した。さらに、見知らぬ遠い放鳥地点まで麻酔をかけた状態（行きのルートを覚えていたり、デッドレコニングを使ったりする可能性を除外するため）で運ばれたハトが無事に戻ってこられるという事実にも、説明が必要である。

ハトが実際に匂いを使ってナビゲーションをしていると仮定すると、ガのように匂いの痕跡をたどっていることはありうる。しかしこれは、ハトがたまたま自分の鳩舎の風下にいた場合にしかうまくいかない。そうすると、ハトは匂いマップのようなものを使っているのかもしれない。匂いマップは、学習した匂いのパターンがモザイクになっているものだ（ただしハトが見知らぬ場所から戻ってこられることの説明にはならない）。あるいは**勾配**に基づいた地図かもしれない。それはたとえば、特徴的な香り（ブーケ）を形作っている、それぞれの匂いの相対的な強さの地理的変化などだ。

後者はありえない話に聞こえるかもしれないが、空気の乱流の影響があっても、さまざまな化合物の混合物は広いエリアに安定して分布していて、原理上はその種の勾配マップとして表せることを示した研究もある。しかし、自然に生じる複合的な匂いをハトがナビゲーションに使っていることはまだ確認されていないので、この説は推測の域を出ない。

インフラサウンドも、勾配マップの基礎になっているのかもしれない。ただしハグストラムの仮説では、鳩舎がある地域の「特徴的な」インフラサウンドはビーコンのような役割を果たすことになっており、その場合にはわざわざ「音響」マップを使用するまでもない。

鳩レースをしている人たちからは、飼っているハトが地球磁場を乱す太陽風に敏感に反応するという報告がたびたびある。地球の地殻内に磁性物質が局所的に集まって生じる磁気異常も、ハトを混乱させる場合がある。そうした観察結果は、磁気情報がハトにとって重要であることを裏付けるものであり、ハトがある種の磁気マップを利用しているという説もしばしば提案されている。そうした地図は磁場の勾配に基づいている必要があるだろうが、ハトが磁気異常を単純にランドマークとして利用していることもありうる。

しかし、磁場強度と伏角に基づいた磁気勾配マップはあまり正確ではなく、ハトがそれを使って無事に帰巣しているとは考えにくい。これは単純に物理学の問題だ。磁場強度と伏角は、どちらにも南北方向の強い勾配がある（そのためハトが緯度を知るのに役立つ）ものの、世界の大半の地域では、東西方向の変化はわずかしかないからだ。

磁気マップ仮説を支持する研究者たちが直面している問題はそれだけではない。1日のうちの地球磁場強度変化の大きさは、ハトが数キロの誤差で帰巣するために感知する必要がある、非常に小さな強度変化を完全に上回ってしまうのだ。ヘンリク・モウリトセンはこの点について、私に次のように説明してくれた。

考えるべき事柄は非常にシンプルです。磁北極での地球磁場強度は？　約6万ナノテスラです。約磁気赤道ではその約半分、3万ナノテスラになります。その間の差は3万テスラです。地球1周は何キロあるでしょう。約4万キロ。となると、赤道から北極までの距離は、そのおよそ4分の1、1万キロです。では1キロあたりの磁場強度変化は平均でどのくらいになるでしょう。たった3ナノテスラです。ところが磁場強度の日変化は30ナノテスラから100ナノテスラもあるのです。

それでも理論上は、ハトが磁場シグナルを時間で平均することで、磁場強度の勾配をナビゲーションにうまく利用している可能性は残る。しかしそれは、ハトが非常に低速で飛んだり、頻繁に止まったりする場合にしかできず、実際のハトはそんなふうに行動しない。

そう考えると、磁場強度と伏角による磁気マップは、ハトを無事に帰巣させられるほど高精度ではないということになるだろう。

とはいえ、磁気マップが他の動物にとってまったく役立たないわけではない。正確な位置をピンポイントで示すことは、非常に条件の厳しい難題だ。一部の渡り鳥や、カメやサケ、ロブスターなどの動物が、それほど要求が厳しくない他の目的で磁気マップを使うことはできるかもしれない。

＊　＊　＊

偏光した太陽光が昆虫にとってどれだけ重要かは、これまでの章でみてきた。渡り鳥が太陽コンパスの較正に偏光を使っているという証拠もある。しかしそれだけでなく、偏光は海洋動物のナビゲーションにも役立っているかもしれない。

タルボット・ウォーターマンは55年以上前に、偏光のe-ベクトルパターンは水中でも見ることができ、水深200メートルでも見えることを明らかにした。e-ベクトルパターンの向きは太陽の位置と直接的につながっているので、空にあるe-ベクトルとほぼ同じ方法で使えば方角を知ることができる。そのため、水中のe-ベクトルが太陽コンパスの基礎になることは、かなり以前から認識されていたが、新しい研究によって水中のe-ベクトルは動物が位置を決定するのにも役立つことが明らかになった。シャコの視覚システムを模倣した偏光センサーを使った研究では、原理上は、シャコには太陽の方位角と高度の両方がわかり、したがっておおよその位置も決められることが明らかになっている。世界各地の海の異なる水深で、さまざまな時間帯に実施された測定実験では、そうしたシステムは位置を驚くほど正確に決めることができ、さらに方角もわかることが示された。

サケも含めた海洋動物は偏光に敏感に反応することが知られているが、このナビゲーションシステムには天体を使った他の位置決定方法とまったく同じ問題があるので、海洋動物が実際にそれを使っているとはとても信じられない。それでも、予想外の発見に驚かされたことはこれまでにもあるので、つねに柔軟な考え方をするべきだろう。

第19章

時差ボケのヨシキリが教えてくれたこと

鳥は体内時計で経度を測っている？

科学者たちは長い間、地図が鳥のナビゲーションに何らかの役割を果たしているとしたら、それはどんな役割なのかを解き明かそうとしてきたが、最近までかなり混乱した状況にあった。これは本当に難しい問題だ。ただし、一貫した結果を出すのが難しいのは、研究対象が非常に多岐にわたっていることを反映している面もあるかもしれない。なにしろ、たとえばムクドリはミズナギドリとはかなり違うのだから。しかし状況は変わり始めている。最近10年間で実施された数多くの実験からは、一部の鳥が実際に何らかの形の地図・コンパスナビゲーションを使用しているという、まだ決定的ではないが説得力のある証拠が出てきている。

2007年にカスパー・トールップが発表した研究は、昼間に渡りをする鳥（この場合はミヤマシトド（スズメ目ホオジロ科の小型の鳥）が、東西方向の大きな位置の変化を何らかの方法で補正できることを示す、本当に信頼できる証拠を初めてもたらした。ミヤマシトドは経度の大きな変化を感知できるらしいのだ。

ミヤマシトドは、カナダやアラスカにある夏の繁殖地から、アメリカ南西部やメキシコの越冬地への渡りをする。トールップは、その渡りの途中、ワシントン州の中継地点で休んでいるミヤマシトド（成鳥と幼鳥の両方）を捕まえた。そしてこのミヤマシトドを東に3700キロ離れた、ニュージャージー州プリンストンに飛行機で運び、そこで小さな無線追跡装置（重さはわずか0.5グラム）を背中に貼り付けた。

そのミヤマシトドを1、2日休ませた後に放鳥した。その際には、幼鳥が成鳥を追いかけていくリスクを避けるため、放鳥場所は別にした。合計30羽のミヤマシトド（成鳥と幼鳥を15羽ずつ）の追跡は、2機の軽飛行機に乗った観察者の力を借りておこなった。それぞれの鳥の最終中継地点を記録し、その位置からそれぞれが渡っていこうとしたルートを割り出した。

ミヤマシトドの通常の渡りルートは南向きだが、東に運んだ成鳥は一貫して西へ向かった。それはまるで、無用な大陸横断移動の分を補正しようとするかのようだった。一方で経験不足の幼鳥は、だまされていることにまったく気づいていないように南に向かった。

成鳥は大陸規模で、あるいはもしかしたら地球規模で機能する「ナビゲーションマップ」を獲得しているに違いない。トールップはそう結論づけた。この地図のおかげで、成鳥は経度方向の大規模な

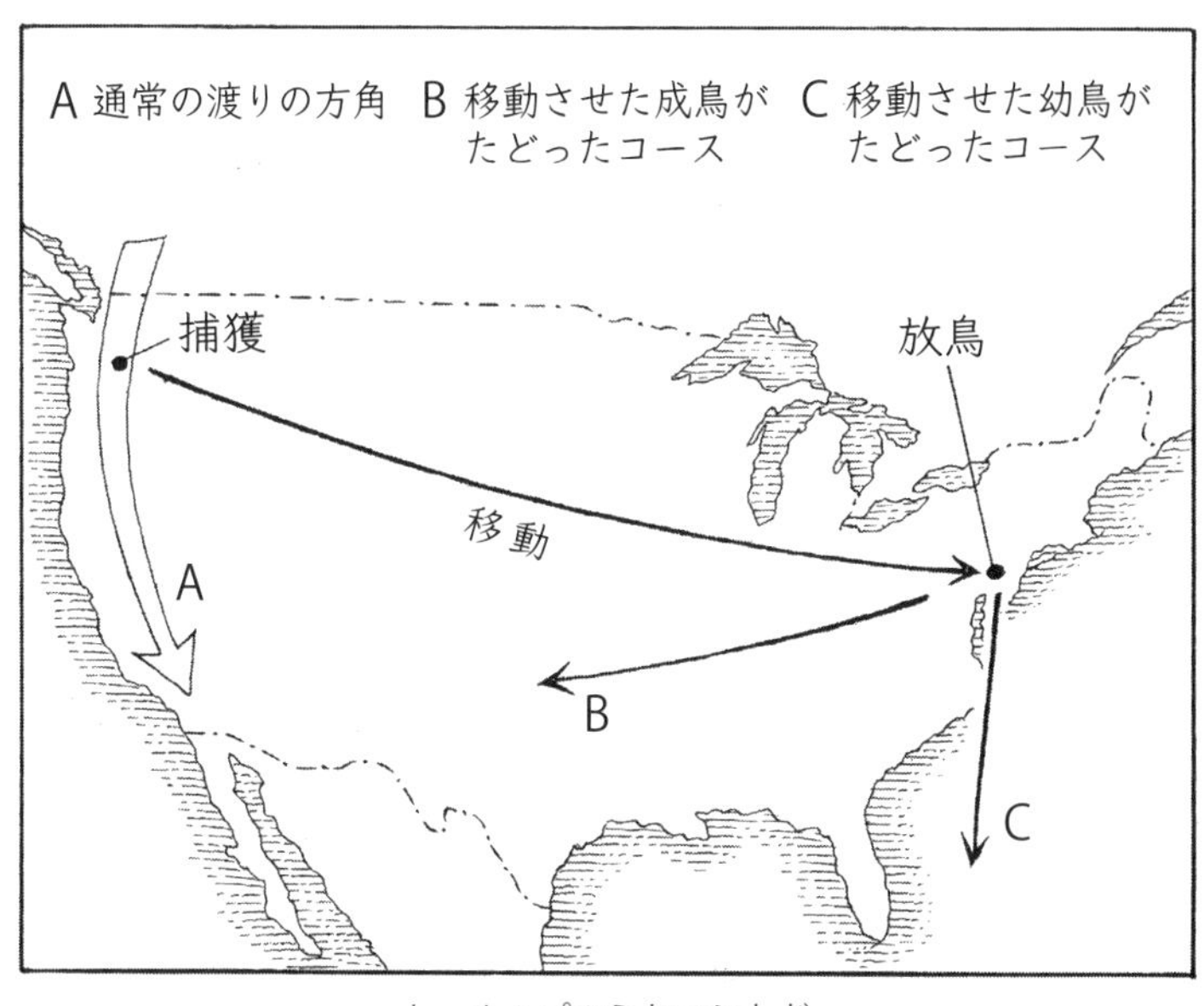

トールップのミヤマシトド

移動の後でも、自分の位置を決めることができた。一方、幼鳥はそれよりもシンプルな、生まれ持った方位プログラムに頼り続けたのである。

トールップは、磁気的手がかりがミヤマシトドの地図感覚の基本になっている可能性を示しながらも、アメリカの西海岸と東海岸の磁場強度の違いは小さすぎて、ナビゲーションには役立たないと認めている。ミヤマシトドは天体か匂いの手がかりを使っているのだろうとトールップは推測している。ただし、移動距離があまりにも長いことを理由に、ミヤマシトドがある種のデッドレコニングを使って位置の変化を追えていた可能性は除外している。

鳥に地図感覚があることをさらにはっき

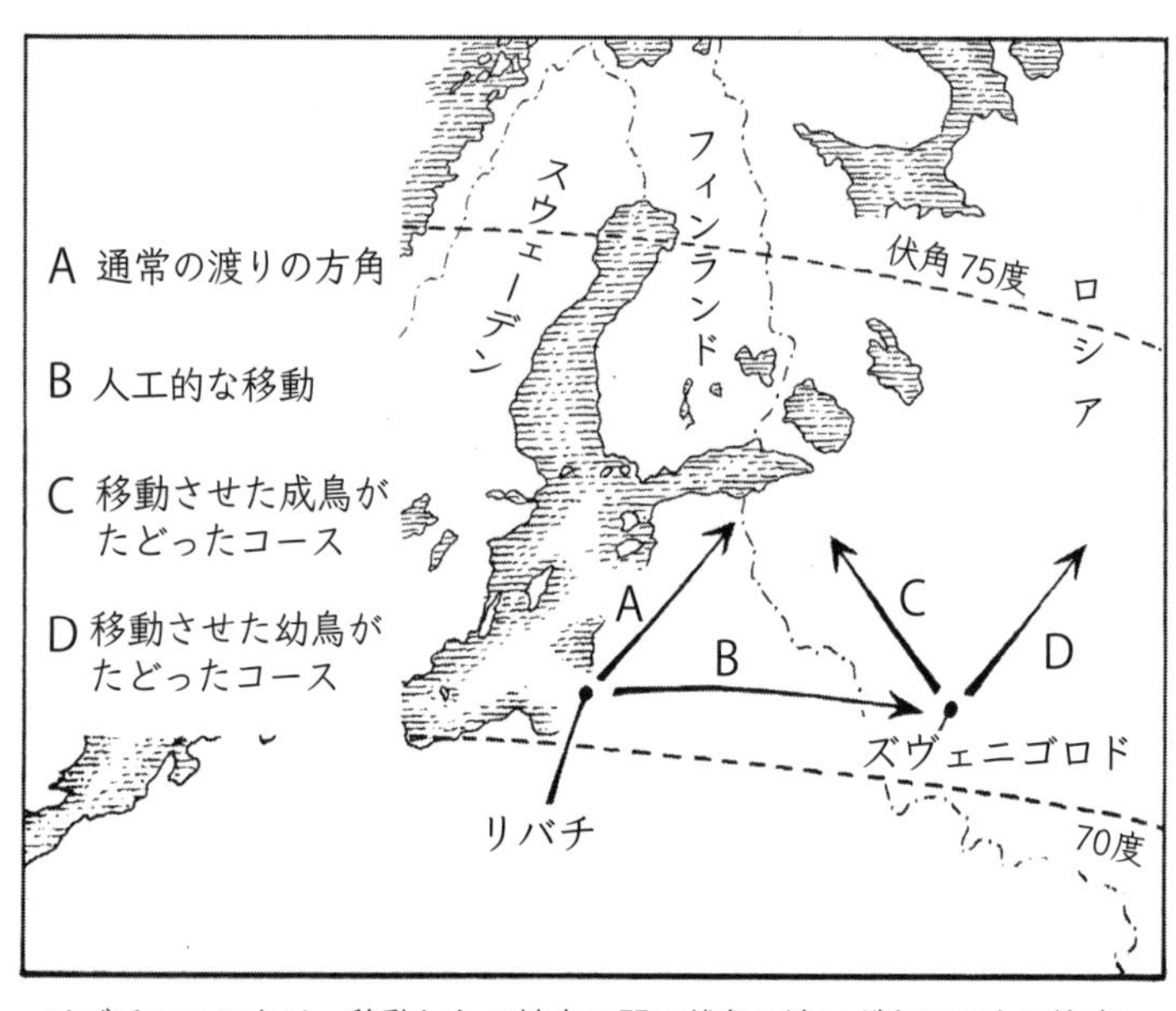

リバチのヨシキリ。移動した２地点の間で伏角に違いがないことに注意。

りと裏付けたのは、ともにロシア人科学者であるニキータ・チェルネツォフとドミトリ・キシキネフが、ドイツのモウリトセンの研究グループと共同でおこなった一連の実験だ。

春の渡りシーズンに、ヨシキリはバルト海沿岸のリバチを通過して、さらにそこから北東にある繁殖地を目指す。チェルネツォフはリバチで捕まえたヨシキリを、真東に１０００キロ離れたモスクワ近くの場所まで（飛行機で）運んだ。真東に移動したため、ヨシキリは伏角や天体コンパスで検出できる種類の緯度変化を経験しなかった。もしヨシキリが東に移動したことに気づいていなかったら、おそらく相変わらず北東に飛ぼうとしただろう。しかし、晴れていて星が見える空の下でエムレン漏斗に入れると、ヨシキリの成鳥は北西に飛びたいという強い願望を示した。それはまさに、その新しい場所から繁殖地を正しく指す方角だった。ヨシキリは自分に何が起こったのかを理解して、それに合わせてコースを修正したようだった。一方で、幼鳥が目指したのは北東の方角だった。

チェルネツォフは、リバチと、ヨシキリを移動させた場所には、わずかな磁場強度の違い（3パーセント）があったと記している。したがって理論的には、ヨシキリがこの手がかりを使って経度の変化を検出できていた可能性は残る。しかしこれはありえなさそうだ。

あるいはヨシキリは、2地点間の日の出と日没の時刻のずれを使って、経度の違いを知ったのかもしれない。そうだとすれば、ヨシキリは2つの体内時計を持っていることになる。1つはリバチの時刻を刻む時計、もう1つは新しい場所の日の出や日没に合わせてすぐに調整した時計だ。

鳥にこうした比較ができることを裏付ける証拠はないものの、哺乳類の「概日時計」（脳の視床下部という部位に対応する）には2種類のニューロンがあって、一方は昼間の時間の変化にすぐに反応するが、もう一方は調節に最大で6日間かかることがわかっている。ひょっとしたら哺乳類は（そしてもしかしたら鳥類も）、こうした2種類の時計によって経度の変化を感知できるようになっているのかもしれない。

この実に面白い「二重時計」説を検証するために、キシキネフは、渡りをするヨシキリの体内時計を人工的にシフトさせる実験をおこなった。まずヨシキリをエムレン漏斗に入れて、通常の状態でどの方角に渡っていこうとするのかを確かめた。次に、リバチからヨシキリを移動させずに、モスクワ近くの放鳥地点の時間に合わせて人工的に日の入りと日の出の時間を変えることで、ヨシキリを軽い「時差ボケ」にした。ヨシキリが本当に二重の体内時計システムを頼りにして経度の変化をたどっているのなら、時差ボケになったヨシキリは渡りの方角を変えるはずだが、そうしなかった。これは、移動させられた鳥が、自分の位置を知るのに何か別のメカニズムを使っていることを強く裏付ける結果だ。

ヨシキリは、慣性を利用したデッドレコニングのようなものを使って、東への移動をたどっていたのではないだろうか。あるいは匂いや音の手がかりを使ったり、何か高度な天体ナビゲーションをひそかにおこなったりしていたのではないか。

チェルネツォフとキシキネフは、こういった可能性すべてを、ヨシキリを物理的にはまったく動かさない実験によって巧みに除外した。物理的に動かす代わりに、ヨシキリの周囲に、リバチから東に1000キロの地点で観測される地球磁場の特性と完全に一致する人工的な磁場を作り出したのだ。このときは、ヨシキリは本来と別の方角に飛んでいこうとした。実をいえば、その反応は、「本当に1000キロ東に移動させた後に見られた反応と区別できなかった」という。他は何も変わっていなかったので、ヨシキリが使っていた可能性があるのは磁気的手がかりだけだ。しかし、厳密にはどんな手がかりだったのだろうか。

さらに同じ研究チームは、上嘴と脳をつないでいる三叉神経を切断すると、ヨシキリが東への移動分を補正できないことも明らかにした。これは、「ある種のマップ情報」がこの経路を通って脳に伝達されていることを示している。ただし、その情報がどんなもので、どの感覚器から来ているのかは不明だった。

磁気偏角が鍵なのか

磁場強度と伏角の測定からは、経度の変化についての有益な情報があまり得られないとしたら、鍵になっているのは磁気偏角かもしれない。

偏角は、覚えていると思うが、真の北と磁気コンパスが指す北の差であり、地球上の場所によって大きく異なる。そこでチェルネツォフは仲間の研究者とともに、ヨシキリが秋に西南西へ向けて渡りをするときに、偏角の変化が渡りの行動に影響しているかどうかを調べる実験をおこなった。その実験で、チェルネツォフたちはとても興味深い発見をした。

今回の実験でヨシキリの成鳥と幼鳥にかけた人工磁場は、リバチで観測される地球磁場と同じだが、1点だけ違いがあった。偏角を反時計回りの方向に8.5度回転させてあったのだ。この人工磁場は、スコットランドのダンディーという街の磁場とぴったり一致した。ダンディーはリバチから1500キロ近く西にあり、通常の渡りのコースからはかなりずれている。ヨシキリが使える他の情報（磁場の強度と伏角、匂い、天体、音）は必然的にすべて同じだったので、その情報からヨシキリたち

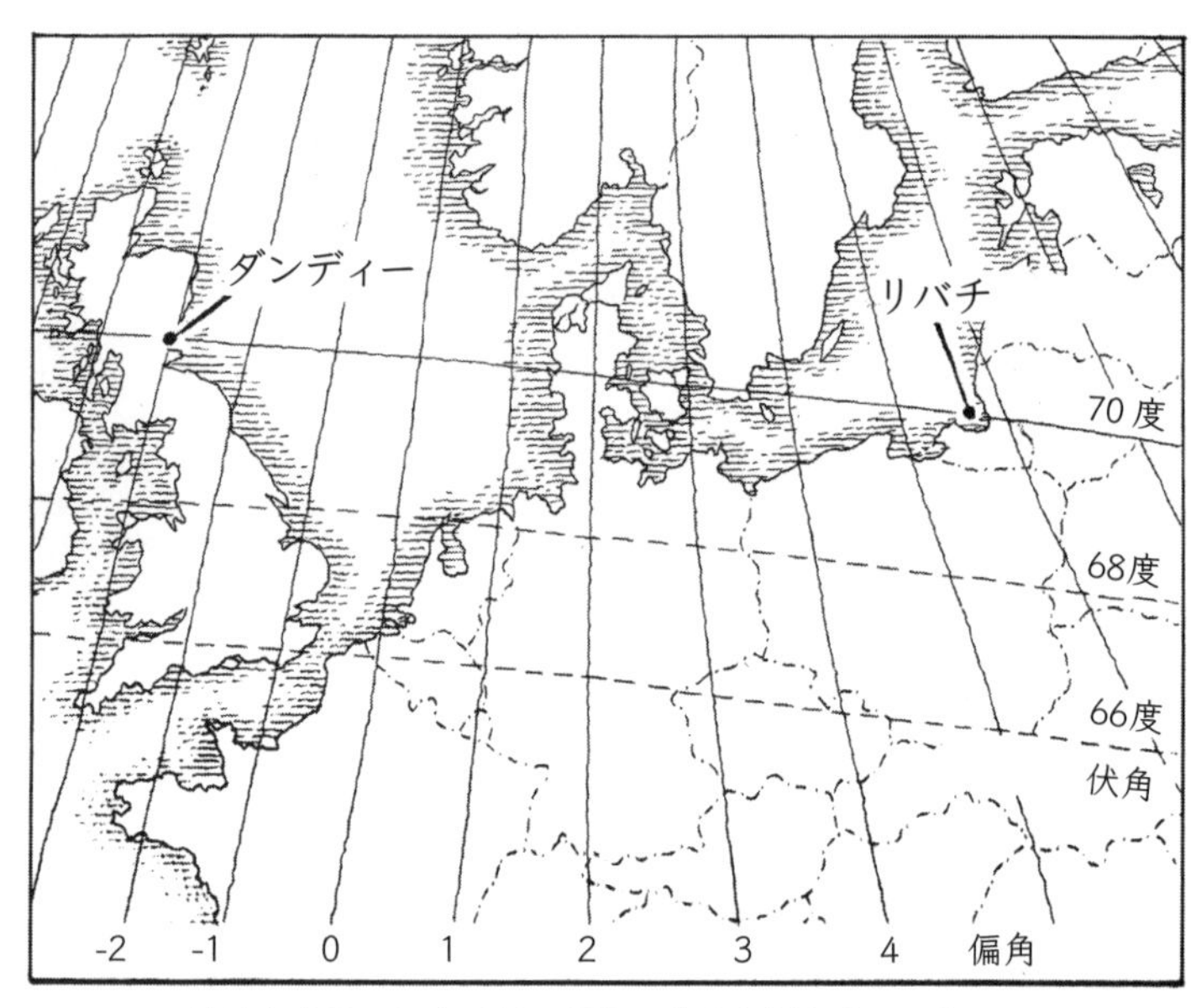

渡りをするヨシキリは、偏角の変化を測定することで、
自分がいる経度を決めることができるのだろう。

にまだリバチにいるのだと思わせただろう。

結果はとても面白いことになった。月がなく、星の出ている空の下で、エムレン漏斗を使って実験したところ、成鳥は、西南西から東南東へ「平均定位の151度の劇的な変化」を示したのだ。この東南東というのは、ヨシキリが実際にダンディーにいたら、目的地を目指して進んでいたはずの方角だ。対照的に、同じ人工磁場にさらされた幼鳥は、渡りの方向を変更することはなく、混乱していただけだった。

偏角の変化に合わせて渡りの方向を変えるには、ヨシキリは、真の北と磁気コンパスの北の違いをずっと追いかけたことがなければならない。しかし、どうすればそれが可能だろうか。最も考えられるのは、北極星の周囲を星が回転するパターンを調べて真の北を確かめておき、それを伏角コンパス〔磁北を推量できる〕から得られる情報と比較しながら、偏角を得るということだ。

この研究は、トールップの観測や、さらにもっと昔のパーデックの研究とも一致し、経験を積んだ年長の鳥は通常の渡りルートの情報をすでに獲得しているが、幼鳥にはそれがないことを示している。したがって、経度方向の変化〔偏角情報から得られる〕を補正する能力は学習で得られるものであって、遺伝によって生まれつき備わっているスキルではないことになる。

モウリトセンは、エムレン漏斗がきわめて人工的な環境であることは認めつつ、少なくとも実験者が内部で何が起こっているかを厳密に把握できると指摘する。入力情報を制御することが可能であり、条件を1つずつ変えることもできる。モウリトセンは、鳥を放鳥するときに、エムレン漏斗の実験で飛び上がっていったのとは反対の方角に放ってみて、どこに飛んでいくかを確かめたことがある。そうすると鳥は通常、向きを変えて「正しい」方角に飛んでいくという。このことから、エムレン漏斗実験は、自由に飛行する鳥で観察される行動とかなりよく一致するとモウリトセンは考えている。

しかし、アンナ・ガグリアルドは懐疑的だ。昔はハトのナビゲーション能力を判断するのに、ハトが見えなくなるまで双眼鏡で監視し続けるという方法を取ることが多かった。双眼鏡で見える範囲ではすみかに向かっていたハトが鳩舎に戻らないこともあれば、反対に、間違った方角に飛んでいったハトが無事に戻ることもあった。そのためガグリアルドは、エムレン漏斗で実験するのは、鳥が本当に進みたがっている方角を知る方法としては信頼性が低いと考えている。

別の問題もある。鳥が感知していると思われる偏角の変化は小さいため、その分だけ天体コンパスや伏角コンパスがかなり高精度でなければならない。鳥が偏角の変化を本当に測定できるのかどうかを検証する方法の1つが、星が見えない場合や、プラネタリウム内で星の回転の中心を移動させた映像を投影した場合の反応を調べることだ。実験方法として理想的なのは、GPS追跡装置を付けた鳥を自由に飛行させて、リバチでの実験と同じ結果になるかどうかやってみることだが、これは技術的に困難だろう。

課題はまだ残っているものの、ヨシキリの実験からは、鳥が磁気と天体の両方を手がかりに経度問題を解決できることを示す、決定的とはいわないまでも、強力な証拠がまったく初めて得られたといえる。

サケが異なるルートを選ぶわけ

外洋で餌をたっぷり食べて太ったサケは、数千キロも離れたところから、生まれた川の河口にどうやって戻ってこれるのだろうか。

地球磁場の長所の1つは、どこにでも存在することだ。陸上や空中、あるいは水中など、どこにいたとしても、適切なセンサーがあれば地球磁場を検出できる。サケは地球磁場と同じ強度の磁場内で

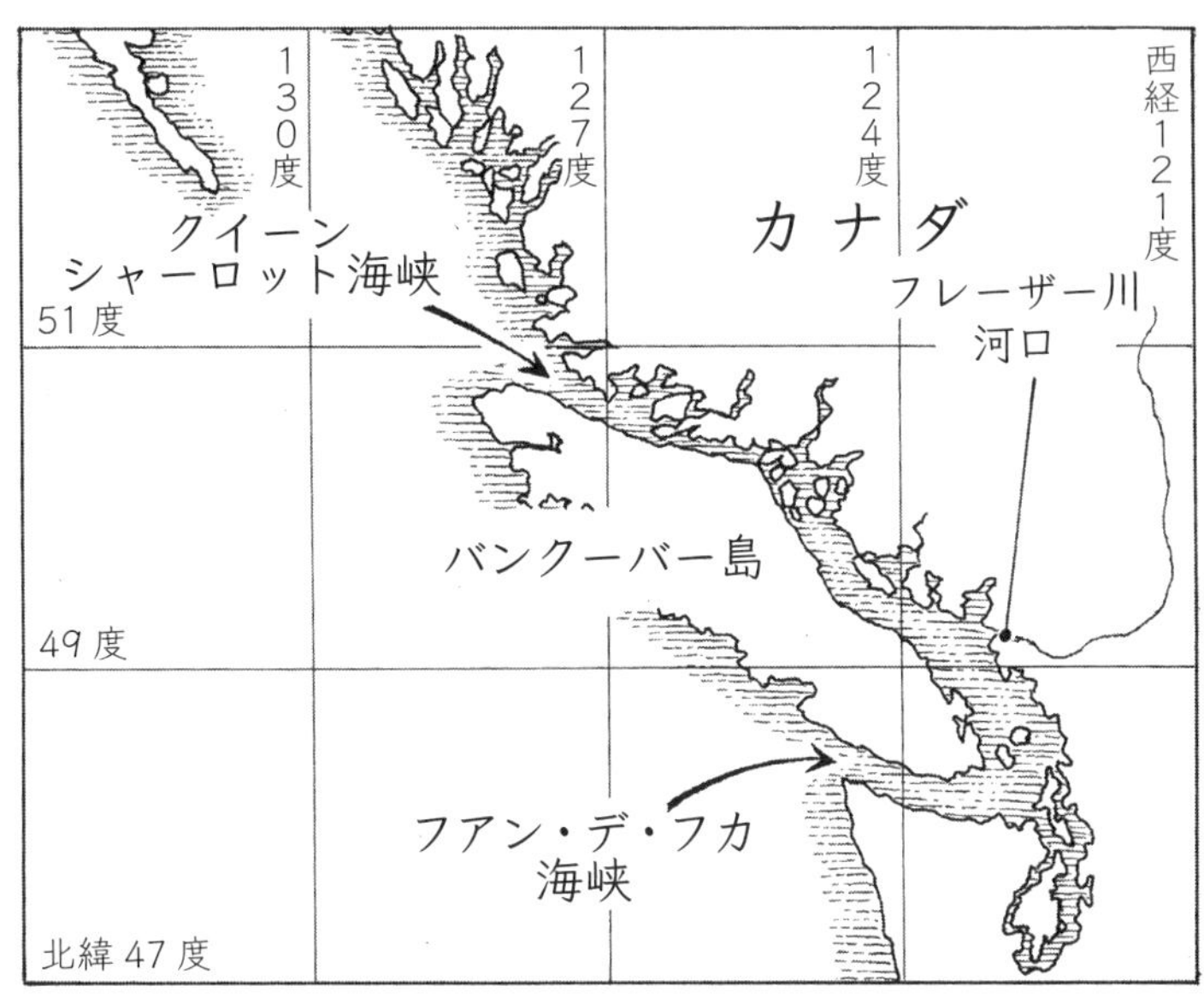

サケが太平洋から産卵のためにフレーザー川河口に戻ってくる場合の経路は、クイーンシャーロット海峡とフアン・デ・フカ海峡の2通りある。

は方向を正しく決めることができるので、外洋を渡ってきたサケが生まれた川に戻ってくるしくみが地磁気に頼っているというのは興味深い説だ。しかし、外洋を回遊する魚での実験は、どう考えても簡単ではない。

ネイサン・プットマンは、カナダのブリティッシュコロンビア州のフレーザー川で繁殖するベニザケに特に関心を持っていた。この川にはベニザケ漁獲量のデータが56年間分残っていることをプットマンは発見した。ベニザケ資源の配分をめぐって、アメリカとカナダの漁業当局間で生じた摩擦を解決するために記録されていたものだ。フレーザー川は、ロッキー山脈の高地にある水源から1375キロ流れてきて、バンクーバー中心部のすぐ南で海に注いでいる。

ベニザケは通常、外洋で2年間過ごしてから、繁殖のために川に戻る。横に長く延びる柵のようなバンクーバー島にぶつかると、ベニザケはフレーザー川の河口に向かうのに、北のクイーンシャーロット海峡経由と南のファン・デ・フカ海峡経由のどちらかを選ぶことになる。

漁業記録からは、それぞれの方角からやってくるベニザケの数に面白い年変化があることがわかった。その情報自体は役立つものではなかったが、プットマンは、バンクーバー島周辺の地球磁場が「永年変化」という漸進的な変化の影響を受けていることも知っていた。この2つのプロセス（漁獲量変化と地球磁場の永年変化）を比較することで、ベニザケがどうやって川に戻るコースを見つけているのかがはっきりするのではないかとプットマンは考えた。

調べてみると、ベニザケはフレーザー川に近づいていくときに、河口付近の磁場強度との差が小さいルートを好むことに気づいた。それはまるで、ベニザケにはフレーザー川から海へ下る時点で川の磁場の特性を刷り込まれていて、川に戻るときには、ある種の磁場強度センサーを使って選んだルートをたどっていたかのようだった。つまり、南のファン・デ・フカ海峡を経由するルートを使う年もあれば、クイーンシャーロット海峡を通る北のルートを選ぶ年もあるということだ。

磁場強度のシグナルはとてもノイズが多く、不明瞭であることから、サケが磁場強度の勾配をどうやって使うのか疑問に思うかもしれない。しかし、ベニザケは伝書バトのようなことをするわけではない。数百キロ離れた2つの海峡のどちらかを選ぶだけでいいので、高い精度は求められていないのだ。ベニザケが磁気マップを使うのは、餌場であるアラスカ湾から故郷の川を目指して外洋を渡ってくるときだとプットマンは考えている。

ところが、フレーザー川の河口に近づく頃には、ベニザケは磁気マップにあまり頼らなくなり、嗅覚情報のほうを使うのだろう。また、プットマンがその後おこなった実験から、若いサケは海に下ったばかりのとき、磁場強度と伏角の両方のシグナルを組み合わせて使うことで、海の真ん中にある餌場を目指して進む方向を決めることがわかっている。

プットマンの発見は魅力的だが、サケが磁気マップを利用しているという証拠は決定的なものではない。ロシアでのヨシキリの実験と同じように、この実験で使われたサケが、本当はもっと単純なメカニズム（おそらく磁気のランドマークかビーコン）を使っていた可能性がまだ除外できないからだ。

＊　＊　＊

シカは驚くと、群れ全体がかたまって同じ方向に一緒に逃げる傾向がある。これはおそらく、衝突を避けられる可能性が高まり、さらに危険が去った後にもう一度集まるのが簡単になるからだろう。しかし逃げる方向を群れとしてどうやって決めるのだろうか。

この疑問に答えようと、科学者たちは最近、チェコ共和国の各地にあるさまざまな猟場で、188のノロジカの群れを驚かせる実験をした。その結果、（風や太陽の方角などの他の有力な要因を考慮した場合にも）

ノロジカは逃げる方角として、地磁気の北か南を選ぶことがわかった。脅威を与えるものが南か北から現れた場合には、ノロジカは正反対の方角に逃げる。一方、東か西から来た場合には、ノロジカの逃走ルートは北か南に向かう傾向があった。可能なかぎり、東や西に逃げることを避けたのである。さらに、平穏に草を食べているときには、ノロジカは地磁気の南北方向に沿うように身体を向けがちだということもわかった。

こうした発見から浮かび上がるのは、ノロジカが地磁気に反応していること、そして地磁気を使って群れの逃走行動を同調させていることだ。こうした行動が哺乳類で確認されたのは初めてである。

第20章 ウミガメの驚きの回帰能力

産卵のときを待って

メスのウミガメが苦しそうに身体を引きずりながら海から上陸して、巣を作るために傾斜のある砂浜を上ってくる光景は、何ともいえないほど感動的だ。そうした努力と献身ぶりは、母性を強く象徴するものだ。こういう言い方は擬人化のしすぎだと思うなら、あらゆる動物が持つ繁殖への衝動の圧倒的な強さをはっきりと象徴するもの、といってもいい。

しかし、動物ナビゲーションの科学者にとっては、メスのウミガメが魅力的な理由は別にある。それは、同じ砂浜に戻ってくる能力が驚くほど優れていることだ。最近では、そのコースを決めるにあたって、磁気の手がかりに大きく頼っていることが明らかになっているようだ。

ハトの専門家であるパオロ・ルスチは、野生のウミガメについての大規模な調査を実施してきた少数の科学者たちの1人でもある。そうしたウミガメの調査ではふつう、上陸してきたウミガメの甲羅に追跡装置を取り付ける。イタリアのピサで会ったとき、ルスチは私に、そうした調査の苦労を話してくれた。

カメは巨大で、力の強い動物だ。たとえばアオウミガメは、体長が1メートルほどで、体重は200キログラムを超えることもある。たいていは夜に上陸してきて、前ヒレを使って砂浜を上り、植物が生え始めるあたりまでやってくる。

巣を作るのに適当な場所を見つけたら、アオウミガメはまず、砂を掻き出して「ボディピット」という浅いくぼみを掘る。次に、後ヒレを交互に使って砂を取り除いて、ほぼ円筒形の産卵巣を驚くほど器用に作り上げる（ルスチはそれを「とても見事な建築物」と表現した）。出来栄えが気に入らなければ、あきらめて海に戻ったり、また最初からやり直したりすることも多いので、待っている研究者たちはとてもいらいらさせられるという。

満足できる産卵巣ができると、メスのウミガメは産卵を始める。一度に80個から100個の卵を産み、1個の大きさは卓球のボールほどで、触ると柔らかい。産卵が始まってしまえば、ウミガメは途中でやめることはなく、何かを怖がることもなくなる。産卵は生きる目的なのだ。実際に、ウミガメたちの気をそらすことはほとんど不可能だ。ここまでくると、「ウミガメに何をしても大丈夫」だとルスチはいう。

研究者たちが待っていたのはこのときだ。しかし、産卵にかかる時間はわずか30分ほどなので、手早くやる必要がある。甲羅をきれいにしてからでないと追跡装置を取り付けられないので、紙やすりで磨いてから、アセトンで表面をなめらかにする。そして耐水性のあるエポキシ樹脂で追跡装置を甲羅に接着する。こういうことをしてもウミガメは気にしないらしい。

産卵が終わると、メスガメは後ヒレを使って卵をていねいに砂で覆う。そして力強い前ヒレでボディピットを素早く埋め戻す。このときにあちこちへ飛ぶ砂を浴びないよう、研究者たちは注意しなければいけない。砂が当たると痛いことがあるからだ。この行動の目的は、卵を奪う可能性のある存在から巣を隠すことであり、すっかり砂で覆ったら、メスのウミガメは真っすぐに海へ戻ろうとする。このときに、樹脂がまだ乾いていなかったら、海に戻るのを止める必要がある。

メスのウミガメの意志はとても強いので、力づくで止めるのは決して簡単ではない。それは「小型戦車」を止めようとするようなもので、前進を阻むのは2、3人がかりになる。とはいえ、実際にそうする必要はない。懐中電灯の光を見せるだけで後をついてくるからだ。それは大きくて、歩みの遅いイヌを散歩させているようだとルスチはいう。

過去30年ほどで、この素晴らしい爬虫類が持つ、少なくともサケと同じくらい見事なナビゲーション能力が科学者の手によって明らかにされてきた。しかし1950年代までは、その能力は科学の対象というより、民間伝承で扱われるものだった。

漁師たちの間には、生まれた砂浜に戻ってくるウミガメの話がたくさんあった。しかし、その生活については、決まった砂浜で定期的に産卵し、その間には広大な範囲を移動していること以外、ほとんど知られていなかった。人々がウミガメに関心を抱いていた主な理由は、食べるとてもおいしいからだ。ロンドンで年1回開かれている、富と権力のある人々の豪華な晩餐会「ロード・メイヤーズ・バンケット」〔ロンドンの金融街「シティ」の名誉職である「市長［ロード・メイヤー］」の就任を祝う〕では以前、必ずウミガメのスープが出ていて、これがとても美味だった。このスープが晩餐会のメニューから消えて久しいが、ウミガメとその卵は重要な収入源（そしてタンパク質源）であり、ウミガメが産卵することの多い熱帯地方の国々では、多くの人がウミガメの肉と卵で生計を立てている。そのせいで、保護の必要性と人間のニーズの両立という困った問題が生じかねない。

たくさんの熱いロマンス

野生のウミガメを初めて研究した科学者の1人が、アーチー・カー（1909〜87年）だ。カーは、自然保護を求める声が大きくなるよりもずっと前の時代に影響力を発揮した自然保護論者であり、コスタリカの東海岸に世界初のウミガメ保護地区であるトルトゥゲーロ国立公園を開設するよう関係当局を説得するのに重要な役割を果たした。フロリダの東海岸には、カーの名前を冠した野生生物保護区も設置されている。

アオウミガメが営巣地にいないときに何をやっているのかをもっと詳しく知るために、カーははじめ、メスのカメに風船を取り付けて追跡しようとした。しかし、この方法ではほんの短い距離しか追跡できなかったので、鳥の研究者たちの例にならい、アオウミガメに標識を付けるようにした。これもうまくいかなかった。初期のタグは、丈夫なワイヤでカメの甲羅に取り付けても、営巣地を離れる前に外れてしまうことも多かった。

メスが定期的な産卵の間に何をしているのかは、ほとんどが謎だったが、1つだけ確かなことがあった。「たくさんの熱いロマンス」が沖合で繰り広げられていることだ。標識がなくなるのは発情したオスのしわざであることがすぐに明らかになった。

恋愛中のウミガメは恐ろしいくらい熱心だ。［……］オスは、濡れているうえに波で揺れる、メスのなめらかな湾曲した甲羅の上で交尾姿勢を取り続けるために、下方に曲がった角のような形の太い尾と、両方の前ヒレにあるがっしりしたかぎ爪からなる、3点式の引っかけ鉤を使う。ウミガメは呼吸するために［……］激しい交尾の間、オスもメスも自然と海面にとどまろうとする。このせいで、オスの曲芸はさらに困難になり、相手の甲羅を乱暴にひっかいたり、叩いたりする動きが激しくなる。［……］そのうち他のオスも集まってきて、水面が泡立つほどの混乱の中で、メスをめぐって懸命に争う。岸からは、すごくはらはらする状況なのがわかるだけで、その中の様子は何も見えない。

最終的に、牛の耳に付けるタグを甲羅ではなく前ヒレに付けるようにすると、ずっとうまくいった。しかしカーは、タグを使ったウミガメの研究プログラムが成功したのは、タグを送り返してくれた人に1個につき5ドルの謝礼を支払うようにしたのが大きいと考えていた。これは、1950年代のカリブ海の漁師にとってはかなりの大金だった。そして重要なのは、それがウミガメの市場価値を上回る額だったことだ。

タグがどんどん戻ってきて、カーはウミガメの渡りと生まれた浜への回帰という一見信じられないような話が、十分に理にかなっていることを証明できた。ウミガメが海にいるときにどうやって目的地へのコースを見つけているのかという大きな謎は、カー自身には解決できなかった。それでもカーは、答えを必要とする重要な疑問を数多く明らかにするという、大きな最初の一歩を踏み出したのである。

カーが特に関心を寄せていたのは、ブラジル沿岸の餌場から、繁殖と産卵のためにアセンション島に渡るアオウミガメだった。「アフリカと南アメリカの間の海に浮かぶ、ちっぽけな陸地」であるアセンション島は、非常に小さく、距離も離れていて、ときには人間のナビゲーターでさえ見つけるのに苦労する。第二次世界大戦中には、アメリカからビルマまで、ブラジルとアフリカ経由で運ばれる航空機が、アセンション島を燃料補給地としていた。しかし、この島を見つけそこなうと南大西洋に不時着するはめになった。パイロットの間には「アセンション島を見落としたら、妻が年金(ペンション)をもらうことになる」という言い伝えがあった。それを耳にしたナビゲーターは気を引き締めたに違いない。

それでは、アオウミガメはどうやってアセンション島を見つけているのだろうか。カーは、島の中

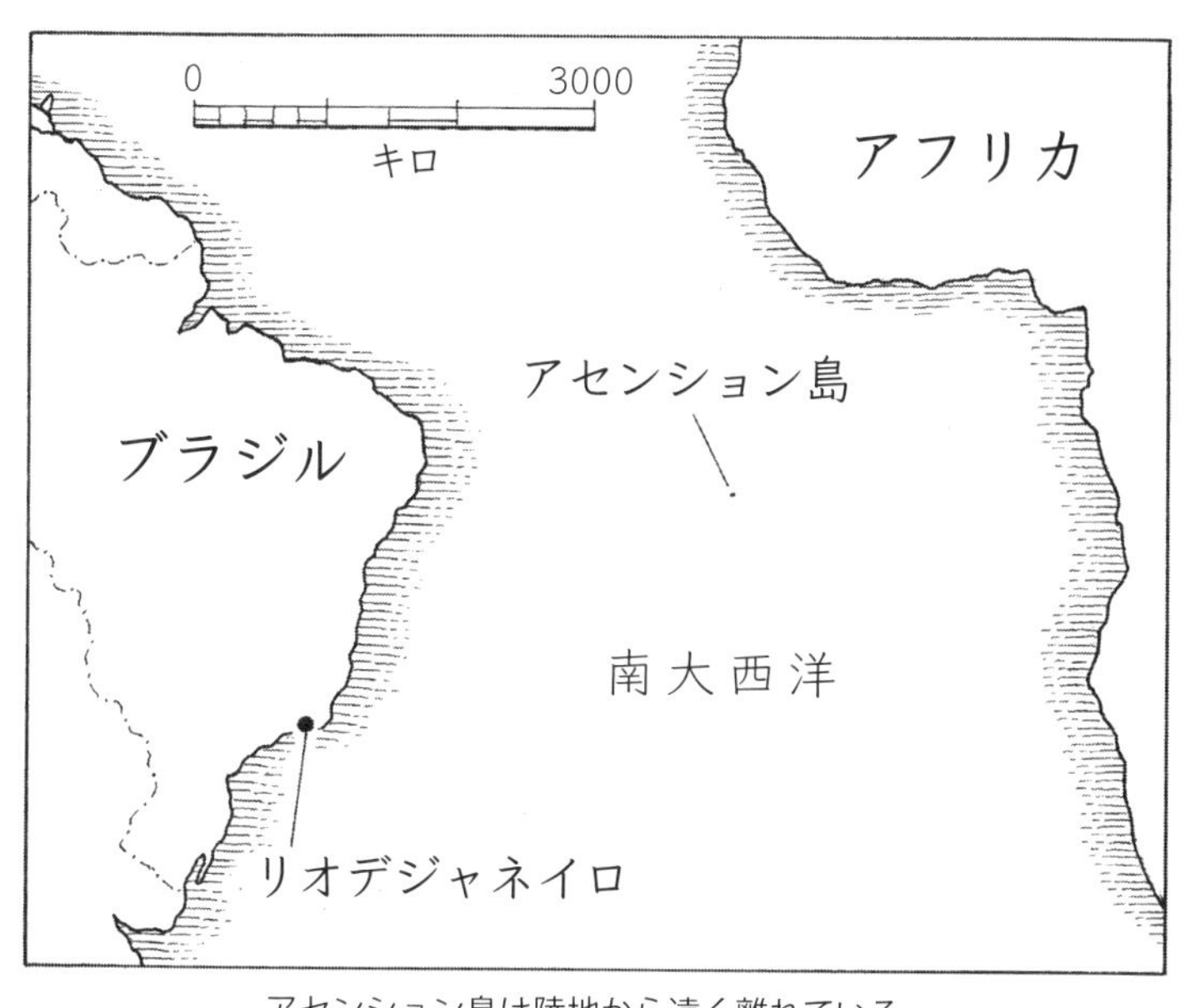

アセンション島は陸地から遠く離れている。

央にある火山（標高859メートル）はかなり遠くからでも見える可能性があるものの、2250キロにわたる旅のほとんどの部分は、視覚的ランドマークがまったくないことに気づいた。そこで、昆虫や他の動物でコンパス感覚が発見されたことをよく知っていたので、メスのアオウミガメに同じ能力があるのだろうかと考えた。しかし、「メスのカメがコンパス感覚だけを頼りにする場合に、千マイルも泳いできて、直径5マイルのターゲット」を見つけられる可能性が、はたしてどのくらいあるだろうか。

たとえ厄介な海流がなかったとしても、これは信じられないほど見事なナビゲーションだとカーは考えた。実際には、ウミガメはつねに西へ流れる海流に逆らうことになるうえ、言うまでもなく、海が荒れることもあるので、カーはコンパスだけではこのナビゲーションをおこなえないと結論づけた。「ナビゲーションのプロセスには、これ以外の何かがあるはずだ。動物が定期的に訪れている島をどうやって見つけているのか、その大きな謎をいつの日か解き明かし、説明しなければならない」

カーはアセンション島から出ている何かしらの匂いか味が、ある種のビーコンとして機能して、海全体に広がっている可能性を考えた。しかし、これが答えである可能性は低いように思えた。もしそうなら、ウミガメは、匂いプルームを追いかけて発生源を目指すときに、ガのように、ひどく疲れる長いジグザグのコースをたどらなければならないからだ。カーは、ウミガメが海底の地形をたどっているのだろうか、あるいは音（おそらくはテッポウエビがたてる非常に大きな音）に向かって進むのだろうかとも考えた。ただし、インフラサウンドのことは考えなかった。

慣性ナビゲーションや、天体によるナビゲーションなど、他のメカニズムの可能性もあったが、それを裏付ける証拠はなかった。カーは、いわゆる「コリオリ力」まで検討した。つまり、もしかしたらアオウミガメは、地球の自転によって生じる加速度のわずかな変化を感知することで、南北方向に移動する場合に緯度を推定しているのかもしれない。しかしこれは現実的ではないように思えた。最終的に、カーは地磁気が関わっている可能性を考えた。当時（１９６０年代半ば）は、動物が地磁気を使ってナビゲーションをしている確かな証拠はなかったものの、カーはこれが研究の方向性として有望ではないかという、今となっては正しい考えを抱いた。

風で運ばれる情報

カーが投じた興味深い問題の解決は、次世代のウミガメ研究者に引き継がれた。その中で重要な存在だったのが、イタリアのフロリアーノ・パピと教え子のパオロ・ルスチだ。パピは、伝書バトの嗅覚ナビゲーションの研究で有名だが、自分は鳥類学者ではなく、生態学者だとつねづね強調していた。何か特定の動物の行動ではなく、動物のナビゲーション方法に強い興味を抱いていたからだ。パピは1980年代後半に新しい追跡テクノロジーが普及し始めたことにも興奮していた。

1990年代初頭に参加した学会で、パピはたまたま2人のマレーシア人研究者と出会った。彼らが短距離無線送信機を使ってウミガメの追跡をしているという話に、いつでも好奇心旺盛なパピはひどく興味をそそられて、自分でもウミガメのナビゲーションの研究を始めることを決意した。一方のルスチは1980年に大学を卒業したばかりで、当時はハトの研究をしていたため、パピから謎めいた口調で熱帯に旅行したいかと聞かれたときには、完全に不意をつかれる格好になった。ルスチにはそんな話を断ることはとうていできなかった。パピが最終的に自分の計画を明かしてからはなおさらだ。

1993年に若き研究者ルスチは、ウミガメの実験を初めておこなうために、マレーシア東海岸の沖合にあるルダン島という孤島に向かった。ヨーロッパの外に旅行した経験がなかったルスチは、ウミガメが産卵のために上陸する砂浜の手つかずの美しさに魅了された。

この初遠征のタイミングは、イタリアの夏の休暇シーズンに合わせて決められたものだった。7月というのは、最高の選択肢というわけではなかった。アオウミガメの交尾時期の最中で、メスに追跡装置を取り付けても、ひどく興奮したオスにあっという間にもぎ取られる可能性がかなり高いからだ。1頭のアオウミガメは数カ月の間に何度か上陸して産卵する。そのため、産卵サイクルの最終段階にあるメスを探すのがこつだった。そういうメスは、砂浜を離れると真っすぐに海に出て行くからだ。

問題をさらに複雑にしたのは、最初に試した追跡装置は結局ひどい水漏れがして、壊れてしまったことだ。しかし、パピは強運の持ち主だったとルスチはいう。こういった数々の困難がありながらも、パピのチームは渡りをするアオウミガメのほぼ初めての衛星追跡データを（マレーシアの研究者たちの助けを借りながら）どうにか取得できたのである。

特にあるメスは、営巣地の砂浜からはるか遠くの南シナ海にある餌場まで、600キロ以上を移動していた。その泳いだ距離以上に印象的だったのは、渡りの最後の475キロでは一定の方角を保っていたことだ。

ほとんどの時間を水中で過ごす動物の正確な位置情報を取得するのは、厄介な作業だ。ルスチが通常使っている送信機は、人工衛星に十分なデータを送信するのに数秒かかる。さらに送信が可能なのはウミガメが呼吸をしに海面に浮上するときだけで、その時間はほんのわずかしかない。そのため、決定できる位置は少なく、間隔があいており、最良の状況でもあまり正確ではない。しかし現在の追跡装置にはＧＰＳが搭載されていて、はるかに正確な位置を測定できるようになっている。

ハトの研究をしていた経験から、パピは当然のようにウミガメの移動実験をやってみたいと願った。１９９４年、まだ博士課程の学生でしかなかったルスチは、ふたたびマレーシアを訪れたが、今回パピは同行していなかった。ルスチの研究チームは別の場所に移動させたメスのアオウミガメが自分の営巣地に戻る様子を追跡することに成功した。さらにその後、数頭のアオウミガメがさらに長い渡りでたどったコースも明らかにした。

それは驚くべき結果だった。そのアオウミガメのうちの1頭は、マレーシアからはるばるボルネオ島北部まで泳いでいたし、別の1頭はフィリピン南部まで到達していた。そしてこのウミガメたちも、矢のように真っすぐなコースをたどったことがわかった。その直線部分の距離は、今回は１０００キロを優に超えていた。

次にパピとルスチは南アフリカに向かい、そこでアカウミガメと巨大なオサガメの調査をおこなった。オサガメは、皮のような背中に何本かのくっきりした筋構造がある立派な生き物で、大きさは古いフィアット５００と同じくらいだ。このときの研究は、南アフリカのナタール公園局の局長であるジョージ・ヒューズとの共同研究だった。ヒューズは、タグを使ったウミガメの研究を１９６０年代初頭からおこなっていた。

ある移動実験では、メスのアカウミガメが最大70キロの距離から営巣地に戻ってこられたことがわかった。その後、1頭のオサガメの追跡調査では、７０００キロ近くを移動していて、その一部ではほぼ一直線に泳いでいたことが明らかになった。ただし、これには強い海流の効果もあったかもしれない。

ルスチの研究チームは後に、アセンション島に行ったときに、自由に泳ぐアオウミガメのナビゲーション能力の調査に着手した。その結果はあまりすっきりしたものではなかったが、フィールドワークではよくあることだ。ある移動実験では、アセンション島で18頭のメスのアオウミガメを捕獲し、60キロから450キロ離れた外洋で放した。これはウミガメの基準からすればそれほど遠い距離ではない。そのうち4頭が真っすぐに（餌場のある）ブラジルに向かい、別の4頭もしばらく円を描くように泳いでいたが、最終的にはブラジルに向かった。アセンション島に戻ったのは10頭だけだった。

アセンション島に戻ったアオウミガメはナビゲーションがうまくできていなかった。記録されたルートは、最後の部分は直線的になっていたが、それ以外のところは1つを除いてすべて遠回りだった。「まるでアオウミガメが、島との感覚上の接点を探し回ったすえ、それをさまざまな距離で得たかのようだった」という。大半のアオウミガメが風下側から島に近づいていたことから、ルスチは、アオウミガメが島から「風で運ばれる情報」に頼っており、おそらくそれは匂いプルームだろうと考えた。

その後の研究で、アオウミガメの営巣地への回帰に匂いが重要であることがさらにはっきりした。この研究では、メスのアオウミガメをアセンション島の営巣地で捕獲して、衛星追跡装置を取り付け、船で島の風上側と風下側にそれぞれ50キロ離れた海域に運んだ。風下側で放したカメは数日以内にすべて島に戻ったが、風上側で放したカメは島を見つけるのにかなり苦労した。

実は、風上側で放したカメの1頭は、追跡59日目でもまだアセンション島を見つけられていなかった。それ以前に、島から26キロまで近づいていたのにである。島から流れてくる匂いプルームが、風下側のカメが島に戻るコースを見つけるのに役立っている可能性は高そうだが、決定的な証拠ではない。

ルスチはその後、コモロ諸島で大変な実験をおこなった。コモロ諸島は、インド洋上のマダガスカルとアフリカの間にある、陸地から遠く離れた群島だ。ルスチの狙いは、人工的な磁場がアオウミガメの回帰行動に影響するかどうかを解明することだった。コモロ諸島のマヨット島にある営巣地は海からしか近づけなかったので、ルスチはそこに小さなヨットで向かった。ひどく船酔いをするルスチにとって、それはあまり楽しいことではなかった。研究チームは、がらくたのような間に合わせの道具を使って、アオウミガメをなんとかヨットに乗せたが、困難がなかったわけではない。助かったのは、チームにたくましいラグビー選手がいたことだ。しかしその後、強風のせいで、ルスチたちは環礁内の待避場所から出て行けなくなった。

風がおさまるのを待っている間に、すでにルスチは気分が悪くなっていたが、海に出るとさらにひどい状況が待っていた。放流場所まで12時間かかり、ルスチはその間ずっとひどい船酔いに苦しんだ。到着したときには立ち上がるのがやっとだったほどだ。マヨット島への帰路では、燃料が残り少なかったので、やむをえず帆走しなければならなかった。エンジンのノイズからは逃れられたのでほっとしたが、行程は予定よりはるかに長くなった。無線電話がなかったので、島にいる仲間に遅れを知らせることもできなかった。ようやく陸地に戻ってきたとき、ルスチとヨットの乗組員たちは大喜びし、島に残っていたメンバーはルスチたちの姿を見て大いに安堵した。

　この遠征で、ルスチとフランスの共同研究者たちは、20頭のウミガメを100キロから120キロ離れたモザンビーク海峡で放した。そのうち13頭には頭に磁石を取り付けてあった。1頭以外はすべて、最終的にはマヨット島に戻ってこられたが、必ずしも直行ルートではなかった。ウミガメは海流の影響を考慮することができなかったらしい。しかし、磁石で妨害されたウミガメのほうが、戻ってくるルートがはるかに長かった。これは、ウミガメがナビゲーション目的で磁気の手がかりを実際に使っていることを示した、フィールド実験では初めての証拠だった。

＊　＊　＊

　多くの海水魚が卵を産み、孵化した稚魚はプランクトンとして海中に自由に漂っている。この稚魚が最終的に成魚になって、産卵場所に戻ってこられる可能性はかなり低そうだ。しかし、タイセイヨウダラはまさにそうしているようだ。

　現在では、魚の耳の中にある骨（耳石）にDNAフィンガープリント法を適用することで、その魚が孵化した場所を厳密に特定できる。最近の分析では、調査用のタグを付けたタイセイヨウダラから収集した（60数年間分の）耳石を調べた。すると、グリーンランド西岸沖の海域でタグを付け、その後アイスランド沖で再捕獲されたタラのうち、95パーセントがアイスランド沖生まれだったことが明らかになった。つまりこのタラは、アイスランドからグリーンランドまで泳いでいき（そこでタグを付けられた）、またアイスランドに戻ってきていたことになる。これは、タラが1000キロ以上の距離を越えて元の場所に戻れることを示す説得力のある証拠だ。

今のところ、タラがどうやって元の場所へのコースを見つけているのかはわかっていないものの、実際に戻ってきているという事実は、漁業管理の面ではとても重要だ。

第21章 コスタリカでの冒険

不可解な「アリババダ」

ノースカロライナ大学チャペルヒル校のケン・ローマン教授は、話し方が穏やかで、少しシャイかもしれない。質問に答えるときには決まって、あらゆる事実を集めながら、かなりためらいがちに「ええと、そうですねえ」と切り出す。しかし、ウミガメがどのようにして地磁気を使っているかということについては、ローマンは誰よりも詳しく、過去30年になしとげてきた素晴らしい発見は、いまや動物ナビゲーション研究における基本的な事実の一部となっている。

私は幸運にも、彼が指導する博士課程学生のロジャー・ブラザーズとヴァネッサ・ベジーがコスタリカの太平洋岸で実施している実験に、ローマンとともに参加して、丸1週間一緒に過ごすことができた。私はロジャーとマイアミから同じ飛行機でコスタリカに向かい、リベリア市の空港でヴァネッサと合流した。ヴァネッサは大きな無線アンテナを運んできていて、それは私が借りてあったジープにどうにかぎりぎり積み込めた。

空港からそう遠くないオープンエアーのドイツ風ベーカリーで、時差ボケの中で昼食を取っていると、なんだか現実とは思えなかった。昼食を終えると、南に約125キロのところにあるサーフィンで有名なビーチリゾートのプラヤ・ギオネスを目指して南下した。ヴァネッサとロジャーは道中、自分たちの研究について解決しようとしているさまざまな問題点や、答えを見つけたいと思っている疑問を説明してくれた。ローマンは私たちとは別に、数日後に到着した。

プラヤ・ギオネスの10キロほど北にある、オスティオナルという小村近くの長い灰色の砂浜には、何十万匹ものメスのヒメウミガメが産卵のために定期的に上陸してくる。その途方もない現象は、スペイン語で「アリバダ」(到来)と呼ばれていて、科学の世界では最近までまったく知られていなかった。しかし地元の人々にとっては、それは昔からきわめて重要な収入源だった。カメの卵は高値で売れるからだ。現在では卵の採集は厳しく規制されているが、それでも決まった期間に採集することが認められている。そこの砂は濃厚な匂いがして、カメの卵殻のかけらがたくさん混じっている。孵化したばかりの子ガメを狙って、ハゲワシとカラカラ(大型のハヤブサ)がいつも見張っている。

アリバダの最中には、メスのカメがあまりにもたくさん上陸するので、巣穴を掘るための空きスペースを探して、他のカメの上を這い上がるほどになる。他の巣穴をうっかり掘り返してしまうこともよくある。卵を狙う天敵を困らせることだけが目的なら、ここまで信じられないほど大挙して上陸する必要はないはずだ。アリバダが起こる理由はまだわかっておらず、まったく意味のない現象のようにも思えるが、ヒメウミガメが持つ優れた回帰能力を証明しているのは確かだ。

アリバダはふつう1回に数日間続き、オスティオナルでは（といっても、世界の他の場所ではめったに起こらない）6月から12月のほとんどの月に何度も起こる。アリバダが起こるのはたいてい、月が下弦の頃なので、ヒメウミガメが時間をどのように把握しているかという興味深い疑問が出てくる。

ロジャーは以前から、オスティオナルの砂浜のすぐそばの、自然保護官事務所の隣にある何本かの灌木のかげに屋外磁気発生器を設置していた。ほとんどの材料を地元の工具店で買ってきて、ゼロから作り上げたもので、それを使ってプラスチックの円形水槽の周りに一様な磁場を生じさせるようになっていた。地元の自然保護官事務所の許可を受けたうえで、この装置を使って、産卵のためのヒメウミガメの回帰行動に地磁気が果たすと考えられる役割を調べるという計画だった。

ヒメウミガメは、アオウミガメよりは小さいが、捕獲して人力で水槽まで運ぶ必要があり、ロジャーはヴァネッサとローマン、そして私の手助けを当てにしていた。一方のヴァネッサは、自分の研究として、何がこの並外れた大規模産卵のきっかけになっているのかを解明しようとしていた。彼女の計画では、メスのヒメウミガメがまだ海にいる間に無線追跡装置を取り付けて、上陸の様子を追跡することになっていた。それまでの作業で、ヴァネッサとロジャーは小さなボートに乗って、数多くのメスのカメになんとか追跡装置を取り付けていたが、最初に使った無線アンテナがきちんと機能しなかった。新たに運んできたアンテナがうまく機能することをヴァネッサは願っていた。

季節は中央アメリカの雨期がちょうど終わろうとしている頃だった。空港からプラヤ・ギオネスまでの移動は、最初は楽だったが、最後の50キロほどは、道路に水のたまった大きなくぼみがたくさんあって、そこを通り抜けるにはたとえ四輪駆動のジープでも注意が必要だった。いくつもの川がミルクチョコレート色になって渦を巻き、今にもあふれそうだったし、長い砂浜では荒い波が砕けていた。海そのものは茶色に染まり、木の幹やいろいろながれきだらけだった。プラヤ・ギオネスに住んでいるヴァネッサでさえ、めったに見たことがないほどの悪条件だった。ヴァネッサとロジャーの表情は暗かった。私もロンドンからの長旅で疲れ果てて、ようやくベッドに入ったときには気落ちしていた。

最初の日の朝はまだ暗いうちに、窓の外の高木から聞こえる、魂を抜かれるようなホエザルの叫び声でたたき起こされた。雨は降り続いていて、オスティオナルに行こうとしたが、最初の川を越えることさえできなかった。しかし、数日すると雲が消え始めた。熱帯の太陽が照りつけて、地面から湯気がたちのぼり始め、大きなイグアナが隠れていた場所からのそのそと這い出してきた。華やかなチョウが花の間を羽ばたき、ときには青い翅の色合いが微妙に変化するモルフォチョウも姿を見せた。ようやくすべての川を渡れるようになり、私たちはオスティオナルに続く未舗装の道をがたごと揺れながら進んでいった。

ヒメウミガメが沖合数キロで波にゆったりと浮かんで、好機を待っている不思議な光景を、ヴァネッサはプログラミング可能な動画撮影機能付きドローンで監視していた。この驚くべきマシンは、正確に設定されたコースをたどって飛ぶと、私たちが立っている場所に忠実に戻ってきて、ヴァネッサの横に、訓練されたハヤブサさながらに静かに着陸する。ライブ動画を見ていると、メスのウミガメがいるのがすぐにわかった。それもたくさん。それなのに、何日たっても何も起こらなかった。ロジャーとヴァネッサは特にいらいらさせられていて、私はフィールド研究をする科学者の日々がいかに先の読みにくいものかということに改めて気づいた。

変わり者のウミガメが上陸して産卵することもあったし、孵化した子ガメが海に向かっていった痕跡もよく見かけたが、私はとうとうアリバダを見ずに帰ることになった。残念ではあったが、ウミガメの大集団が到来しないことも、ある意味では何かの計らいだった。夜中に一生懸命にウミガメをかり集める作業をして、昼間はその分寝ているという毎日を送る代わりに、私たちはたっぷり時間を取って話をすることができた。

子ガメが進みたがる方角

ケン・ローマンはインディアナ州生まれで（アメリカでは特に海から遠い州に入る）、子どもの頃は、家の辺りにたくさん飛んでくるオオカバマダラに興味を持った。しかし家族旅行で海に行くと、潮だまりで見つけた奇妙な生きものに夢中になった。デューク大学の学部生として生物学を学びながら、海洋動物への興味を高めていった。

フロリダで修士号を取ると（研究テーマはイセエビの磁気ナビゲーションで、このテーマについては後で触れる）、アメリカ国内で正反対の場所に移った。太平洋岸北西部のサンファン諸島〔ワシントン州〕という素晴らしい環境にある海洋研究所だ。とらえどころのない磁気感覚への興味はまだ続いていたが、そこでの研究対象は、冷たい北の海でよく育つ、ホクヨウウミウシというピンク色の大きめのウミウシでよしとするしかなかった。ウミウシは、研究対象として有望には思えなかったが、実験室内で簡単に調べられるのが大きな長所だった。

ウミウシの神経系にある個々の細胞の電気シグナルを記録し始めたローマンは、やがてウミウシが周囲の磁場の変化に反応するという、重要な驚くべき発見をする。実際に、ウミウシには磁気コンパス感覚があるようだった。そして博士号を取得すると、優れたフィールド生物学者であるマイク・サルモンから刺激にみちた指導を受けながら、フロリダでウミガメのナビゲーションを研究するようになった。

孵化した子ガメが暗闇の中で砂の中の巣穴から出てきて、最初にぶつかる問題は、無事に海までたどり着くことだ。子ガメはアライグマやカニ、キツネの大好物なので、波打ち際までの最短距離を見つけることが絶対に重要である。

巣穴から出てくるとすぐに、子ガメは砂の上をぜんまい仕掛けのおもちゃのように大急ぎで走り、食べられる前に海にたどり着こうとする。波打ち際を目指すときの主な頼りは、視覚的な手がかりであり、空の低いところにある光に引かれていく。そう考えると、周りに人間がいるせいで明るい光があると、生まれたばかりの子ガメに大混乱を引き起こす理由がよくわかる。子ガメは坂を下りたがる傾向もある。砂浜は海に向かって下っているからだ。

無事に波打ち際にたどり着くと、子ガメはすぐに猛烈な勢いで泳ぎ始めて、少しだけ残った卵黄を栄養にしながら、1、2日はそのまま進み続ける。砕ける波を懸命にくぐり抜けたら、できるだけ早く沖に出なければならない。浅瀬で待ち伏せしている多くの海の捕食動物から逃れるためだ。岸から十分に離れたら、北に流れるメキシコ湾流に乗って、北大西洋海盆全体をめぐる1万5000キロの旅を始める。

最終的には、おそらくは数年かけて海をさまよった後で、孵化した砂浜に近い餌場に若いカメとなって戻ってくる。やがてメスは交尾をして、まさにその砂浜で産卵する。

ローマンや仲間の研究者たちが最初に取り組んだのは、子ガメがどうやって砂浜から離れるのかという疑問だった。ローマンは、本人がいうには若いポスドク研究者に「ありがちな傲慢さ」で、子ガメが磁気コンパスを使って進む方向を決めているのは「当然」だと考えた。ウミウシにだって磁気コンパスがあるのだから、ウミガメにあるのは不思議ではない。これは1988年のことで、実はいまだに終わりに到達していない長く魅力的な物語はここから始まったのだった。

サルモンは、子ガメが海に入った後でどの方角に進みたがるかを調べられる「浮遊式方角測定装置」を考案した。研究チームは、20キロ以上沖合までボートで行って、そこでこの装置を海に投げ込む。子ガメはその距離からでは陸地を見られないが、必ず外洋の方角にあたる東に向かって進むようだった。

この結果を見たローマンと妻のキャサリン（科学者仲間で、よく共同研究をしている）は、子ガメが本当に磁気コンパスを使っているのだと信じ込んだ。しかしその後（幸運にも）鏡のような凪の日が数日あった。すると、子ガメは円を描いて泳ぎ出して、完全に方向を見失ってしまった。その後、風が吹き始めると、子ガメはまた東に向かって泳ぎ始めた。これは不可解だ。もしかしたら鍵は地磁気ではないかもしれない。

子ガメが選んでいる方角は、実際は波が進んでくる方向によって決まっているのではないだろうか。この説は、造波水槽での実験では確認されたが、子ガメが何かの勾配をたどっているという可能性も残っていた。それはおそらく、陸に向かって吹く、ある種の匂いの勾配だろう。この説を排除するためには、風が陸方向に吹いていない日に、いつも通りの沖方向に向かうのか、その風が起こす波の方向に反応するのか、どちらかを子ガメに選ばせる必要があった。

加速度に反応する

1989年にこの地域を通過したハリケーン・ヒューゴは、研究チームが必要としていた機会を与えてくれた。ある朝起きると、西から強い風が吹いていた。つまり陸から海へと向かう風だ。ローマン夫妻は子ガメを持って飛び出し、フロリダ東岸沖の波立つ海に放した。思ったとおり、この条件では、小さな子ガメたちは岸を目指して泳いだ。これが決め手となった。波の方向こそが鍵だったのだ。

子ガメたちは、波を見て進む方向を決めているのかもしれない。しかし通常は、暗い中で海に入って、水中を泳ぎ、水面に浮上するのはたまに呼吸するときだけなので、話はそれほど簡単ではなさそうだった。実際に、その説明はずっと複雑だ。ローマンは最終的に、ウミガメが波に特徴的な回転方向の加速度に敏感に反応することを発見した。向かってくる波の中にいる場合、カメは上方向、後ろ方向、下方向、前方向という順序で加速度を受けるのだ。ローマンたちはこのことを、そうした加速度を再現する「まぬけな見かけの装置」に子ガメを結びつける実験で証明した。加速度に対する子ガメの反応は完全に自動的なもので、子ガメが空気中でも「泳ぐ」ことからも確かめられる。そしてその後の実験によって、他の種類のカメも、すべてではないが大半がまったく同じように反応することが明らかになった。

これで、生後すぐの段階では子ガメには磁気コンパスが必要ないことが明確になったが、ローマンと仲間の研究者たちは、地磁気がウミガメのナビゲーションに重要な役割を果たしているという考えを捨てなかった。

そこでローマンが次に調べたのは、アカウミガメの子ガメを人工の実験装置（初めは古いパラボラアンテナと子ども用プールを改造して作った）に閉じ込めて、人工磁場に反応を示すかどうか確かめることだった。しかしそもそも実験を始める前に、子ガメを装置の上に渡した横棒から吊り下げつつ、自由に泳げるようにする特別なハーネスを考案する必要があった。さらに、子ガメの泳ぐ方向を記録する、簡単な電子装置も必要だった。

それは「とてつもなくうんざりする作業」だったとローマンは認める。そして研究チームの前に立ちはだかった大きな問題の1つが、完全な暗闇の中では、子ガメは少しも決まった方向に泳ぎ続けようとしないことだった。いつも海にある風波がなかったので、この行動自体にはそれほど驚かなかったが、やがて子ガメたちが光の強さのどんなにわずかな違いにも「素晴らしく敏感」であることがわかった。実をいえば、何かの光源がある方向を目指す傾向が強すぎて、他のあらゆる反応を圧倒してしまうほどだったのだ。

ローマンはひどく大きな問題にぶつかった。暗闇の中で実験をしたら、子ガメはあらゆる方向に泳いでしまうが、少しでも光を見せようものなら、子ガメは断固としてその光の方向に泳いで、他の手がかりには目もくれなくなってしまうのだ。そんな状況で、人工磁場の効果をどうやって測定するというのだろう。ローマンは、この問題に対処する方法を見つけなければならなかった。

＊　＊　＊

ザトウクジラと同じように、キタゾウアザラシもやはり驚異的な大洋横断の旅をする動物だ。この巨大な動物は毎年、カリフォルニアの沖合にあるチャネル諸島の集団繁殖地と（メスの場合は）アリューシャン列島の間を行き来する。オスはどういうわけか単独でいることを好み、別々にアラスカ湾を目指す。メスは1年間で少なくとも1万8000キロの距離を移動する。一方、オスは少なくとも

2万1000キロを移動するが、どのオスも驚くほど真っすぐなコースをたどって外洋を横断する。そのナビゲーション方法は、クジラのナビゲーションと同じくらい不可解だ。

しかし、海で長距離の渡りをするのは大型海洋哺乳類だけではない。ホオジロザメを追跡したところ、南極海を南アフリカからオーストラリアまで横断し、さらにそのルートを戻っていることがわかった。サメの仲間の中には磁場に反応する種もいるため、サメが（少なくとも部分的には）磁気情報に頼って長距離のナビゲーションをしている可能性は、真剣に検討する価値がある。しかし、サメは匂いシグナルにもきわめて敏感なので、これも関係している可能性が高い。

ザトウクジラやゾウアザラシ、ホオジロザメの追跡データを分析した最近の研究は、そうした動物のナビゲーションシステムには重力も関係している可能性があることを示している。重力の強さは地球全体でみると一定ではなく、特に南北方向では違いが大きい。そのため、動物の重さや、それによって得られる浮力も場所によって変化する。平均的なザトウクジラが熱帯地方の生息海域で楽に浮かんでいるのに必要な浮力は、高緯度海域に比べて90キログラム小さくなるようだ。ザトウクジラがそうした浮力の差を感知できるとしたら、理屈のうえでは、その差から有益なナビゲーション情報を引き出すことができるだろう。ただし、海水の塩分濃度も浮力に影響するので、その変化も見込む必要がある。

第22章 生まれた場所の磁気を伝える遺伝子

人工磁場と自然磁場

アカウミガメの子ガメの実験をめぐる問題の答えとしてケン・ローマンが考えついたのは、光の方向に進む習性を有効に利用することだった。ローマンは実験装置を完全に暗くしておいてから、泳いでいる子ガメに対して東の方角に光を見せた。子ガメが期待通りにその方角に泳ぎ始めたら、光を消して、自然磁場の状態でどうなるか見守った。

すると子ガメは東に向かって頑張って泳ぎ続けたが、ローマンが磁場の向きを反転させると方向転換し、西に向かって泳いだ。ローマンはこの結果から、子ガメが泳ぐ方角が180度変化したのは人工的な磁場が原因だという無理のない推論をした。それが正しければ、アカウミガメは実際に磁気コンパスを持っていることになる。ローマンの研究チームはそれ以来、いろいろと条件を変えながら、子ガメの研究にこの実験方法を使い続けてきた。

この実験方法では、光のほうは重要ではないようだ。聞いたところでは、実験を始めたばかりの頃、ローマンたちが光を西に置いてみると、子ガメはその光を消した後でも西に泳ぎ続けることがわかった。それはフロリダの東海岸から海を目指す子ガメにとっては通常と異なる方角だ。次に光を消して磁場を反転させると、子ガメは方向転換して反対方向を目指した。これは東に光を置いた場合と同じ反応だ。

しかし、こうした実験と自然界における子ガメの行動は、わかりやすい形で結びついているわけではない。ローマンにこの点を質問すると、次のように説明してくれた。

子ガメは巣穴から出てくると、光を追いかけ、運が良ければその先の波打ち際に到達する。海に入ってからは、寄せてくる波は必ず岸と平行なので、その波と直角の方向に泳ぐ。しかし水深の深いほうへ進んでいくと、波の方向は主に風で決まるため、道しるべとしては信頼できなくなる。この時点で、子ガメは沖への針路を保つために磁気コンパスに切り替える。「どんな手がかりを使うにしろ、一定の方角に進んでいた経験があれば、その方角を磁気コンパスに転送できるのでしょう」

実験で磁気コイルシステムを使えば、磁場強度と伏角を別々に調節することができる。ローマンが次に調べたのは、子ガメの磁気コンパスが実際にどんなしくみで動いているのか、そして特に磁場強度と伏角にはそれぞれどんな役割があるのか、ということだった。最初に、それまでと同じ子ガメの方角決定実験を繰り返したが、今度は東に置いた光を消した後で、磁場の伏角だけを変化させた。人工磁場の伏角を、子ガメが生まれた砂浜の伏角よりも3度大きくしたのだ。
子ガメは通常通りに東に進むか、あるいは完全に混乱してしまって、ランダムな方角に進むか、どちらかだろうとローマンは予想した。実際には、子ガメはきっぱりと南に向いた。これはとても不可解な結果だった。

私たちはしばらく頭を抱えつつ、実験のやり方の何が悪かったのか突き止めようとしました。光が漏れていたとか、他に何か悪いところがあったのだろうと考えていました。このバイアスを取り去ろうと、何度も実験を繰り返しましたよ。

しかしある晩、ローマンと研究チームのメンバーは、フロリダの地磁気図を細かく調べていて、重要なことに気づいた。
子ガメにかけていた人工磁場は、実は海岸を少し北に行ったところの自然磁場と一致していたのだ。急に光が見えてきた。

実験方法が悪いわけではないのかもしれない。子ガメは実際に、伏角の大きさを緯度の目安として使っているのかもしれない［……］このときまで私たちの頭にあったのは、ウミガメの渡りの中でも沖へ出てメキシコ湾流に乗る部分だけで、他の部分は考えてもいませんでした。それに、ウミガメはメキシコ湾流まで泳いでいって、流れに乗ったら、あとは受動的に海流の力で漂っていくというのが定説でした。その時点では、ウミガメが生まれた海域に戻ってくると自信を持って言える人はいなかったのです。

その後ローマンは、成長した若いウミガメを本来の餌場より北に、仮想的な方法で移動させると、やはり南に進む反応を示し、一方で南に移動させると北に進もうとすることを明らかにした。このことから、若いウミガメも子ガメと同じように、緯度の代わりになるものとして、地球磁場の伏角を使っている可能性がある。

アカウミガメの子ガメは、強い北向きのメキシコ湾流に乗ると、水深の深い海域に運ばれていく。そして数年かけて（運がよければ）大きく育っていきながら、北大西洋循環を形作るいくつもの海流に沿って泳いでいく。もしウミガメがその循環の中にとどまっていたならば、北大西洋海盆全体を時計回り方向に循環するこの大きな水塊は最終的に、青年世代になったウミガメを、フロリダ沿岸の餌場から驚くほど近い範囲内に送り届けるだろう。

しかし、ウミガメがおおよそ正しい方角に積極的に泳がないかぎり、その循環の外に迷い出てしまう大きなリスクがあり、それは死につながる。北大西洋循環の内部で「仮想粒子」が海流の力だけで動く様子をコンピューターでシミュレーションした結果や、ブイや本物のウミガメがたどった経路の比較などから、若いカメが決して受動的に漂っているのではないことが明らかになっている。とはいえ、ウミガメは循環の中にとどまるために泳ぐべき方角をどうやって知るのだろうか。

刷り込まれた特性

子ガメが伏角を使って南北方向の移動を判断できることを発見したローマンは、次に磁場強度の変化が子ガメの行動にどんな影響を与えるのか探り始めた。今回の結果はさらに驚くべきものだった。ノースカロライナ州沖で測定されるような磁場強度にしたところ、子ガメは全体的に東を向いたが、大西洋の対岸（ポルトガル沖）の磁場強度にすると、東を向いたのだ。つまりこの2カ所にいるとき、子ガメは磁場強度だけを使って、北大西洋循環というベルトコンベアに安全に乗り続ける方角に進むことができるらしい。

ローマンは次に、子ガメが北大西洋海盆をめぐる旅のさまざまな段階で遭遇する磁場条件を模倣するために、伏角と磁場強度の両方を変えた。子ガメは、北大西洋循環の端近くに「送られる」と、生き残る確率が高まる向きに総じて進もうとするが、子ガメが選択した方角は、仮想的な移動で送られた場所によって大きく異なっていた。

そのため、子ガメはポルトガル沖に送られると、南に進む傾向を示した。一方で、循環の南部分では、子ガメは全体的に北西に進んだ。データはとても「ノイズが多い」状態だった。つまり、どの子ガメも素直にまったく同じ方角を選んだわけではなかったのだ。それはあまりに期待しすぎというも

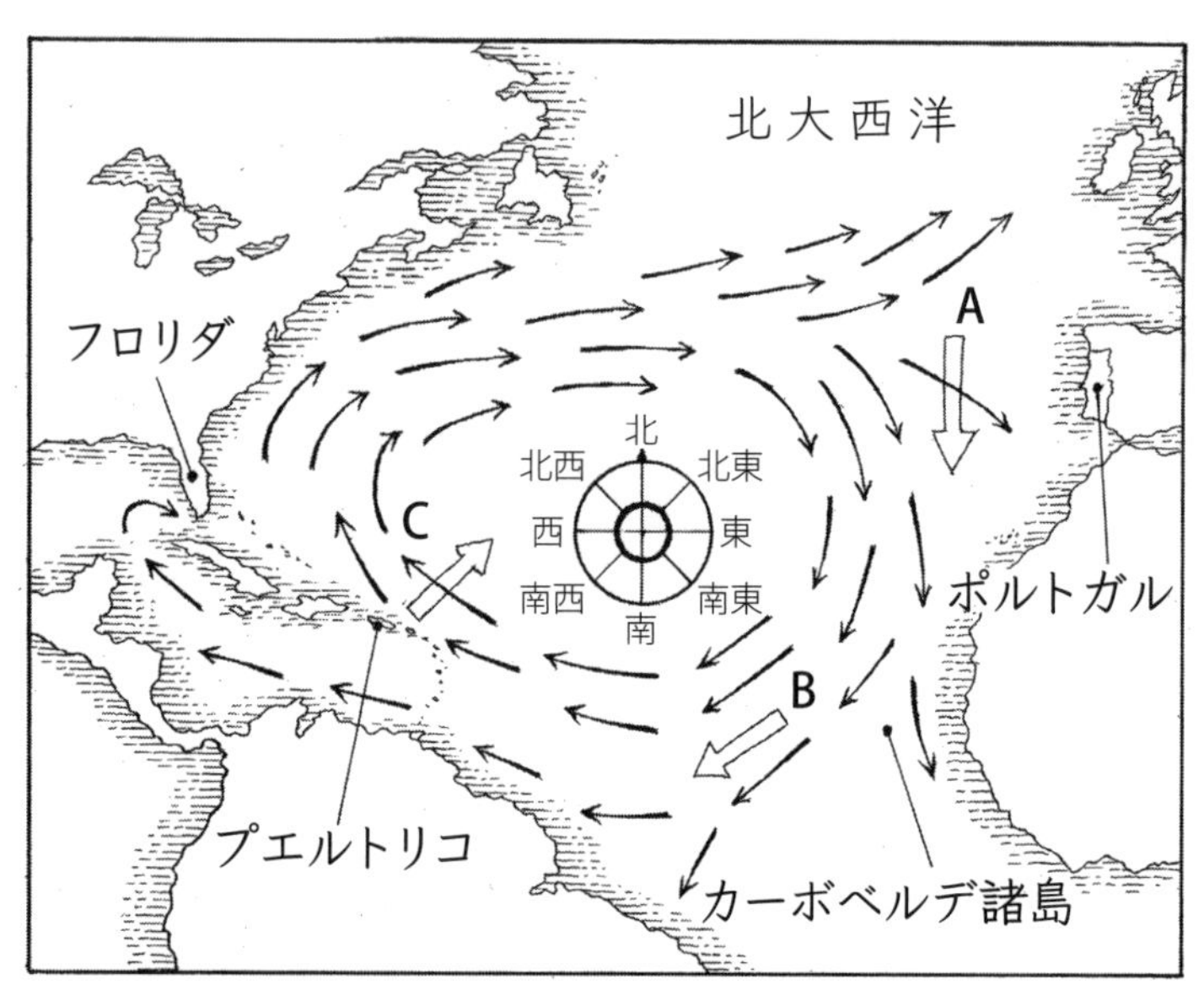

北大西洋循環。北大西洋海盆のさまざまな場所（A、B、C）に「仮想的に」輸送されたフロリダの子ガメは、循環内に安全にとどまれる方角（太い矢印）に泳ぐ反応を示した。

のだろう。そしてさらに最近の実験では、子ガメが意味のある方角決定行動をみせたのは循環の決まった部分に限られていたが、それでも全体としての結論は変わらない。

ネイサン・プットマン（ローマンの元教え子で、そのサケ研究はすでに紹介した）は、子ガメが経度だけが異なる、遠く離れた2点を区別できる可能性があることを明らかにしている。プットマンは、子ガメをプエルトリコ付近（北緯20度西経65・5度）とカーボベルデ諸島付近（北緯20度西経30・5度）のいずれかの海域に、仮想的に移動させる実験をおこなった。

子ガメはプエルトリコに送られると北東に進む傾向があったが、カーボベルデ諸島に送られると南西に進んだ。そしてこの場合にも、そうした反応は子ガメが循環の中にとどまるのに役立つものだった。この場合は、ウミガメが伏角と磁場強度のどちらか一方のパラメーターだけに頼っている可能性は低い。どちらのパラメーターも、南北方向には大きく変化するが、北大西洋海盆をはさんだ東西の移動ではそれほど大きく変わらないからだ。しかし、子ガメが磁場強度と伏角それぞれの小さな違いをともに検出できるなら、カーボベルデ諸島とプエルトリコを区別できるだろう。まだ誰もが納得しているわけではないが、プットマンはそう信じている。

ローマンの研究チームはこの結果を、北大西洋循環内の地磁気特性（磁場強度と伏角の固有の組み合わせで定義される）に対する感受性を、子ガメが生まれ持っている証拠だと解釈している。こうした地磁気特性が「外洋航路標識」のように機能して、生まれついた自動的な反応を引き起こし、子ガメはその反応によって、循環内にとどまりやすい方向に進むのだ。プットマンが研究したフレーザー川のサケと同じで、このシステムには高い精度は必要とされない。子ガメはだいたいの場所がわかれば十分なのだ。

ローマンの研究が大げさな見出しで報じられているのをみて、ウミガメが独自の生物版ＧＰＳを持っているのは揺るぎない事実だと考えている人もいるかもしれない。しかしローマンは、子ガメが「自分の現在地を本当にわかっている」と考えているわけではない。ローマンは私に、いつものように慎重に言葉を選びながらこう説明した。「ウミガメがルート上の磁場の違いを区別でき、それに適切に反応できるのは確かです」

この明確な表現には、ウミガメが地図・コンパスナビゲーションを使っているというのは、狭い意味で考える場合に限られるという含みがある。しかし、たとえ限られた形であっても、子ガメが磁場を利用することができるというのはやはり驚くべきことである。

そうしたしくみはどのようにして構築されているのだろうか。この疑問に自信を持って答えられる人はいない。ウミガメやその仲間は1億年以上前から地球上にいる。恐竜と同じ空気を吸っていたこともある。そのため、自然選択が魔法の力を発揮する時間はたっぷりあり、その力は回遊ルート上の重要な決定ポイントを見つけ出せる遺伝子を備えた動物が生き残るように働いたに違いない。さらに、ウミガメの反応が完全に同じではないことは、実は進化の点で理にかなっている。一部のウミガメがみせる風変わりな行動のおかげで、たとえば地球磁場の逆転（191ページを参照）のような大変動が発生しても、種の存続が可能になるのかもしれない。

遺伝子解析から、メスのウミガメが実際に生まれた地域（正確に同じ場所ではないにしろ）に戻って産卵していることが確認されている。地磁気によるナビゲーションシステムを考えれば、メスのウミガメがこの離れ業をなしとげるしくみの説明がつくかもしれない。さらに、生まれた砂浜の地磁気の特徴がこのプロセスの重要な要因になっている証拠もある。

ロジャー・ブラザーズは、子ガメが（卵にいるときか、孵化した直後に）巣穴のある地域に固有の地磁気特性の「刷り込み」を受けていて、数年後に、この記憶した情報を使って生まれた砂浜に戻るコースを見つけるという説を主張している。

ブラザーズは、プットマンのベニザケ研究にならって、フロリダのアカウミガメの巣穴の位置に関する19年間分の記録を分析した。フロリダでもブリティッシュコロンビア州と同じように、ある特定の場所の磁気特性（伏角と磁場強度の両方で決まる）が、地磁気の永年変化によって海岸沿いに少しずつ移動していた。

地磁気特性の刷り込み仮説が正しければ、それぞれのウミガメは、生まれた場所から少しずれた場所に戻ってくるはずだ。そこから、巣穴の全体的な分布には予想可能な変化が生じる。そこでブラザーズは、巣穴の合計数が変動した分を調整しながら、巣穴の密度を2年おき（メスの個体が産卵行動をする一般的な周期）に比較した。

そこからわかったのは、永年変化によって、磁気特性を示す等値線（値が同じような点を結んだ地図上の線）の間隔が狭くなった地域では、巣穴の密度が大幅に高くなり、反対に間隔が広くなった地域では巣穴の密度が低くなったことだった。巣穴の記録を創造的な方法で活用したブラザーズの研究によって、ウミガメの回帰行動が地磁気の刷り込みに基づいているという説の重要性が増したといえる。

ブラザーズとローマンの最近の研究では、地球磁場の変動が、異なる砂浜で営巣するウミガメの集団間にみられる遺伝子の違いと関連していることが明らかになった。つまりこれは、地磁気の刷り込みが現実に起こっていること、そしてその刷り込みがウミガメの集団構造形成に影響を及ぼしていることを裏付ける、初めての遺伝的な証拠だといえる。

ここまで紹介してきた実験の中に、野生のウミガメが磁気的手がかりに頼って進むコースを決めているという直接的な証拠を示したものはひとつもない。北大西洋循環を回遊している若いウミガメが地磁気の「道しるべ」に反応していることを、疑いの余地なく確かめたければ、ウミガメが海の真ん中を泳いでいるときに、その周囲の磁場を変化させる方法を考え出さねばならない。同じように、メスのウミガメが生まれた場所の情報を刷り込まれているかどうかを確実に知るには、孵化の時点で周囲の磁場を変化させて、その個体をずっと（おそらく15年以上）追跡し、最終的にどこを産卵場所に選ぶかを確認しなければならない。

それでその個体が、孵化の時点でかけられた人工磁場に対応する場所にたどり着いたら、刷り込みが起こっていたことがはっきり裏付けられたといえるだろう。ローマンの研究チームは、そんな実験ができるようになることを願っているが、実現するにはあまりにも問題が多い。

ウミガメのナビゲーション行動に地磁気が重要な役割を果たしていることは、今ではかなりはっきりしてきている。さらに嗅覚も関与しているかもしれないが、他の手がかりを使っている可能性も非常に高い。たとえば、太平洋の島々の住民のように、ウミガメも寄せ続ける海のうねりの方向を使って一定の進路を保つことができるだろう。太平洋の島の周りに生じる特徴的な波のパターンを感知できるかもしれない。あるいは、特徴的な匂いを感じ取ったり、砕ける波の音を聞いたりすることで、そうした島に向かって進んでいるとも考えられる。こうした疑問の答えはまだ見つかっていない。

ルスチはウミガメのナビゲーションを、「ブリコラージュ」という作業にたとえている。ブリコラージュは、手に入るこまごました物を利用して何かを作ることを意味するフランス語だ。ウミガメは、手に入る便利な情報は何であれ、機会をとらえて極力活用するのだとルスチは考えている。その時々で利用できるさまざまな情報源のうち、最も信頼できる情報が得られそうなのはどれかという判断までできるかもしれない。しかし、1つはっきりしているように思えることがある。ウミガメは、たとえ磁気マップを利用していなくても、磁気的手がかりによる道案内に大きく頼っているということだ。

イセエビの才能

イセエビの仲間は、私たち人間とはかなり違っているので、やはり他の惑星から来た生きもののような気がする。ウミガメと同じように古くから地球上にいて、1億1000万年前の化石も見つかっている。長くてか細い脚が10本あり、頭からはとても長い2本の触角が伸びている。イセエビがこれほど美味しくなかったら、水中にそんな生きものがいることをまったく知らずにいた人がほとんどだっただろう。この不運な特徴のせいで、イセエビは（親戚であるカニ類と同じように）昔から漁師の注意を引いてきて大量に捕獲されている。奇妙なことに、イセエビは動物界でも特にうまくナビゲーションをすることがわかっている。

イセエビは夜間に採餌する習性があり、二枚貝やウニを探してかなりの長距離を移動したすえに、安全な海中のねぐらに戻る。年に1回の奇妙な渡り行動もおこなっていて、冬の嵐やハリケーンを避けるために浅い海から深海へと移動する。このときイセエビは、コンガを踊るように列を作り、数珠つなぎになって、２００キロもの距離を真っすぐに昼夜問わずゆっくり歩いていく。人間の限られた視点から見れば、イセエビはそれほど能力の高い動物には見えないかもしれないが、起伏があり、視界が悪いことの多い海底でも、どういうわけか一定の方向に進み続ける。それは素晴らしく見事なナビゲーションだといえる。

ケン・ローマンはフロリダで修士課程の学生として学んでいるときに、オオカバマダラの渡りや、それが磁気的手がかりを使って進む方向を決めている可能性についての講義を聴いた。この講義に刺激を受けたローマンは、時間を見つけて、イセエビ〔大西洋西部に分布するアメリカイセエビ〕のナビゲーション能力も磁気を利用しているのかどうか確かめようとした。ローマンは、動物の周囲の磁場を変えることがその行動に影響しうるかどうかを調べるために、電磁気コイルを実験に使った初めての科学者の1人だったが、若い研究者にありがちなことに、いくつもの問題にぶつかった。最初に作ったコイルシステムは、回路に電流を流し過ぎてぼっと燃え上がってしまった。どうにか安全に作動できても、捕まえたイセエビの周りにしっかりと一様になった磁場を生成するのは難しいことがわかった。一貫性のある結果を得ようとするなら、そうした磁場は不可欠だ。

ローマンは、イセエビのナビゲーションの秘密を追求するうちに、ＳＱＵＩＤ（スクイッド）にたどり着いた。イカ（スクイッド）ではなく、超伝導量子干渉計（Superconducting Quantum Interference Device）の略称だ。ＳＱＵＩＤは、絶対零度近くまで冷却した電子回路を用いた装置で、非常に弱い磁場を検出するのに使われる。そこでローマンは、イセエビを細かく切り刻み始めた。そしてその切ったものを、周囲に液体ヘリウムをめぐらせた容器に入れて、磁気に反応する組織があるかどうか調べた。すると見事に見つかった。それはぞくぞくする結果だったが、当時の研究はここまでだった。修士号を取得すると、ローマンはホクヨウウミウシの研究に進んだ。

とはいえ、ローマンはイセエビのことを忘れなかった。数年後、ローマンはイセエビのナビゲーションスキルについての研究を再開する。今回はシンプルな移動実験をすることにした。ローマンと同僚のラリー・ボレスは、フロリダキーズでイセエビを捕まえて、最大37キロ離れた放流場所までボートで運んだ。輸送中は、生息海域と同じ海水を満たした不透明な容器にイセエビを入れ、明らかな匂いのヒントを与えてしまわないようにした。さらに、イセエビがデッドレコニングを得意とする場合に備えて、ボートをぐるぐると旋回するように走らせもした。

放す前には、イセエビの目にプラスチックのキャップを付けた。そしてイセエビに糸を取り付けて、移動方向を記録できる実験装置につないだ。すると、びっくりするようなことが明らかになった。私たちが同じ状況に置かれたら間違いなく、ぼうぜんとしたり、混乱したりするだろうが、イセエビはそんな様子もなく、生息海域のほうにゆっくりとした確かな足取りで進んでいったのだ。輸送の途中で有益な情報を得ることができず、放流場所でランドマークやビーコンをまったく感知できなかったとすれば、この結果はイセエビには現在位置の特定と、生息海域への正しい方向の決定の両方をおこなう何らかの手段があることを示している。それはまさに、動物ナビゲーション研究における聖杯というべき「地図・コンパス」ナビゲーションである。

ローマンはそれ以前の研究で、イセエビには磁気コンパス感覚があることを確かめていた。そのため、この新しい実験で使ったイセエビが、放流場所までの輸送ルート上で、磁気情報を使って自分の移動を記録していたというのは十分にありうることだった。そこでローマンは、新たな工夫もいくつか加えたうえで、同じ実験を繰り返した。

今度の実験では、イセエビを実験場所までトラックで運んだ。何回かおこなった輸送の半分では、容器に磁石を貼りつけ、その磁石の一部はバネで吊るして、つねに動き回るようにした。イセエビの周囲の自然磁場を乱すことで、磁気による方法で輸送ルートを記憶する機会を与えないようにしたのだ。残り半分の輸送では、同じ容器に入れたが、磁石は取り付けなかった。どちらの場合にも、容器はロープで吊り下げてあって、トラックが実験場所までの道のりで、混乱させるように曲がったり円を描いたりして走ると、容器が不規則に揺れるようになっていた。

この場合もやはり、実験をしてみると、容器に人工の磁石を取り付けたかどうかとは関係なく、イセエビは頑固に生息海域に向かって進んだ。

次のステップは、ローマンが以前ウミガメに使っていたのと同じ種類の磁気コイルを使って、仮想的な移動実験をおこなうことだ。その前の物理的な移動実験はかなり短い距離だったが、今度はイセエビをもっと長距離の仮想旅行に「送り出した」。行き先は、生息海域の北か南に400キロ離れた場所だ。若いカメと同じように、イセエビはおおよそ北か南に進む反応を示した。まるで自分の進むべき方角をわかっているかのようだった。

この素晴らしい実験結果は、イセエビが地図・コンパスナビゲーションをおこなえるだけでなく、地磁気の手がかりがそのプロセスの中心となっていることを示唆している。その具体的なしくみは明らかではないが、磁場強度と伏角の両方が関係しているようだ。ボレスとローマンは、２００３年に『ネイチャー』誌に発表した画期的な論文で、簡潔な言葉遣いでこう述べている。「これらの結果は、動物が磁気マップを持ち、使用していることを示す、これまでで最も直接的な証拠をもたらす」。このことは今も変わらない。

人間の磁気感覚は？

サケ、ウミガメ、イセエビというのは、魚と爬虫類、節足動物というちぐはぐなトリオだが、その多様性こそが本質を語っている。そうした大きく異なる動物グループの代表がみな、地球磁場を利用して複雑なナビゲーションをする能力を同じように持っているとすれば、この才能がもっとさまざまな動物に広まっていないほうが驚きだ。生命の進化のきわめて早い段階で、さまざまに異なる形の磁気ナビゲーションが登場し、その能力がとても役立ったため、多くの動物で保存されてきたということなのか、それともその能力は繰り返し「再発明」されてきたのか、どちらなのかはまだわからない。

カリフォルニア工科大学の地球物理学者ジョセフ・カーシュビンクが最近、人間にも磁気感覚があるという、一度は誤りとされた説を復活させると、大きな騒ぎになった。

この説は、イギリスの科学者ロビン・ベイカーが１９８０年に実施した実験をもとに盛んに宣伝していたものだ。ベイカーはその実験で、目隠しをした学生たちを乗せたマイクロバスを、マンチェスター周辺の田園地帯をぐるぐる回りながら走らせた。学生たちはマイクロバスから降りると、家の方角を（まあまあ）確実に示すことができたという。追加実験では、この学生たちの目隠しの中に、小さな棒磁石か、同じサイズの磁石ではない真ちゅうの棒を入れた。この実験で家の方角を正しく指させたのは、真ちゅうの棒を入れてある学生だけだった。ベイカーがこの結果を、人間の方向感覚が磁気情報に基づいていることの強力な証拠だとすると、当然ながら、その主張は世間の大きな注目を集めた。

しかし、他の研究者がベイカーの実験結果を再現しようと何度試みてもうまくいかなかった。やがて、ベイカーの実験に参加した学生たちは磁気以外の方角情報を利用していたに違いないという見方が大勢を占めるようになった。特に厳重な条件でおこなわれた実験では、オーストラリアの大学生１０３人に、手術着と手袋、マスクを着用させ、両耳を覆い、鼻孔の下には香水を塗った。そして（これが最後の屈辱だった）頭には真っ暗になるバスケットをかぶせた。この不幸な学生たちは、移動の後にはランダムな方角を指さした。ただし、邪魔な装備を一切つけずに同じ実験を繰り返すと、学生たちはどの方角から来たかを示すことができた。

カーシュビンクはベイカーの実験結果を疑問視する立場だが、その彼が最近、脳の電気的活性の記録をもとに、一部の人間は、自覚はしていないが、磁場方向の変化を感知できると主張したのである。

私はカーシュビンクがその研究成果を初めて発表した（２０１６年開催の）学会に出席していたので、その発表が懐疑的態度をもって迎えられていたことは断言できる。ただし、カーシュビンクの専門知識と科学研究における実績を疑う人はいない。その研究成果はすでに論文として発表されていて、彼の主張が正しいとなれば、私たちはまた新たな謎を抱えることになる。この使うことができない感覚はおそらく、遠い祖先が用いていたツールの単なる痕跡であって、私たちには役立たない。しかし狩猟採集社会では、磁気コンパスはきっと計り知れない価値があっただろう。それなら、自然選択で磁気感覚が保存されなかったのはなぜなのか。とはいえ、別の可能性もあるかもしれない。ひょっとして、一部の幸運な人たちは、今でも無意識のうちにその感覚を使えているのではないだろうか。

* * *

渡りをする動物でも特に謎が多いのがヨーロッパウナギだ。この驚くような魚は生活環がとても複雑で、海を横切る渡りを1回ではなく2回おこなう。しかし、最近ではその生息数が急激に減少している。ヨーロッパウナギを保護して生息数を増やすには、その渡り行動をもっとよく理解する必要がある。

ヨーロッパウナギの一生は、大西洋南西部のサルガッソ海という広い海域で始まる。孵化したばかりのウナギ（レプトセファルスという）に立ちはだかる最初の難題は、メキシコ湾流に乗ることだ。この海流に乗れば、アカウミガメの子ガメと同じように、北大西洋循環をぐるりと回ることになる。水深がずっと浅く、塩分濃度も低いヨーロッパ大陸棚の海域に到着すると、シラスウナギになって川を遡上していく。

その後このウナギは、黄ウナギと呼ばれる成魚の形に変化する。黄ウナギになって最大で20年たつと、生殖器官が成熟し、それをきっかけに川を下って、産卵海域であるサルガッソ海に戻る。そこまでの距離はおよそ5000キロだ。

最近の実験では、ウェールズのセバーン川に遡上してきたシラスウナギを捕まえて、さまざまな磁場特性の場所に仮想的に移動させた。その結果、シラスウナギが「海洋での回遊ルート上での磁場強度と伏角のわずかな変化」に反応することが明らかになった。さらにそのシラスウナギは、メキシコ湾流に乗る可能性が高くなる方角に泳ぐ傾向があるようだった。これもやはり、子ガメとまったく同じだ。

この研究の弱点は、シラスウナギはレプトセファルスからかなり変化していることである。したがって、この実験結果を、大西洋のはるか遠方で孵化したばかりのウナギの行動に適用できるかどうかははっきりしない。それでもやはり、ウナギが一生のどこかの段階で、磁場のさまざまな変化に反応するとしたら、実際に磁場を使ってナビゲーションしている可能性は高いだろう。今後も研究を重ねる必要があるのは間違いない。

第23章 磁気の謎はどこまで解けたのか

異なる3つの説

探さなければならないのは、動物が地球の磁場を感知することを可能にしているセンサーだ。過去数十年にわたり、この問題を解決しようと、量子力学、化学、地球物理学、分子細胞生物学、電気生理学、神経解剖学、そしてもちろん動物行動学など、さまざまな分野の科学者が取り組んできたが、その探索の網をもっと広げる必要があるかもしれない。最終的に答えを見つけた科学者にはきっとノーベル賞が贈られるだろう。

科学者が、視覚や聴覚、慣性、嗅覚によるナビゲーションを話題にする場合、そこに関わってくる感覚メカニズムのことはかなりよく理解している。目や耳、鼻がどのようなもので、どのように作用するかはわかっている。ただし、細かな部分が動物のグループによって大きく異なるのは確かだ。ミズナギドリとフンコロガシはどちらも目を使ってものを見るが、見えているものは違う。サケは水中の化学物質の味がわかるが、その化学物質は鳥やガには何の意味もないだろう。そしてコウモリが耳を使ってするのと同じことを、他の動物がしているという話はほとんど聞かない。一部の種では、感覚器官から届く神経シグナルが、中枢神経系で具体的にどのように処理されているかについても、個々の脳細胞での発火パターンにいたるまでよく理解されている。

しかし、地磁気を使ったナビゲーションとなると、状況ははるかに混乱している。現在、根本的に異なる説が3つあって、そのどれか、またはすべてが正しいということになるかもしれない。さらに今は想像すらできない、まったく異なるメカニズムが作用している可能性も否定できない。

これはとても複雑で、かなり専門的な話題なので、私にできるのは、全体的な状況を簡潔にまとめることくらいだ。

動物が地球磁場を感知する方法に関心を抱いた科学者がぶつかる問題の1つが、磁気が生体組織に浸透しやすいことだ。つまり磁気受容体は目や鼻、耳のように身体の表面にある必要はなく、体内にあってもかまわないことになる。それは大きくなくてもよい。1カ所に存在していない可能性もある。感知システムの中心的存在である細胞が1種類あって、それが文字通り頭から尻尾まで、身体全体に散らばっていることもありうる。要するに、はっきりとした構造は見つからないかもしれないということだ。

しかし、まるきり絶望的な状況というわけではない。走磁性細菌が磁場に反応することは知られているし、そうした細菌が非常に古くから地球上にいたこともわかっている。走磁性細菌の中には微小な磁鉄鉱結晶の鎖があり、細菌はその作用を受けて、コンパスの針のように完全に受動的な形で磁場と平行な方向を向く。地球磁場を感知する能力によって生存と繁殖の確率が高まるとしたら、多くの、あるいはほとんどの動物が磁鉄鉱を使ったメカニズムを受け継いでいることはありうる。しかしこのメカニズムは多細胞生物ではどのように働くのだろうか。

磁鉄鉱を含んだ数百万個の細胞が並んでいれば、地球磁場強度のわずかな変化を感知するのに使えると考えられる。とはいえ、動物の体内に磁鉄鉱が存在することを確実に裏付けるのは難しい。組織サンプルがきわめて汚染されやすいからで、空中に浮いている火山塵の粒子でさえ問題になることがある。それでも、昆虫や鳥、魚、そして人間でも磁鉄鉱が見つかっている。

磁鉄鉱があちこちにあるということは、何か重要なことをしているに違いない。たとえばミツバチには、腹部に磁鉄鉱からなる永久磁石がある。この磁石はミツバチがまだ幼虫の段階から形成され始める。そしておそらく、さなぎとして巣の中の巣房に心地よく閉じこもっているときに、巣板の面と直角になるように磁石の方向が決まる。ミツバチには、上腹部にも特殊化した細胞が数百個あって、これにはばらばらの粒状の磁鉄鉱が何千個も入っている。こうした細胞はマトリックスという部分に埋め込まれていて、それが周囲の磁場の変化に合わせて伸びたり縮んだりすると考えられている。このメカニズムがミツバチの伏角コンパスになっているという見方もある。

マスは訓練すれば、周囲の磁場の強度のわずかな変化を感知することによってのみ見つけられる水中の標的に、鼻を押しつければ餌がもらえることをすぐに覚える。この能力はどうやら、マスの鼻の細胞に含まれる磁鉄鉱に依存しているらしく、同じ細胞はサケにもある（マスは磁場の伏角の変化には反応しない）。さらに、磁気を帯びたターゲットを感知して近づくように訓練されたサメは、よく知られている電気への感受性ではなく、磁気を感じる別の器官に頼っているようだ。

クリプトクロムとラジカル対

２００７年には、ハトのくちばしにある感覚神経終末に、磁鉄鉱や別の磁性物質が含まれているという研究結果が発表された。ハトの構造のこの部分に対応している神経は三叉神経だけなので、脳に到達する磁気情報はこの三叉神経を通っているに違いないと考えられた。このことは、強い磁場を感知するように訓練されたハトが、三叉神経を切断されると感知できなくなることで裏付けられた。数年後には、ヨーロッパコマドリの脳のある領域が、磁場の急激な変化に反応する一方で、磁場がないときには活動していないことが判明した。さらに、三叉神経を切断するとこの領域の活動は大きく低下した。

こうした発見を考慮すると、鳥のくちばしの磁鉄鉱粒子が実際に受容体メカニズムの基盤になっているという仮説は有望に思えた。しかし２０１２年になって、ハトのくちばしで磁鉄鉱粒子が見つかったとされていたのが、実は誤りだったことが発覚した。それはまったく別のもので、マクロファージという免疫細胞の一種だったのだ。さらに他にも混乱の原因はあった。夜間に渡りをする数種の鳥は、三叉神経を切断されてもまったく問題なく渡りができた。また伝書バトが無事に帰巣するのに嗅覚は必要だったが、三叉神経はなくてもよかった。一方でヨシキリは、三叉神経が眼神経に分岐した部分を切断されると、東に１０００キロ運ばれた分を修正できない（２５４ページも参照）。さらに強力な磁気パルスが起こると、磁鉄鉱を含む受容体が混乱すると考えられるが、そうした磁気パルスは実際に、夜間に渡りをする鳴禽の成鳥の方向決定を妨害している（ただし幼鳥には影響がない）。

ヘンリク・モウリトセンは、「三叉神経に関係した磁気感覚が果たす機能として最も可能性が高い」のは、地球磁場の強度や伏角のいずれかまたは両方の大規模な変化を感知することであり、それはその鳥がおおよその位置を知るためだと考えている。しかし、それが実際にどのように働いているのかははっきりしないままだ。さらに最近の実験によれば、鳥の耳の中にある壺嚢という重力センサーが、磁気感覚を受け取るのに何らかの形で関与している可能性があるという。このように状況はとても流動的だ。ここまで読んできて頭がくらくらしているかもしれないが、あなたのせいではない。

磁鉄鉱の役割にはまだかなり不確かな面がある一方で、磁気コンパス感覚に関しては意見がまとまりつつある。

イモリや鳥が磁気コンパスを使えるのは光が存在する場合だということは、かなり以前から知られていた。１９７８年にはすでにクラウス・シュルテンが、このプロセスにおいて重要なのは、光に敏感な分子内で発生する化学反応だという見方を示した。そして２０００年には、そうした反応が起こる具体的な分子の名前が挙げられた。クリプトクロムだ。この新しい説はあっという間に大きな注目を集めるようになった。

クリプトクロムは多くの植物や動物にある分子で、体内時計や成長の制御に関係している。いわゆる「光化学磁気コンパス」仮説は、クリプトクロムが光によって刺激されることで、その内部で電子の「ラジカル（遊離基）対」が生成するプロセスを中心としている。

この説で重要なのは、クリプトクロムが地球磁場に対してどのような向きにあるかによって、それに属するラジカル対の挙動が異なる点だ。その結果生じる、原子より小さなスケールでのきわめて微妙なプロセスによって、「シグナル伝達カスケード」という連続的な現象が起こることがある。これが最終的に神経シグナルの発火を誘発する。こうした現象が十分に起こると、その動物は周囲の磁場の状況を認識するようになるだろう。

光化学磁気コンパスが、ヨーロッパコマドリなど、夜間に渡りをする多くの鳥によって使われているはずだというと奇妙に思えるかもしれないが、クリプトクロムが関与するメカニズムは非常に少ない光の下でも有効に働くようだ。鳥の目にはクリプトクロムが存在しているので、その内部でラジカル対が生成するという説が正しいとなれば、ちょうどパイロットのヘッドアップディスプレイのように、鳥の通常の視野の上に地球磁場の形状が重ねられるだろう。鳥は実際に、自分の周りの地球磁場の形を**見る**ことができるのかもしれないのだ。

「クラスターN」の発見

ラジカル対を鍵とする光化学磁気コンパス仮説を探求する中心人物の1人が、オックスフォード大学の化学教授のピーター・ホアだ。ホアはモウリトセンと何年も共同研究をしている。モウリトセンは動物ナビゲーションの行動科学と神経生理学の専門家として、ホアはラジカル対反応の性質について深い知識を持つ科学者として、互いの専門知識を補完する形でこの研究テーマに取り組んでいる。

ホアは大学に隣接する緑豊かな公園が一望できるノース・オックスフォードのオフィスで、本がぎっしり詰まった本棚と書類の山に囲まれて研究をしている。物腰が柔らかく、控えめで、何か主張をするときでもとても慎重だ。しかし、研究人生のすべてをラジカル対の化学に捧げてきており、ラジカル対が生物学的なコンパスメカニズムをどのように支えているのか（あるいは支えていないのか）という点についての第一人者だ。

数年前、ラジカル対への関心の高さを示す出来事があった。アメリカの国防高等研究計画局（DARPA）が研究を支援したいとホアに接触してきたのだ。DARPAといえば、強い影響力を持つが、やや謎めいたところのあるアメリカの政府機関である。ラジカル対はいつか、動物のナビゲーションへの深い理解以上のものをもたらすようになるだろう。原理上はあらゆる既存のコンピューターを上回る能力を持った、高性能量子スーパーコンピューターの開発にとって重要になるかもしれない。DARPAがそう考えているのは明らかだった。ホアはこの申し出を疑ったりはせずに、モウリトセンと共同で申請書を提出した。すると、すぐに大規模な研究助成金をもらえたという。

この研究テーマへの関心は急激に高まっているものの、今のところ進展はゆっくりとしている。その主な理由は、このテーマには現実面と理論面の両方で非常に多くの問題があるからだ。ホアの意見では、その状況がすぐに変わる可能性は低いが、時が来れば、クリプトクロム仮説を覆す、または裏付ける力のある「素晴らしい実験」を（他の研究者と共同で）考え出すことができるとみている。

モウリトセンもホアと同じように、急速な進展が実現する可能性については懐疑的だ。彼が目指しているのは、さまざまなところから得られる証拠をまとめて1つの「花束」を作ることだという。


こうした磁気感覚を理解しようとすれば、1個の電子のスピンから自由に飛ぶ鳥まで、あらゆるレベルのことを理解する必要があります。私にとってはそれが魅力なのです。


モウリトセンは鳥の脳の中に、目からの入力を受け取る「クラスターN」という領域を発見している。クラスターNは、鳥が磁場の中で進行方向を決定する場合に活動度が非常に高くなる唯一の領域だ。さらに示唆に富むのは、クラスターNを破壊すると磁気コンパス感覚は失われるが、星や太陽によるコンパスを使う能力は維持されることだ。この発見は、主要な磁気コンパスセンサーが（くちばしではなく）鳥の目にあることを強く裏付けるものだ。

遺伝子改変をおこなった昆虫の研究からもいくつか答えが出てきている。クリプトクロムは、ショウジョウバエによる磁場の感知に重要な役割を果たしていることが示されている。さらに、哺乳類が持つものと同じクリプトクロムをゴキブリの目に人工的に発現させると、回転する磁場にさらすことでゴキブリの進む方向を変えられることがわかった。

脊椎動物の磁気受容体についての重要な実験のほとんどが、エムレン漏斗に入れられた鳥で実施されたものだ。すでに説明したとおり、自由に飛ぶ鳥での研究を好むアンナ・ガグリアルドのような研究者は、この点を問題視している（259ページを参照）。モウリトセンもやはり、基本的には自由に飛ぶ鳥で実験するのがよいと考えてはいるが、実験室外にはコントロールしにくい不確定要素が多いことを指摘している。しかし、ナホム・ウラノフスキー（332ページを参照）が開発した、飛行中のコウモリの脳細胞の活動を記録する手法を近いうちに鳥にも拡張できるかもしれない。そうなれば、かなり興味深い状況になるだろう。

ことによると磁気ナビゲーションに関係しているかもしれないメカニズムが、さらにもう1つある。電磁誘導だ。1882年の時点でヴィギエ（第14章を参照）がこの可能性について検討していたが、近年では、磁鉄鉱仮説や光化学磁気コンパス仮説ほどには注目されていなかった。基本的な原理は（ダイナモにも使われているもので）導体を磁場の中で動かすと、導体中に電流が「誘導される」ということだ。実際に電磁誘導は発電に使われているプロセスである。

サメやエイなど一部の魚が非常に弱い電磁シグナルを感知して、それを使って獲物を捕まえられることは十分に証明されている。サメなどにはそうするために、ゼリー状物質が詰まった長い管があり、17世紀にそれを発見したイタリアの解剖学者にちなんで「ロレンチーニ器官」という素敵な名前が付いている。この管は皮膚にある孔と、身体の奥深くにある敏感な電気感知器官をつないでいる。

長い間、動物で電磁誘導が働くのは、電気回路が簡単にできあがる媒体内にいる場合だけだと考えられてきた。空気は水と違って電気を通しにくいが、陸上の動物も、電気回路全体が身体の内部に収まっていれば、この問題を克服できるかもしれない。偶然にも、鳥の内耳にある半規管に入っている流体は電気伝導度が高く、その条件を満たしている。

最近、鳥の半規管を覆う有毛細胞に磁性鉱物の粒子を含む構造が発見されたことは、電磁誘導仮説の大きな後押しになっている。半規管内部を循環する液体内で電流が誘導されれば、それを有毛細胞で感知できるのだ。

この電磁誘導仮説は、他の2つの仮説と比べるとはるかに不確実性が大きいが、もっと詳しい研究を進める価値はあるだろう。

*　　*　　*

クロマグロは、海では最も速く、最も力強く泳ぐ生物にかぞえられ、チーターが陸を走るのとほぼ同じ速度で水中を進むことができる。そして、太平洋と大西洋を縦横に泳ぎ回って、繁殖海域と採餌海域の間をかなり予測可能なルートで移動する。クロマグロは非常に熟練したナビゲーターのはずで、たぶん地磁気を利用しているのだろう。

日出没時には、クロマグロは「急激潜行（スパイクダイブ）」という奇妙な泳ぎをする。急角度で急激に深く潜り、そこから水面に戻ってくるのだ。こうした潜行をするのは、日の出と日没の「夜側」の約30分間で、このとき太陽は水平線の下約6度にある。

奇妙なことに、クロマグロの頭には、ちょうど目の間に皮膚が半透明になった窓のようなものがある。空洞のチューブがこの丸い窓から脳までのびていて、異常によく発達している松果体という部位の表面にある光受容細胞に光が届くようになっている。このチューブは、急激潜行の浮上段階のときに、垂直に上を向くような角度で付いている。

1つの可能性としては、クロマグロが磁気コンパスを較正するために、薄明時の空の偏光パターンを確認していることが考えられる。そして急激潜行の深く潜っている段階（水深600メートルまで潜ることがある）では、クロマグロは海洋底の磁場強度を、水面近くで可能なレベルよりずっと正確に測定できるのだろう。磁気「マップ」を利用しているなら、このプロセスは重要だ。

他のマグロの仲間が磁場に反応することは知られているので、クロマグロのナビゲーションに地磁気が重要な役割を果たしていると考える十分な理由はあるといえる。しかし、はっきりしたことはまだわかっていない。

第24章 ナビゲーションの脳科学

認知地図とは？

ラットは動物ナビゲーション研究において、ハトやミツバチ、アリよりもさらに重要な役割を果たしてきた。これは1つには、ラットは世話が簡単で、手で扱われることを（それほど）嫌がらないからだが、それ以上に重要な要素は、ラットが哺乳類であり、鳥や昆虫よりも私たち人間にずっと近いことだ。そのため、ラットはたまらなく魅力的な研究対象になってきた。

ラットを訓練して、巧みに設計された迷路で道を見つけられるようにする実験が何万回も繰り返されてきたおかげで、ラットが（人間と同じように）さまざまな種類のランドマークにかなり頼りながら歩き回っていることがわかっている。だとすれば、ラットのナビゲーション行動を説明するには、何か「高次の」認知プロセスや、ましてや地図の使用をもちだす必要はないはずだ。それとも、その必要があるのだろうか。

20世紀前半には、心理学の世界で優勢になった「行動主義」学派の人々が、学習された行動はすべて、いわゆる「刺激－反応（S－R）」の観点から説明できるという説に強く固執する姿勢をみせた。公平のために言っておくと、このS－R説は、実験室環境において動物が学習する多くのことを説明できる。しかし強硬的な行動主義はその後あまり支持されなくなった。今では、人間以外の動物が、複雑な精神生活あるいは感情のある生活を送っている可能性を否定する科学者はいない。高名な霊長類学者のフランス・ドゥ・ヴァールは次のように述べている。

行動主義はありとあらゆる行動を単一の学習メカニズムに帰することで、自ら墓穴を掘った。行動主義はこうして教条主義に手を拡げ過ぎたために、科学的な取り組みというよりはむしろ宗教のようになってしまった（『動物の賢さがわかるほど人間は賢いのか』柴田裕之訳、紀伊國屋書店）。

少数の柔軟な考え方の心理学者たちは、行動主義の絶頂期でも、当時の主流の考え方にあえて異議を唱えていた。カリフォルニア大学バークレー校のエドワード・トールマン（1886～1959年）もその1人だ。1948年に発表した有名な論文で、トールマンは大胆にも、動物ナビゲーションのS－R説の妥当性について次のように疑問を投げかけた。

（行動学者らに）よれば、学習はそうしたつながりの一部の強化と、それ以外の弱体化からなる。こうした「刺激‐反応」の考え方にしたがえば、迷路を進んでいるラットは、外部感覚器官に影響する視覚、音、匂い、圧力といった連続した外的刺激と、内臓や骨格筋からの内的刺激にひたすら反応していることになる。そうした外的刺激と内的刺激が、歩く、走る、曲がる、引き返す、匂いを嗅ぐ、頭を持ち上げるといった行動を引き出す。この見方によれば、ラットの中枢神経系は、複雑な電話交換台のようなものだろう。

トールマンには、こうした機械論的な説明はどうしようもなく不完全に思えた。彼の見事な観察によれば、ラットはゴールにたどり着くのに遠回りの長いルートしか教えられていなくても、近道を見つけることができた。さらに教えられていたルートが通れないときには、迂回することができた。どうしてそんなことができたのだろうか。トールマンには、ラットがS‐R説に厳密にしたがって決められた固定ルートをやみくもにたどったのではなく、空間内でのゴールの位置を何らかの方法で理解していたように思えた。別の言い方をすれば、ラットはある種の他者中心型ナビゲーションをおこなっているようだったのだ。

トールマンは、自分や他の研究者がさらに重ねた実験から、ラットが周りの環境を自発的に探っていて、その過程で自らにとって重要な場所やものが何らかの方法で記録された「認知地図（コグニティブマップ）」を構築していると結論づけた。認知地図というのはトールマンが提唱した用語だ。予想通り、この主張に対して強硬的な行動主義者たちはいらだちをみせ、トールマンの結果をS－R説でうまく説明しようとした。その説明の巧妙さは、中世の神学者を彷彿とさせるものだ。

人間以外の動物が地図を使っている可能性を指摘した有名な研究者は、トールマンが最初ではない。1920年代に、ドイツの優れた心理学者ヴォルフガング・ケーラーは、第一次世界大戦中に飼い犬とともにカナリア諸島に閉じこもっていた時期に進めていた不可思議な観察結果を発表した。

ケーラーが窓の外に肉を一切れ投げて、その窓を閉めると、室内で飼っていたイヌは窓辺に立ってその肉を物欲しげに眺め、前脚でガラスを何度も叩いた。そんなに利口なイヌではない、と思うかもしれない。しかし、そこでケーラーが雨戸も閉めて、肉が見えないようにすると、イヌはドアから外に出て、建物の外側をぐるりと回って、肉を見つけたのである。

まるで、雨戸を閉めたことで、食べ物をどうしても見てしまうという呪縛が解けたとたん、イヌはゆっくりと考えて、家と庭のレイアウトを思い出せたかのようだった。その情報を使ってゴールまでの遠回りルートを見つけることができたのだ。そのルートを通って、ごほうびをもらったりしたことはそれまでなかった。この観察結果はS－R説では簡単に説明できなかった。それは、イヌがある種のメンタル・マップを使っているようにみえてならなかったのだ。

「認知地図」というのは便利な省略表現だが、注意して扱う必要がある。言うまでもなく、ラットやイヌの頭の中に文字通りの意味での地図があるわけではない。それは私たちの頭の中にないのと同じだ。もちろん、そうした地図を持って生まれるわけではないし、たとえば自分の現在位置を知りたいときに、立ち止まってその地図を広げるわけでもない。トールマンは比喩として言っていたのであり、ラットの脳は、ある種のコードとして地理的情報を蓄積できるという意味だ。トールマンは、その頃発明されたばかりのデジタルコンピューターから類推したのかもしれない。

認知地図は、ものではなくプロセスと見なすべきだろう。つまり、ラットの物理的に存在する感覚器官と中枢神経系の複合的な活動から生じるプロセスである。こうしたプロセスが作用していることは、動物の行動から推測できる。だが、その推測を確実なものにするのは困難だ。

ラットの脳で実際に何が起こっているのかを探るツールがなかったため、１９４０年代にはトールマンも他の研究者も、ラット（や他の動物）の頭の中に実際に「地図」があることを証明できなかった。しかし１９５０年代には、心理学の世界でさまざまな進歩がみられたことで、トールマンの考えは以前より受け入れられやすくなった。行動主義者の締めつけが徐々に弱まるにつれて、実験心理学者たちが、動物や人間はどのようにものを知覚し、それについて考え、現実的な問題を解くのかという深遠なテーマに取り組み始めた。それは、以前はまったくといってよいほど無視されていた問題だった。

トールマンが迷路を走るラットに関して主張していたように、標準的なS－R学習モデルが必ずしも妥当な答えを出せるわけではないことが明らかになった。アメリカの高名な実験心理学者のジョージ・ミラーは簡潔な言葉でこう述べている。「50年代には、行動は単なる証拠であって、心理学の主題ではないことがますます明らかになった」

ほぼ同時期に、革新的な技術発展がきっかけで、認知神経科学というまったく新しい研究分野が登場した。きわめて細いワイヤ電極を生きた動物の脳に挿入すると、個々の神経細胞（ニューロン）が生成する、わずか数十ミリボルトの微弱な電気シグナルを記録できる。そうした測定を何万回も根気強く繰り返すことで、科学者は動物の目から視神経を通って届くシグナルを脳が処理するしくみの全体像を得ることができた。

こうした測定結果から、脳の視覚野のさまざまな部位のニューロンが異なる刺激に反応するよう「調整」されていることがわかった。たとえば、ある部位のニューロンは明るい背景の前に暗い色の棒が何本かある図形を見せたときにしか発火しないが、別の部位のニューロンは暗い背景の前の狭いすき間から光が見えているときにしか発火しない。ようやく、脳の異なる部位が実際に何をしているのかを、詳細にマッピングできるようになったのだ。

脳の中のタツノオトシゴ

１９５０年代には、重篤な精神障害やてんかんの治療には、脳の一部分を切除する手術をおこなうことが多かった。当然ながら、大胆な処置が予想外の結果につながることもよくあった。

あるてんかん患者は、長い間「ＨＭ」というイニシャルでのみ知られていたが、ヘンリー・モレゾンというフルネームで記憶されるにふさわしい。カナダ人の若者だったモレゾンは、「発作が起こると完全に何もできなく」なり、最も強力な薬でもその症状に変化はなかった。医師らは最後の手段として、本人の同意を得て、両側の側頭葉の大部分を切除するという「率直に言って実験的な」手術を実施することにした。この手術では左右両方の海馬も切除された。

海馬はタツノオトシゴにやや似た形をしていて、命名したのは19世紀の解剖学者たちだ。彼らは国際的なやりとりの際に便利なように、ラテン語を使って「ヒッポカムポス（hippocampus）」と名付けた。これはタツノオトシゴを意味するギリシャ語に由来する語だ〔日本語の「海馬」もタツノオトシゴのこと〕。脳は互いによく似た2つの部分（半球）からなるので、実際には左右に1個ずつ、2個の海馬がある。

モレゾンの「理解力や論理的思考力」は影響を受けず、てんかん発作も軽くなったものの、その手術には「行動に関する顕著でまったく予想外の影響」があった。記憶力が抜本的に損なわれたのだ。モレゾンは、病院のスタッフを認識することも、トイレを見つけることももはやできなくなってしまった。

家族が引っ越しをすると、モレゾンは新しい住所を覚えられず、家に帰り着くことができなくなった。ただし、昔の家への道順は忘れていなかった。毎日使うものがどこにしまってあるかも思い出せず、同じジグソーパズルを何度も解いて過ごした。モレゾンが受けた深刻な記憶障害は年月が経過しても消えなかった。

ヘンリー・モレゾンの症例が有名なのは、いくつかの重要な事柄を明らかにしたからだ。海馬が記憶に重要な役割を果たしていることを初めて確実に裏付け、私たちがうまくナビゲーションするには海馬が無事でなければならないことも明確にした。そして、モレゾンの悲しい運命に刺激を受けて始まったある研究プログラムからは、ナビゲーションの神経基盤について、さらには認知そのものについての私たちの理解を大きく前進させる成果がいくつも得られている。

海馬は脳の奥深くにある。視覚野とは違って、感覚器官からの直接の入力を受け取ることはない。1960年代には、大半の専門家は、海馬での単一細胞記録から何か理解できるようなものが見つかるとは思っていなかった。ましてや、海馬が空間記憶の形成プロセスに光を当てるとは考えてもいなかった。

それでも、ヘンリー・モレゾンの症例に刺激を受けた神経科学者のジョン・オキーフ（現在はロンドンのセインズベリー・ウェルカム神経回路・行動研究センターに所属）は、教え子のジョナサン・ドストロフスキー（現在はトロント大学）の手を借りて、ラットの海馬で何が起こっているかを探ることにした。

場所細胞・頭方位細胞・格子細胞

その大胆な決断が報われたのは1970年代初頭だ。オキーフは、海馬内にとても変わった活動をする細胞を発見したことを発表したのである。本当に見たことのない活動だった。その神経細胞は、ケージを探索中のラットが特定の地点にいるときにのみ発火した。逆の言い方をすれば、ラットが訪問するそれぞれの地点が、ラットの海馬内の特定の細胞か、特定の細胞の集まりが発火する引き金になるのだ。オキーフは実際に、そうした細胞の電気的活動のパターンを見るだけで、ラットがケージのどこにいるかがわかった。

当然ながら、新たに発見された細胞が何か別のものに反応して発火している可能性はあった。しかし、ラットが見たり、嗅いだり、聞いたりできるものはどれも、その細胞の振る舞いに影響を与えていなかった。その細胞は本当に、ラットの世界の空間的特徴だけをコード化しているようだった。そこでオキーフはこの細胞を「場所細胞」と呼ぶことにした。それは画期的な発見だった。

1978年に、オキーフとリン・ナーデルは本を執筆し、場所細胞が他者中心型ナビゲーションシステムの一部をなしていて、そのシステムによってラットはランドマークとゴールを記録し、思い出すことができるという説を提案した。言い換えれば、海馬のニューロンはラットの環境をマッピングしているということだ。これがトールマンの認知地図の物理的基盤だとオキーフらは主張したのである。当時としては大胆な主張であり、行動主義者たちの怒りを買ったのは間違いない。行動主義者たちが海馬の働きをめぐるオキーフらの説を受け入れようとしなかったのは、それがかつての敵であるトールマンの考えの正しさを証明するものに思えたことが大きい。

しかし場所細胞は結局のところ、少なくとも哺乳類では、ナビゲーションの神経基盤をめぐる科学者の理解を過去50年で根本的に変えてきた一連のめざましい発見の1つ目にすぎなかった。今では、哺乳類の脳では多くの異なる部位が、その持ち主が暮らす世界の空間的特徴に反応しており、ナビゲーションの成功を左右するのは海馬だけではないことが明らかになっている。そのため話がより面白く、より複雑になってきているといえる。

１９８０年代には、海馬のすぐ隣にある前海馬台という領域で、別の細胞グループが見つかった。この細胞は、ラットが頭を特定の方向に向けている場合にのみ発火するので、「頭方位細胞」と名付けられた。その反応は、ラットのいる場所や、見たり、聞いたり、嗅いだりしているもの、さらに移動の有無には関係なく、厳密に同じように生じた。暗闇の中でも反応したし、その発火パターンは長時間が経過しても安定した状態を保った。したがって、これはコンパスのように振る舞う細胞グループということになるが、その活動は地球磁場の影響を受けなかった。

もっと最近では、ノルウェーのトロンハイムにあるノルウェー科学技術大学の２人の若手研究者（マリアンヌ・フィンとトルケル・ハフティング）が、さらに驚くべき発見をした。夫婦で研究をしているマイブリット・モーセルとエドバルド・モーセルの指導を受けながら、２人は海馬と脳の他の部位をつなぐ嗅内皮質という領域の細胞を調べていた。そして、一部の細胞がちょうど場所細胞のように振る舞うことに気づいた。ただし大きな違いが1つあった。そうした細胞は、ラットがどこか1カ所にいるときではなく、いろいろな場所にいるときに発火していたのだ。

これは不可解な状況だったが、ラットが探索できるスペースを広くしてみると、とんでもないパターンが明らかになった。この新しい細胞が発火する複数の場所は等間隔に並んでいて、ラットが探索する空間全体に規則的な格子状に広がっていることが判明したのだ。このいわゆる「格子細胞」

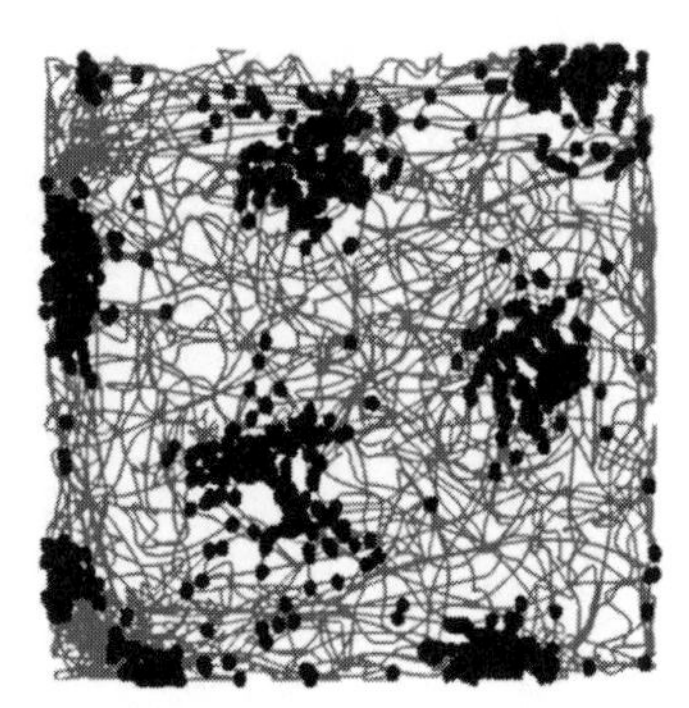

ラットが小さな正方形のエリアを探索中に、
1個の「格子」細胞が発火するパターン。灰色の線はラットがたどった経路を、
黒い点はラットが動き回る間に生じた電気的活動の「急増」を表す。
画像：Kate Jeffery and Giulio Casali (2018) https://doi.org/10.6084/m9.figshare.7264589 under a CC-BY 4.0 licence

は、ラットの環境の空間的特徴を単純に記録しているようだった。それはまるで、地図作製者や測量技師がするように、ラットが周りの世界の上に、基準となる格子パターンを置いているかのようだった。さらにこの研究チームは、嗅内皮質に頭方位細胞も見つけた。その中には、格子状の発火をするものもあった。つまり、ラットが特定の場所を訪れて、特定の方向を向いているときだけ発火するのだ。

２００８年に、モーセル夫妻の研究チームはまた新しい発見をした。嗅内皮質にあって、ラット（またはマウス）がケージの境界にいるときだけ発火する細胞だ。そのためこの細胞は「境界細胞」と命名された。そして２０１５年に、モーセル夫妻はラットの走る速度にのみ反応する別の細胞を見つけた。ラットが速く走れば走るほど、より頻繁に発火する細胞で、実質的に速度計のように振る舞う。ナビゲーションに関与している特殊化した細胞はすでにたくさんあり、今も増え続けている。

2014年には、こうした素晴らしい大発見にノーベル賞が与えられ、モーセル夫妻とオキーフが共同受賞した。同じようなナビゲーションに特殊化した細胞は、マウスやサル、ヒトの脳でも見つかっている。ヒトの脳の単一細胞の記録を直接取る機会は、医療目的で電極を埋め込む場合に限られるが、最近では高度な脳イメージング技術によって、科学者たちは同様の結果を手術の必要なしに得ることができる。ハトのナビゲーションに海馬が重要なことも確かめられている。ハトの海馬は、ラットの海馬とはかなり構造が違うものの、やはり特殊化した「ナビゲーション用」細胞が存在している。

しかし、答えが出ていない疑問はまだ数多くある。場所細胞や格子細胞、頭方位細胞は「地図・コンパス」ナビゲーションシステムの基盤になるかもしれないが、自分がどこにいて、どの方向に進んでいるのかを知っているだけでは十分ではない。目的地へのルートを計画して、実際にそこに行く必要もあるのだ。

有望なヒントを与えてくれるのが、ラットが複雑な迷路をナビゲーションするときに発火する、特殊化した神経細胞の存在だ。海馬の外にあるそうした細胞がルートと目標を定義しているようなのだ。さらに海馬自体に見つかっている別の細胞がルート計画に関与しているらしい。

実験室での実験はきわめて人工的で、自然界での現実の生態を反映していないのは明らかだ。現実世界のナビゲーションは、数百キロ、あるいは数千キロもの距離にわたることがある。そして大半の実験では二次元でのナビゲーションしか扱っていないが、多くの動物は（特に飛んだり泳いだりするものは）実際には三次元のナビゲーションに対処する必要がある。動物の（そして人間の）脳がこのきわめて複雑な問題をどう切り抜けているのかは、まだ明らかになっていない。

したがって、自然な環境内で動物が自由に移動しているときの脳の活動を調べることができれば、おおいに役立つだろう。イスラエルの科学者ナホム・ウラノフスキーは実際に、飛行中のコウモリの脳の活動を細胞レベルで記録する高度な手法を開発しており、これがすぐに他の動物でも使われるようになるかもしれない。

海馬や、それと密接につながっている領域は、ナビゲーションのタスクをこなすうえで中心的な役割を担っているものの、脳の他の部位も明らかに重要な貢献をしている。動物が環境の中を動き回ったり、自分が以前いた場所を思い出したり、次に行く場所のことを考えたりしているときには、脳のさまざまな領域の間をシグナルが縦横に行き来している。この複雑な「接続性」がナビゲーションプロセスに具体的にどう影響しているかは、謎に包まれたままだ。

海馬には、私たちが物理的な環境をマッピングして、動き回るルートを見つける手助けをする以上に、多くの役割があることも明らかになっている。海馬は私たちが人や物、出来事や関係性を記憶するのに不可欠だ。実際には海馬の基本的な機能は、その中であらゆる種類の概念を操作できる抽象的な「記憶空間」を用意することかもしれない。そういう意味では海馬は、実際にナビゲーションの計算をするというより、むしろナビゲーションの成功を左右する記憶の貯蔵庫になっているといえる。

私たちが理解していないことはまだたくさんあるが、モーセル夫妻は過去50年あまりの研究を振り返った最近の論文で、ナビゲーションは「機械論的観点で最初に理解されるべき認知機能の1つだ」と果敢に結論づけている。

とはいえ、興味深い哲学的な疑問が1つ未解決のままだ。海馬と嗅内皮質がナビゲーションにおいて重要な役割を果たすことは十分に証明されているが、その2つが身体化していると考えられる時空間座標システムの基盤については議論の余地があるのだ。大半の神経科学者は古典物理学にしたがって、時間と空間というのは現実世界を形作る根本的で固定した次元であり、それが何らかの方法で脳に表現されているのだと、当然のように考えている。

しかし現代物理学を考えると、時間と空間は実は別々の次元ではなく、決して固定したものでもないことがわかる。空間と時間の両方についての私たちの主観的感覚も、やはりきわめて不安定だ。それでは別の可能性があるのだろうか。もしかしたら、時間と空間は単に、世界と私たちの物理的相互作用から生じる構成物にすぎないのかもしれない。

* * *

スタンフォード大学に所属する若手研究者のアンドリウス・パシュコニスは、フランス領ギアナの熱帯雨林で長い間、小さな（体長25ミリ）カエルを根気強く研究してきた。そのカエルは驚くべき行動をするのだが、今のところその説明はついていない。

そのカエルのオスは、熱帯雨林の下草に小さな縄張りを作ってそこを守り、鳴き声でメスを呼び寄せる習性がある。交尾をするとメスは卵を産み、オスはその卵を森の別の場所にある、卵が孵化してオタマジャクシとして育つことのできる水たまりまで運ぶ。その後オスは自分の縄張りに戻ってくる。パシュコニスは、オスに無線追跡装置を取り付けるための専用ネオプレン製パンツを考案し、それをはかせたオスを縄張りから最大８００メートル離れた場所に運んだ。

パシュコニスが驚いたのは、そのカエルが縄張りに戻ってこられただけでなく、移動には数日かかることもあったのに、かなり直線的なルートをたどったことだ。熱帯雨林はノイズや匂い、障害物でいっぱいのかなり混乱した環境だということを考えると、カエルがどうやってそうした移動をしているのかを理解するのはかなり難しい。

第25章 思考や創造力を支える

海馬の収縮と認知症

まだ答えが出ていない複雑な問題は数多くある。しかし気の毒なヘンリー・モレゾンが、海馬の切除手術の後でそれほど深刻な記憶障害に苦しんだり、特に新しい家の場所を覚えるのが非常に難しかったりした理由は明確だ。海馬は関連する他の脳の領域と協調して私たちのナビゲーション能力を支え、トールマンが提唱した認知地図といわれるものの基盤になっているのだ。

さらに、アルツハイマー病の始まりの前兆として方向感覚の喪失が起こることが多い理由もよくわかる。病気の根底にある損傷は、まず嗅内皮質（格子細胞ネットワークがある場所）に現れてから、海馬本体に広がっていく。認知症の症状がある患者に最初に聞く質問の1つが、「あなたは今どこにいると思いますか」というのもうなずける。

アルツハイマー病の治療法（さらにいいのは予防法）を見つける取り組みはこれまでなかなか進んでいないが、脳がナビゲーションを可能にしているしくみに関する知識が増えてきたことはすでに、病気に苦しむ人々が方向感覚喪失の影響にうまく対処するのに役立っている。たとえば建築家は、患者がナビゲーションしやすい建物を設計できるようになった。神経科学者と設計者の協力は成長しつつある分野で、私たちは誰もが直接的に、あるいは大切な人の生活の向上を通して、そこから恩恵を受ける立場にある。

人間のナビゲーションに関する実験で特に有名なのが、ライセンス取得のためには街中の何千という通りを記憶しなければならないロンドンのタクシー運転手を対象としたものだ。その「ザ・ナレッジ」（知識）と呼ばれるものの習得は、たいていは2年から3年はかかる、大変な努力が必要なプロセスで、全員が最終テストに合格するとは限らない。エレノア・マグワイアの研究チームは、脳のMRIスキャンを使って、タクシー運転手の海馬後部が対照群に比べて著しく大きいことを明らかにした。

さらに海馬のサイズの増加度合いはタクシーの運転歴の長さと関係があった。つまり、運転手を長くやっているほど大きかったのだ。面白いことに、同じ長さの勤務歴を持つロンドンのバス運転手では、海馬のサイズに同様の変化はみられなかった。おそらくナビゲーションの面では、毎日同じルートをたどるタスクは、タクシー運転手が直面しているタスクほど大変ではないからだろう。

マグワイアの発見は、海馬のサイズがそれに与えた「エクササイズ」の量と関係があることを意味している。言い換えれば、海馬を活性化する行動をどのくらいの頻度でおこなったか、ということだ。ナビゲーションのために空間記憶を長時間使えば、海馬が大きくなると期待できるし、逆のこともいえる。一部の研究者は、「使わなければだめになる」型の世界観にたって、年齢を重ねていくなかでは、GPSばかりに頼るのではなく、自分の空間記憶を使うように特別な努力をするべきだという提案さえしている。そうすることが、通常の老化現象としてのナビゲーション能力の衰えを防ぐだけでなく、アルツハイマー病のような病気を発症するリスクも低くするからだという。

この説はメディアからかなり注目されているが、それを裏付ける直接的な証拠はまだないように思える。私はイギリスの国家認知症研究責任者であるマーティン・ロッサーと、同僚のジェイソン・ウォレンに、使う頻度が少ないせいで海馬が収縮すると、アルツハイマー病を発症する可能性が高くなると考えるかどうか質問してみた。

ロッサーは慎重だった。海馬の体積の減少が、それだけでアルツハイマー病の発症の可能性を高める理由は見当たらないという。それでもやはり、海馬が比較的小さい患者の「認知的予備力」が、より大きな海馬を持つ人よりも劣ることはありうると考えている。別の言い方をすれば、病気の影響の深刻さは、影響を受ける脳部位が病気の前にどの程度よく発達していたかに部分的には左右されるということだ。つまり、海馬が小さい人（おそらくは使うことが少ないせいで）は、アルツハイマー病に直面した場合のレジリエンス（回復力）が低い可能性が確かにあるということだ。

しかし、ウォレンは「ニワトリが先か、卵が先か」という問題になると警告した。

私みたいに方向感覚の鈍い者は、電子機器の助けを借りられるなら、何であれしがみつくでしょう。そうすれば、A地点からB地点にたどりつけるわずかな可能性があるんですから。その後で、もし私がアルツハイマー病になったら、それは電子機器の助けを借りたからでしょうか、それとも海馬にあるナビゲーションシステムが劣っていたからでしょうか。

ロッサーも、アルツハイマー病が必ずしもナビゲーションの困難さと関連があるわけではないと指摘する。アルツハイマー病は、この病気の典型的な特徴である老人斑と神経原線維変化が脳のどこにできるかによってすべて左右されるのだ。さらに、進む道を見つけるうえでの問題が、ナビゲーションとはまったく関係のない問題を反映していることもある。たとえば、あるタイプの認知症では、患者は場所を認識する能力を失う。そうした患者は、自分が病院にいることや、そこにどうやって来たかもわかっていることがあるが、建物の名前を言えないせいで、道に迷っているようにみえる。そしてもっと単純な例として、自分がどこにいるか言えない場合、それはどのようにしてそこまで来たのかを、たんに忘れてしまっているだけの可能性もある。

概念と空間のつながり

私たちは、「有頂天になる」という意味で「on top of the world」(世界の頂点にいる)と言ったり、

「悪化する」の意味で「go downhill」（下り坂を進む）という表現を使ったりする。「look into things」（ものの中を見る）といえば「深く検討する」ということだし、「close friends」（近い友達、すなわち親友）や「distant relations」（遠い親戚）という言い方もする。偉大な科学哲学者のトーマス・クーンは、科学理論を「地図」と言い表していたし、自分の人間関係を「マッピング」することがよく話題になる。人間の言語は空間に関係する比喩に頼るところが大きく、私たちはそうした比喩を会話でも思考プロセスでも絶えず使っている。それは偶然ではないだろう。このことは、私たちの精神のしくみについて何か重要なことを明らかにしているのではないだろうか。

神経科学の世界から登場した理論で特に魅力的なのが、海馬に代表される**地理的**なナビゲーションを支える脳の部位が、**概念的**なナビゲーションにも関わっている可能性があるというものだ。人間が持つ「より高いレベルの」思考プロセスや、素晴らしく柔軟性に富んだ知性は、前頭前皮質の働きに依存していると長らく考えられていたが、現在では前頭前皮質だけでは力不足だということがわかっている。会話をする、社会的関係を持つ、思慮深い判断をする、アイデアをうまく処理する、将来の計画を立てる、さらに創造力を働かせるといった多様な活動は、健康な海馬がなければ不可能なのだ。

私たちの複雑な社会構造はおそらく、仲間の位置を物理的空間と概念的空間の両方で把握し、彼らが将来取る可能性の高い行動を正確に予測する能力に大きく支えられているといえるだろう。見る者（男女どちらであっても）が、無生物の物体よりも、人間の位置をより正確に推定できるという驚くような事実がある。また、ラットやマウス、コウモリには同じ種の他の個体の位置を追いかけることに特化した脳細胞を持っている証拠もある。さらにいえば、他人に共感する私たちの能力も、海馬が損傷されておらず健全な状態にあるからこそなのかもしれない。

最近実施された興味深い実験では、18人の参加者が、脳スキャナーで海馬のモニタリングを受けながらロールプレイングゲームに参加した。このゲームでは、参加者は新しい街に引っ越すと、住民と知り合いになることで仕事や住む場所を見つけなければならない。参加者には、アニメキャラクターが吹き出しで「話す」スライドが示される。そのやりとりの結果は、参加者と架空のキャラクターの関係性の変化を反映したものになっている。

ゲームと同時に起こった海馬の活動の変化からは、参加者が「権力と親和によって構築される社会空間」をナビゲーションしていたことが示された。この実験をした研究チームは、社会空間という概念は単なる比喩以上のものであり、実際に「社会的世界における自らの位置についての脳の表現のしかたを反映している」と結論づけている。

こういったことはすべて、進化の観点からも理にかなっているといえる。狩猟採集生活を送っていた私たちの祖先は当然ながら、獲物や食べられる植物、水がどこで手に入るのかを知る必要があった。しかし同時に、部族の他のメンバーとの関係をつねに把握していることも、その相手が家族、友達、味方、敵、配偶者など誰であれ、絶対に重要だった。

ナミビアの部族民についての最近の研究ではさらに、ナビゲーション作業において男性のほうが優れているのは、性交渉の相手を探しに遠くまで移動した男性が競争相手たちよりも多くの子どもを残した進化の結果であることが示された。場所だけでなく人との関係性まで記録するメンタルマップを使う能力が、私たちの生活そのものを左右しているといっても過言ではない。

自分のいる場所だけでなく、絶えず変化する他の人や動物、ものの位置や、それらと自分との関係を知っていることは、私たちの物理的、社会的、文化的生活には欠かせない要素だ。しかしそれは、創造的に考える能力や、想像上の将来の状況に身を置いてみる能力にもいえる。

「創造力」のように、つかみどころのなさで知られる言葉の意味を定義しようとするのは、自分の首を絞めるようなものだが、まったく新しいものを生み出すことを目的としたイメージとアイデアの組み合わせだと言えば、創造力の重要な側面をとらえているはずだ。そうした活動は、私たちが頭の中で新しい移動ルートを計画するときにすることと非常によく似ている。創造的な思考には、脳の前頭前皮質などが重要な役割を果たしていることがわかっているが、最近になって、海馬が健康であることも「創造力」の鍵を握っていることが明らかになっている。

あるテストでは参加者に対して、おもちゃのもっと楽しい遊び方を考えたり、段ボール箱の新しい使い方を考案したり、卵形の輪郭だけの図形から新しい絵を描いたりするように求めた。海馬に深刻な損傷を受けていて、それに伴う記憶障害があるが、他の認知機能に問題はない患者は、健康な参加者と比べてテストの点数が低かった。

そうした患者は新しいアイデアを生み出すのに苦労した。そして作成されたものは、海馬に損傷のない対照群の参加者のものと比べると、新奇性がなく、面白くないと評価された。それは海馬損傷のある患者が、3つの単語に共通する「ターゲット語」を考えるテストを受けたときも同じだった（たとえば「クリーム」「スケート」「水」では、ターゲット語は「アイス［氷］だ）。患者は健康な参加者と比べて、ターゲット語を見つけるのに苦労した。

もう1つ紹介する研究は、人間の概念的ナビゲーションと空間ナビゲーションが同じ脳のプロセスに依存していることを、かなり直接的に裏付けている。人間の被験者の脳では、ナビゲーションとはまったく関係のない完全に抽象的な認知タスクをおこなっているときでも、空間を地図のように表現する働きのある格子細胞で生じる特徴的な発火パターンが見られたのである。

こうした発火パターンは、物理的ナビゲーションの際に活発になる脳の領域（嗅内皮質など）だけでなく、学習済みの概念を新たな状況に適用するケースに関与していることが知られている領域（前頭前皮質など）でも見つかった。このことは、概念を操作する能力が、空間的な関係を記録し、分析する能力と同じ原理に基づいていることを示している。

最近では、新しい発見が毎週のように発表されている。神経科学者が、物理的ナビゲーションと概念的ナビゲーションの両方をつかさどるメカニズムを、さらに正確かつ詳細に説明できるようになるのも間近だろう。しかし、すでにはっきりしているのは、私たちの頭の中にあるナビゲーションコンピューターが、私たちが物理的な移動をするときだけ作動するような単なる付属品ではないことだ。私たちがあちこちに移動することを可能にしている脳の回路には、はるかに幅広く、深い意義がある。そうした回路は、私たちの生活を形作り、自分自身の姿を明確にするのに重要な存在なのだ。

最近では、先駆的なオンライン調査を使ったナビゲーション能力の研究がおこなわれた。対象は世界中の250万人以上の人々だ。参加者は、アプリとしてダウンロードできる「シー・ヒーロー・クエスト」というモバイルゲームをプレイする。オンラインゲームをうまくプレイできることが、現実世界でのナビゲーション能力の指標として信頼できると考えるなら、その結果からはナビゲーション能力が年齢とともに着実に衰えることが示された。これは参加者のいる地理的な位置とは関係がなかった。さらに、男性のほうが全体的に女性よりも効率よくナビゲーションできるようだった。ただし性別による違いの大きさは、社会的不公平の度合いと密接につながっていた。

それはおそらく、女性は男性と同じナビゲーション能力をもって生まれるが、そのスキルを磨く機会が男性よりも限られているせいで自覚できないことが多いのだろう。これもジェンダーバイアスの1つの例だ。

面白いことに、このゲームで世界チャンピオンに名を連ねたのは北欧諸国の住人たちだった。実験をおこなった研究チームは、この地域ではオリエンテーリングが古くから人気であることが優れたナビゲーションスキルを持つ理由だと推測している。ただし、別の違った説明も考えられる。たぶん北欧の人々は、長い冬の夜にビデオゲームをたっぷりプレイしているのだろう。

＊　　＊　　＊

「ゾウは決して忘れない」と言われている。そんな言い伝えには、ある程度の根拠がありそうだ。

アフリカゾウは、食べ物や水を探して100キロ以上も移動することがあり、他のゾウがいる場所を、たとえ姿が見えていないときでもかなりよく理解している。追跡装置を使った調査では、アフリカゾウが「著しく鋭敏な空間知覚」を備えていることが明らかになった。水飲み場に向かって進む場合に、50キロ近く離れたところからぴったり正しい方向に進んだゾウもいた。さらに、ほぼ必ず一番近い水飲み場を選ぶようだった。調査した研究チームは、アフリカゾウが、必要なあらゆるリソースに対して自分がどこにいるかをつねに正確に把握していて、慣れたルートをたどるだけでなく、ショートカットもできるのだと確信している。

アフリカゾウが長距離のナビゲーションに使う手がかりはまだ理解されていないが、匂いは関係しているだろう。

ゾウは食べ物の好みがとても激しいが、食べ物をどうやって選んでいるかは最近までほとんどわかっていなかった。単純に目を使って、見つけた植物を試しに食べているという可能性もあったが、なにしろゾウの視力は実はあまりよくないので、それでは時間とエネルギーがかなり無駄になるだろう。

植物が生成する揮発性物質は遠くまで運ばれることがあり、非常に特徴的だ。草や木にはそれぞれ独自の匂い特性がある。さらに、実際には見えていないときでも、そうした匂いは感知できる。最近の研究では、ゾウだけでなく、おそらくは他の草食動物でも最もよい食料源への道案内になるという点では匂いが重要な要素だとわかっている。

この研究チームはまず、ゾウが自由に採餌しているときに、どの種類の植物を好み、どの種類を避けているかを確かめた。そして、匂いだけに基づいた選択肢をゾウに与える「フードステーション」実験を用意した。この実験の結果、ゾウは匂いを使うことで、食べるのによい木が生えた区画を選び、次にその区画内での木の質を評価している可能性があることがわかった。自由に動き回るゾウもおそらく、こうした情報を使って好みの食べ物を見つけているのだろう。

ゾウのよく発達した海馬が、ラットや人と同じように、認知地図の構築を可能にしているのかもしれない。

PART Ⅲ なぜナビゲーションが重要なのか

第26章　地球の言語

認知エラーの弊害

イタリアの化学者で、のちに作家として有名になったプリーモ・レーヴィ（1919～87年）は、アウシュビッツ強制収容所での恐怖の1年から奇跡的ともいえる生還を果たした後、あまりにも弱り、体調が悪かったため、ふるさとのトリノに真っすぐ帰ることができなかった。母国を目指す長い旅の途中で、当時のソ連の難民キャンプで2カ月過ごし、療養した。そのキャンプを囲む森は、難民の仲間たちだけでなく、レーヴィをも強く魅了した。

なぜなら森は、探し求めるものの一人一人に、はかりしれない価値を持つ、孤独という贈り物を提供していたからだ。何という長い間私たちはそれを奪われていたことだろうか！　森はまた別の森を、以前の生活の時の別の孤独を思い出させた。だがそれとは逆に、その森が、私たちの今までに知っていたいかなる風景とも違って、ひたすら雄大で、おごそかで、手つかずのままであったから、引きつけられたのかもしれない（『休戦』竹山博英訳、岩波文庫。以下同）。

キャンプからほんの少しの距離で、木々が迫ってきて、生き物が住んでいる気配がすっかり消えてしまった。

初めて森に分け入った時、私は「森で道に迷う」危険が民話だけにあるのではないことを、驚きや恐怖とともに、身をもって体験した。私は木がさほど密に茂っていないところからちらちら見える太陽で、何とか方向を見定めながら、一時間ほど歩いた。しかしその後、空が曇り、雨が降りそうになってきたので、帰ろうと思ったが、北の方角が分からなくなったことに気づいた。木の幹のこけはどうだ？　あらゆる方向に生えていた。私は一番正しいと思える方向に進んだ。しかし藪や灌木の間を、苦労しながら長々と歩いたのに、出発した地点と同じくらいよく分からない場所にたどり着いてしまった。

森の中を数時間よろめき歩いたあげく、レーヴィは自分がここで死ぬのだと強く思うようになった。

私はそれから何時間か、日没まで、不安と疲労をつのらせながら歩いた。もし仲間たちが探しにきても、私を見つけられないかもしれないし、何日か後で見つけても、飢えで衰弱しているか、死んでいるかもしれない、などという考えが頭をよぎった。空が青白くなり始めると、飢えた大柄の蚊の群が沸き立ち、名前もよく知らない、銃弾のように大きくて固い昆虫が、木々の間をめくらめっぽう飛び回り、顔にぶつかるのだった。そこで私はおそらく北と思える方向をめざして前進し（つまり空が少し明るい、西と思える方角を左側に見ながら）、街道か、さもなければ小道か、踏み分け道にぶつかるまで立ち止まらずに歩く、という決意を固めた。こうして北方の夏の長いたそがれの中を、ほとんど暗くなるまで歩いた。心は恐慌状態で、暗闇、森、空虚への恐怖に押しつぶされていた。疲れていたにもかかわらず、私はどこでもいいから前方に走り出し、力と息が許す限り、走り続けたいという、強い衝動を感じた。

レーヴィが描いた、この恐怖にとりつかれた状態には、「ウッズショック」（Woods Shock）という刺激的な名前が付いている。こういった種類の方向感覚の喪失は、覚めることのない悪夢そのものだ。つじつまが合わないことばかりに思えて、あらゆるものが不吉な様相を呈する。この世界自体が、私たちの認識の範囲や知識の届かない不気味な存在になり、それゆえに恐怖を感じるのだ。文字通りどうしてよいかわからなくなる。こうした状況では、生死に関わる失敗をする危険性が大幅に高まる。

最終的には、遠くを走る列車の汽笛が聞こえて、レーヴィは自分が完全に間違った方向に進んでいたことに気がついた。鉄道まで出ると、幸運にも雲の間から北極星のあるこぐま座が見えたので、それから目を離さないようにして、鉄道沿いに北に向かった。

現代の私たちが同じような窮状に陥ったら、こうした対処法を知っている人は多くないだろう。そして最近では、イーノス・ミルズ（ロッキー山脈での単独行中に雪眼炎になるという事態から生還した山岳ガイド［147ページを参照］）のような並外れた野外活動のスキルを持っている人はめったにいないので、天才扱いされるくらいだ。

アメリカの原野で活動する捜索救助隊にインタビューをしたことのあるレベッカ・ソルニットは、次のように書いている。

迷子になる人は迷いそうなときに注意力を働かせておらず、帰り道がわからなくなった時点でどうすればいいのかわからなくなってしまうか、道がわからないこと自体を認めようとしない。天候やルートや経路沿いの目印、引き返したときみえるはずの景色、太陽や月や星からわかる方角、水の流れる向きや、そのほかのたくさんの野生の自然を読解可能なテキストへ変える手がかりがあり、それに関心を払う技術がある。遭難者の多くは、地球に書かれたそうした言語を読む術を知らないか、足を止めて読み取ろうとしない（『迷うことについて』東辻賢治郎訳、左右社）。

周囲をよく観察し、自分がどこにいてどの方向に進んでいるのかを（無意識であっても）たえず把握するという古くからの習慣を、私たち都市住民のほとんどはあっさりと捨ててしまっている。その代わりに電子機器に頼って歩き回っている。ふだんはそれでほとんど問題はない。ただ、バッテリーがなくなることもあるし、衛星からの電波はすぐに受信できなくなったり、ひどければ妨害されたりする。この衛星電波の妨害（ジャミング）は、深刻な脅威であるにもかかわらず、あまり話題になっていない。ＧＰＳ衛星からの電波はとても弱く、車のヘッドライトのほうが強いくらいだ。ＧＰＳ衛星は高度２万キロ以上にあるので、同じ周波数のより強い電波を送信すれば簡単に妨害できる。そのうえ、まさにその目的で作られた電波ジャミング装置がインターネットですぐ手に入るのだ。犯罪者はこうした装置を、ＧＰＳトラッカーを取り付けられた自動車の動きを隠すのに使っており、そのせいでかなり広範囲で他のＧＰＳ受信機まで妨害される場合がある。ときどきはっきりした理由もなくＧＰＳの電波が届かなくなったことはないだろうか。あなたは知らないうちに電波妨害の被害者になっていた可能性があるのだ。

さらに「なりすまし（スプーフィング）」の脅威もある。ＧＰＳ衛星から届いたようにみせかけて、ＧＰＳ受信機に間違った位置を表示させるように仕組んだ電波を故意に送信することだ。これは、すでに北朝鮮やロシアの沿岸付近では船舶に問題を引き起こしている実績のある技術だ。電波妨害と同様に、スプーフィングも戦争やテロの強力な武器として使われる可能性がある。

しかしもっと深刻な問題がある。オートメーションシステムへの依存の問題を追いかけてきた文筆家のニコラス・カーは、コンピューターのせいで私たちが2種類の認知エラーの影響を受けやすくなっていると指摘している。

まずオートメーション過信は、コンピューターが私たちに偽りの安心感を与えるときに起こる。マシンが完璧に作動し、持ち上がるあらゆる問題に対処していると確信すると、私たちは注意が散漫になる。自分の仕事から切り離された状態になり、周囲で起こっていることへの意識が薄くなるのだ。一方でオートメーションバイアスは、モニターから届く情報の正確さを信じすぎるときに起こる。ソフトウェアを信頼しすぎるせいで、自分の目や耳といった他の情報源を無視したり、軽視したりしてしまう。そのため、コンピューターからのデータが不正確だったり、不十分だったりしても、そのエラーに気づかないままになる。

ときには、こうした認知エラーからばかばかしい結果になることがある。GPSの道案内にやみくもに従ったばかりに、自動車ごと川に落ちた人たちはこれまでに何人もいる。さらに飛行機の墜落や船の難破などの大事故につながることもある。テクノロジーが間違った使われ方をする危険性もある。道路上での使用を目的とした衛星ナビゲーションシステムは、登山やセーリングには使うべきではないのだが、間違った使い方をする人は多い。スコットランドのローモンド湖国立公園に勤めるルース・クロスビーの話によれば、彼女や同僚は、公園内のローモンド山にスマートフォンだけを持って登ろうとする登山者から、ローモンド山の郵便番号をよく質問されるという。

道を見つけるスキル

なかには、最も基本的なナビゲーションスキルが獲得されない不運にみまわれる人もいる。そうした人たちの脳は、アルツハイマー病の患者の脳とは違って完全に健康な状態にみえるが、彼らはずっと前から知っている地域でもすぐに迷ってしまう。そうした症例は２００９年に初めて報告され、「発達性地誌的見当識障害」と命名された。

それ以来、オンライン調査によって１００件を超すケースが新たに発見された。その後のテストで、発達性地誌的見当識障害のある人は（その85パーセントが女性だった）方角を判断したり、ランドマークを認識したり、来た道を戻ったりするタスクで、対照群よりもはるかに結果が悪かった。ただし、顔や物体の認識は同じくらい問題なくできた。発達性地誌的見当識障害の苦しみは一生涯続くようだが、その原因はまだ明らかになっていない。また、本当に女性のほうが男性よりもこの障害になりやすいのかどうかも不明だ。女性はこの問題を抱えていることを進んで認める傾向が強いだけかもしれない。

そして、発達性地誌的見当識障害を持つ人たちはいつもそうするしかないのだが、最近は私たちの多くが日常的に、どこからどうやってその場所に着いたのかをよく理解せずに旅をしている。私たちは小包のように運ばれて、自分で選んだ目的地に無事到着したことを喜び、旅がスムーズに進んでいれば安堵する。現代の旅行は受動性を助長している。私たちは、相手が飛行機のパイロットにしろ、自信あふれる口調が魅力的で、どこにでもついてくるＧＰＳの音声にしろ、すぐにナビゲーションを他人任せにしようとする。自動運転車はこうした依存傾向を新たなレベルに進めつつある。

　私たちの遠い祖先は、地球の表面をほぼくまなく探検し、その大部分を細やかな感覚と生まれ持った知恵以外の道具を使わずに開拓した。そして本書でもすでに見てきたとおり、羅針盤やアストロラーベ、六分儀、マリンクロノメーターが発明されるよりもずっと前に（もちろんＧＰＳなどない）、北極からオーストラリアの砂漠、太平洋の熱帯海域にいたる、幅広い環境に適応した驚くほど多様な「道を見つける（ウェイファインディング）」スキルを編み出していた。

　２０００年にイクマックというイヌイットの長老が、クラウディオ・アポルタに語った次の逸話からは、現代的なテクノロジーがそうした昔ながらのナビゲーション術をいかに脅かしているかがみえてくる。

> 若者がＧＰＳに、ある場所がどこなのかたずねれば、そのＧＰＳはその若者に教えるでしょう。しかし、その若者が長老に近づいて、その場所がどこにあるかたずねたら、その長老はかなり詳しく説明して、必ずしもそれがどこにあるかではなく、それの手前に何があるかを教えるはずです。「最初に湾があって、ある地点があり、イヌクシュクがある」というふうに説明は続きます。

先に進めば、具体的にどんなものが待っているかを教えてくれるでしょう。しかし若者にはそういうことにかける時間がありません。知りたいのは、その場所がどこにあるかなのです［……］

私の同年代でも、ＧＰＳに頼っている人がいます。その父親が、どの方向にどうやって進むべきか、どんな危険があるのかということを、じっくりと膝を交えたり、一緒に外に出かけたりして教えてくれなかったからです。彼らはそういう経験がないのです。そして時間をかけて練習を重ねれば、（イヌイットのナビゲーションは）ほとんど科学のようになります。実際のところ、それは科学かもしれません。ただし、書いたものはありません。それは頭の中にだけあります。世代から世代へと手渡されてきた知識があるだけです。

衛星ナビゲーションシステムには実用的なメリットが数多くあるものの、それを採用することはウェイファインディング・スキルの低下につながる。もっと一般的にいえば、「土地を理解する力が弱まる」ということだ。カーも次のように書いている。

ＧＰＳを装備したスノーモービルに乗っているイヌイットは、ＧＰＳ搭載の四輪駆動車に乗って郊外から都会に通勤する人とそう変わらない。ＧＰＳ画面からの指示に注意を向けていれば、周囲が見えなくなる。［……］何百年にもわたってイヌイットの特徴となってきた独自の能力が、１世代の間に消え去るかもしれない。

オオソリハシシギの素晴らしい渡りを発見した、アメリカ地質調査所アンカレッジ事務所のボブ・ギルから聞いた話では、アラスカの先住民はＧＰＳに彼ら独自の名前を付けているという。それは「箱の中の長老」だ。

太平洋の島々に伝わる古代の航法術は復活したが、他の場所では、古いナビゲーション術は深刻な危機にあり、近いうちに神話か伝説の中だけの存在になってしまうかもしれない。そうしたナビゲーション術が失われれば、私たちと、狩猟採集生活をしていたそう遠くない祖先との間に残されていた、とても重要なつながりが断ち切られてしまう。祖先がかつて頼りにしていた実用的なスキルの大部分を、私たちは次々と捨ててきた。そうした長い歴史的なプロセスの最終段階にあたるのが、このＧＰＳ革命だ。私たちは、食物を育てたり、自分の服を作ったり、家を建てたりといったことを喜んで専門家にまかせている。そして今、ナビゲーションという、最も古く、最も基本的なスキルに背を向けつつある。

アーネスト・ヘミングウェイの小説の登場人物は、どんなふうに破産にいたったのかと聞かれて、「徐々に、そして突然に」と答える。私たちがナビゲーションスキルを失ってきたのも、ちょうどそんな感じだった。そのプロセスは、コンパスや六分儀のような初期のシンプルなテクノロジーの採用とともに、ゆっくりと始まったが、そのせいで私たちが周囲の世界に細心の注意を払い、知恵を働かせる必要から解放されたわけではなかった。

対照的にGPSの登場は、私たちと自然との関係に急激で根本的な変化をもたらした。今では、少しも考えたり努力したりせずに自分の位置を確認し、進む方向を決定できる。そしてその間、光を放つスクリーンから目を上げることさえしない。面倒な負担から解放してくれたように思える電子機器のせいで、私たちは力を失っただけでなく、自然界から遠ざかってしまったのである。

GPSは奇跡のような存在で、現代のテクノロジーによる最大の成果の1つとして存在している。しかしそれに夢中になるあまり、私たちはゲーテの戯曲に登場するファウストとどこか似たような振る舞いをしてはいないだろうか。切実な願いを叶えてもらう代わりに魂を売った、あのファウストだ。

気がついていないかもしれないが、私たちは急速にナビゲーション音痴になりつつあるのだ。その運命を回避するには、可能なときにはスマートフォンや電子ナビゲーションシステムのことを忘れる必要がある。何も考えずにGPSに頼る代わりに、すっかり知っているルートを行くときでも、目を見開いて、脳を働かせるべきだ。ナビゲーションスキルをすっかり失いたいのでなければ、私たちは地球の言語を話す方法をもう一度学ばなければならない。

＊　＊　＊

2013年4月23日に、66歳の元看護師ジェラルディン・ラーゲイは旅行仲間のジェーン・リーとともに、ウエストバージニア州ハーパーズ・フェリーを出発した。アパラチアントレイルの北半分の約

1770キロを踏破するという野心的な計画だった。

リーは6月末に家に帰らなければならなくなったが、ラーゲイは方向感覚が悪く、パニック障害をわずらっていたにもかかわらず、1人で歩き続けることを固く決意していた。7月21日に、ラーゲイはまだ順調に進んでいて、メイン州のカターディン山（アパラチアントレイルの北の終点）から320キロ以内のところにいた。その時点ですでに1600キロ近くを歩いてきていた。翌日には夫と待ち合わせをしていて、次の区間の食料などを受け取ることになっていた。7月22日午前6時30分に別のハイカーが、ちょうど出発するところのラーゲイの写真を撮った。このハイカーが生前のラーゲイと最後に会った人物になった。

ラーゲイの夫が7月24日に、妻が予定を過ぎてもやってこないと通報し、メイン州監視局が最終目撃地点周辺の木々がうっそうと茂った山地の捜索を開始した。他にも数多くの機関が参加し、航空機や山岳救助犬も投入した大規模な捜索がおこなわれた。初期の捜索は1週間後に打ち切られたものの、この行方不明事件は未解決扱いとなり、警察は不確かな手がかりが届くたびに捜索をおこなった。2年以上たった2015年10月になって、測量技師が倒れたテントに偶然出くわし、その中にラーゲイの遺体を発見した。

ラーゲイの携帯電話からは、7月22日の朝に小用を足すためにトレイルを離れたことが明らかになった。方向感覚を失い、道に戻れなくなったラーゲイは、夫に繰り返しテキストメッセージを送ろうとしたが、このメイン州の人里離れた山奥では、携帯電話の電波が弱かったたか、完全に圏外だったたかのどちらかで、夫は1通も受け取っていなかった。

ラーゲイが最後にキャンプした場所は、トレイルから3キロしか離れておらず、捜索隊はその付近まで一度ならずやってきていた。テント内で見つかったラーゲイの日誌の内容から、彼女が少なくとも2013年8月中旬まで生存していており、その頃には食料が尽きていたことが明らかになった。日誌にはっきりと書き込まれていた最後の日付は、2013年8月6日だった。そこに書いてあった内容は、もの悲しくも穏やかなものだった。


私の遺体を見つけたら、夫のジョージと娘のケリーに電話をしてください。私が亡くなったこと、そして私が見つかった場所を知らせてくだされば、ふたりへの何よりの思いやりになるでしょう。

それが今から何年後であっても。

第27章

私たちはどこへ向かうのか

世界を一変させる力

北アメリカのオオカバマダラは減少傾向にあり、その渡り行動の研究者たちは減少の理由を探るべく尽力している。理由として考えられるのは、越冬地の高原で森林破壊が進んでいることや、アメリカの大平原(グレートプレーンズ)でグリホサート系除草剤(「ラウンドアップ」など)の使用が広がり、それがオオカバマダラの幼虫の食草を枯らしていることなどだ。こうした脅威に対処するために有効な手だてを取らなければ、最も素晴らしい自然現象のひとつである年に一度のイベントは、すぐに記憶の中だけのものになってしまうだろう。

グリホサート系除草剤がミツバチのナビゲーション能力を弱めることは知られており、個体数の減少に関係している可能性もある。ミツバチは授粉媒介者として重要な役割を果たしているので、その減少は農業の生産性を脅かす深刻な問題だ。除草剤使用の危険が他の多くの昆虫にもおよんでいるのはほぼ間違いない。

生息地の喪失によって、数え切れないほどの動物が危機にさらされており、特に渡り鳥への影響は大きい。たとえば、勇敢さで知られるオオソリハシシギは、ニュージーランドからアラスカに戻る途中で、餌を食べるために中国沿岸部の湿地に立ち寄らなければならないが、その湿地が急速に縮小しているため、種の存続が危ぶまれている。また、気候変動の影響で大規模な海流や風系の循環が変化する可能性があり、ウミガメからクジラ、キョクアジサシ、トンボにいたるまで、そうした海流や風系に頼って生きている多くの動物にとっては深刻な脅威となるだろう。

光害が多くの動物を脅かしていることもわかっている。人工光は、ウミガメの子どもを海と反対の方向に引き寄せたり、多くの鳥や昆虫を混乱させて危険にさらしたりしている。多くの動物のナビゲーション行動をつかさどる体内時計も、人工光によってひどい影響を受ける。こうした拡大しつつある、人間にとって必要に迫られていない問題に取り組むのは大きな挑戦であり、まだ十分に認識されていない課題でもある。

他にもまだあるが、こうしていくつか例を挙げただけでも、私たちと同じ惑星に住む、大小問わず驚くほど多くの種類の生き物を保護し、環境の変化と戦う取り組みに、動物ナビゲーション研究によって得られる情報がどう役立っているかがわかる。

完全に利己的な人間の視点でいえば、イナゴや、幼虫が夜盗虫と呼ばれるガの仲間（ボゴングガも含まれる）のような農業害虫の移動を左右する要因を理解することは、経済的にも社会的にも大きな価値がある。さらに、動物によって運ばれる危険な病気（インフルエンザやマラリア）の広がりを抑えるには、動物がいつ、どこに、どのような理由で移動するのかを知ることが欠かせない。これらはすべて、動物ナビゲーションの研究者がこれまでに重要な貢献をしてきた問題であり、それは今後も続いていく。

神経科学者の研究のおかげで、ナビゲーションスキルを使うことが、通常の老化によるナビゲーション能力の低下や、さらにはアルツハイマー病の破壊的な症状に対処するのに役立つ可能性があることがわかっている。脳がナビゲーションタスクを処理する方法についての知識があれば、アルツハイマー病の患者への支援をより有効におこなえるようにもなる。その方法には、たとえば患者が従来よりずっと簡単かつ安全にナビゲーションできる環境の設計などがある。

人間や動物のナビゲーションの根底にある感覚処理プロセスや計算プロセスの理解が進んだことは、すでに革新的な新しいテクノロジーの発展に影響を与えている。自動運転車からロボットシステム、マシンビジョン、さらには量子コンピューターにいたる新たなテクノロジーには、私たちが暮らす世界を一変させる力がある。そこに軍事分野やセキュリティ分野での応用の可能性があることを考えれば、動物ナビゲーション研究に政府の研究資金が大規模に投入されている理由もわかる。新たな知識を善悪のどちらに使うかは、私たち次第だ。

私たちはそれぞれ、人生の物語を方向づける、時間と空間の道をたどっている。それを人生の道と呼んでもよい。深い眠りから覚めたときに自分が誰か思い出せるのは、自分が過去にどこにいて、誰と出会い、どこで何をしてきたかを想起することにかかっている。こういったことは私たちに、個人としてのアイデンティティを維持しているという感覚を抱かせる。そしてそういう感覚がないと人生は完全に崩壊してしまう。アルツハイマー病が進行した患者で起こっているのはそれだ。ナビゲーションの神経科学は、自己意識がどのように構築されるかを解き明かすことによって、私たちが自分自身を知り、さらに親戚である動物たちとの共通点がいかに多いかを理解する助けになっているのだ。

人間中心主義を超えて

私たち人間は古くから（少なくとも西洋社会では）自分たちが「万物」の他の部分よりも優れていることを誇りにしてきた。人間が特別な地位にあることは旧約聖書の創世記でうたわれている。創世記は、神が「自分のかたちに人を創造され」、その人に「海の魚と、空の鳥と、地に動くすべての生き物とを治めよ」と述べられたと明確に示している。アウグスティヌス（古代ローマのキリスト教の神学者）はさらに踏み込んだ立場を取った。人間には他の動物に対する道徳上の義務はないと主張したのである。その証拠としてあげたのが、イエスがある男から追い払った悪霊を豚の群れに送り込み、その豚の群れを溺れさせたという聖書の記述だ。したがって、他の動物は人間に利用されるためだけに存在しており、動物の福祉は本質的に重要なことではなかった。

中世には、トマス・アクィナスがより穏健な立場を取って、人間は動物に親切にしなければならないとした。さもなければ虐待の習慣が身につき、それが人間への扱いに広がるかもしれないからだ。しかし、人間が基本的に優位にあることには疑問を抱かなかった。さらに、人間中心主義を信奉したのはキリスト教徒の思想家だけではない。アリストテレスも、自然はあらゆるものを特に人間のために作ったのだと主張した。

ダーウィン進化論による革命は、こうした人間中心主義に深く根ざした世界観に強烈な挑戦状を突きつけ、その後の科学の進歩がそうした世界観の知性の面での信憑性を失わせた。私たちは、いくつかの点では仲間の生き物よりも優れた能力を与えられているかもしれないが、それ以外の点では、彼らのほうが明らかに優れている。重要な点は、人間と動物のどちらから見ても、異なっているのは与えられた能力の種類ではなく、程度だということだ。

人間は別の次元に属する生き物ではない。私たちも動物であり、細菌やクラゲ、ムカデ、イセエビ、鳥、ゾウを生み出したのと同じ進化プロセスの産物だ。違うのは、私たちは地球上の他のあらゆる生き物の運命を左右する立場にいることである。そしてその点に関して、私たちにはある程度の選択ができる。

古い思考の習慣（と信念体系）は容易には滅びないし、人間中心主義は私たちの考え方に深く入り込んでいる。実際にそれは人々の生活に強い影響力を及ぼしており、その傾向が特に顕著なアメリカで多くの政治家が気候変動を現実だと認めていないことの裏には、原理主義者的な宗教観がある。しかし、問題はもっと根深い。聖書の記述を科学よりも信頼できる世界についての情報源とみなす人々が、私たちの直面する多くの現実的な問題を理解する見込みは低く、ましてや解決することなど無理である。宗教的信念をよりどころとした、科学に対する懐疑主義がはびこっているせいで、私たちの「指導者」は間違った情報に基づいた、ときに危険な彼らの意見に不都合な異議申し立てをする「専門家の意見」があった場合に、それをあざ笑うようになっている。

人間中心主義は、直面する危険に理性的に対応する能力を弱めるだけではなく、私たちに自然界全体をさげずむための口実を与える。私は数え切れないほどの家畜に対する、不当な取扱いのことだけを言っているわけではない。もちろん、それも十分に問題だが。私たち人間は生態系全体を急速に破壊しているのだ。北極の氷は溶けつつあり、熱帯のサンゴ礁では白化現象が起こっている。太平洋岸北西部の多雨林は破壊が進み、海では魚の乱獲が続いている。私たちが目撃している（そして実際には引き起こしている）生物の大虐殺は、たとえ私たち自身の幸福を現実的に脅かすことはなかったとしても、十分ぞっとするようなものだ。

人間中心主義は破壊的で危険な力であり、私たち人間が自分たちの世界に与えている損害を最小限にとどめるために必要な対策を取ろうとするなら、そうした思想を乗り越えなければならない。それは簡単なことではないだろうし、人間は決して、すべての面で合理的な生き物ではないのだからなおさらだ。私たちはみな、強い社会的圧力を受けやすく、自分にとって重要な意見の持ち主に従いたがる。自分がすでに持っている信念を脅かすような証拠は無視するが、それを支持する証拠ならどんなものにでも飛びつく傾向がある。そしてあらゆる証拠を慎重に検討せずに、早合点してしまうことが多い。

私たちが直面している多くの環境問題への対応を前進させようとするなら、必要なのは、懐疑主義の人々に立ち向かうことだけではない。変化の必要性を認識しているものの、急がねばならない政治的に難しい手段を講じるのはためらっている人々を励ますことも必要だ。さらに、将来待ち受けていることについての陰鬱な予言ばかりに目を向けないようにすれば、前進が早まるかもしれない。というのは、運命論を助長することで、実際にその予言が現実化してしまう危険性があるからだ。

それよりも重要なのは、私たちは驚きに満ちた世界にいることを自覚して、仲間である生き物の素晴らしさを正しく理解する人々の輪をできるだけ大きく広げることだ。動物ナビゲーションについての発見がそれだけで大きな変化を生んでいくと言い張るのは無理があるが、私たちはそうした発見がきっかけで、危機にさらされているものの価値に気づくことがある。

本当の居場所

私たちの種は地球上に30万年前からいるが、村や町で暮らしてきたのはせいぜい1万年間だ。人口100万人の都市が存在するようになってからわずか数百年だが、今では私たちの大半がそうした都市にひしめきあって暮らしており、自然界からほとんど切り離されている。例外は、公園や街路樹、そして私たちと一緒の都市生活を耐えられる植物や動物くらいだ。私たちの祖先の生活は自然への没ない。

入を基本的な特徴としていたが、圧倒的多数の人々にとって、そうした体験は記憶の中にさえ存在しない。

進化の観点からみれば、狩猟採集民としての暮らしから都市中心の生活様式への急激な変化は、一瞬のできごとだった。その遠い過去はいやが応でも、遺伝子や所属する文化を通して、今も私たちに大きな影響を与えており、自然界が私たちにとっていまだにきわめて重要であるのは疑いの余地がない。偉大な昆虫学者のエドワード・ウィルソンは、私たちが「他の生き物と親しくなりたいという衝動」を受け継いでいると考えており、それに「バイオフィリア」〔生物（bio）＋好む傾向（philia）〕という名前を与えている。

私たちは実際に「自然」に引きつけられるようであり、それには驚くほど多様な形がある。山をハイキングするのが大好きな人もいるだろうし、静かな川のほとりでの釣りや、海でのセーリングを好む人もいる。しかしどんなことを個人的に好むにしても、自然界との接触は楽しいだけではなく、私たちにとってよいことだという証拠は豊富にある。

実際に、自然の中での体験が人生を変えうることがわかっている。静かな場所に引きこもっていた戦争の被害者が、数週間かけてコロラド川の急流をカヤックで下ったことで、もう一度生きる意欲を取り戻すこともある。病院の窓から見える庭でさえ、手術後の患者の回復を早めるのに役立つし、森林の中を長時間散歩すること（日本で「森林浴」と呼ばれるセラピーだ）は、ストレスの緩和をはじめとする多くのプラス効果をもたらす。

そうした事例は医学文献で数多く報告されている。その根底にあるメカニズムの1つとしては、免疫系の機能向上が考えられる。さらに、自然現象によって「畏敬の念」を引き出される経験が、よりよい振る舞いを促進しているという証拠もある。つまり私たちは、利己的な行動を控え、より協力的になるのだ。

結局、物理的に自然と接触するだけで得られるように思える、何か不可思議なものが失われれば、都会生活や現代テクノロジーがもたらす明らかな利益も、その喪失を埋めることはできない。おそらく、私たちがこれほど自然に強く引かれるのは、どこか深い感覚のレベルで私たちの本当の居場所であるからだろう。そして私たちはそこに戻ることを切に願っている。

自然からは崇高で抗しがたい力を感じることがある。グランドキャニオンにそびえる風化して地層があらわな崖や、暗い夜空にまばゆく光る星々、広大な海の果てしない眺めを想像してみてほしい。そうした壮大な光景は、私たちの厚かましい自尊心を無言で拒絶する。一方で、小さなものも同じように私たちの心を動かす。秋の長旅に備えて、猛烈な勢いで虫を追いかけながら急な降下や旋回を繰り返すツバメ。プロヴァンス地方の丘の上で糞玉をごろごろと転がしていくフンコロガシ。熱帯地方の砂浜で懸命に卵を産むウミガメ。夜の闇をヨットで帆走すると、航跡の中できらめいて、鮮やかな緑の光をたなびかせる無数のプランクトン。そして地球を包み込む磁場を使って進む方向を決める、数え切れないほどの小さな茶色のガ。

この本のリサーチや執筆をしている間、その主役である動物のナビゲーターたちの素晴らしいスキルに口がきけなくなるほど感嘆したことが何度もあった。たとえ私たちの生活が、すみかとする惑星の健康や活力に依存していなかったとしても、そうした驚異の存在の源となっている、ほとんど限りなく複雑に絡み合う生命の網を守ることは、間違いなく倫理的な義務である。

自然を前にして感じる畏敬の念は神秘的な力だ。かつて、それは神の存在を示す明らかな証拠と受け止められていた。今ではもう、神の存在は信じられていないかもしれないが、私たち人間がこの先も繁栄していくつもりなら、自分たちが住む世界と、それを共有する素晴らしい生き物たちに敬意を払い、大切にすることを学ばなければならない。

私たちは地図に新たな針路を書き込まなければならないのだ。

原注は www.intershift.jp/navi.html よりダウンロードいただけます

謝辞

はじめに、私のエージェントであるキャサリン・クラークと、編集者のルパート・ランカスターに感謝したい。キャサリンは最初の企画書の作成を根気強く手伝ってくれた。そしてルパートのユーモアにあふれつつも、専門家としての鋭い助言は、この本を形作る上で欠かせない役割を果たしてくれた。原稿整理編集者のバリー・ジョンストン、イラストレーターのネイル・ガウアー、広報担当者のカレン・ギアリーとアシスタントのジャネル・ブリュー、マーケティングキャンペーンを運営してくれたカトリーナ・ホーンと、すべての作業をとりまとめてくれたキャメロン・マイヤーズにも感謝する。

この本のリサーチは、科学誌に掲載された論文を中心におこなったが、かなり頼りにした何冊かの本の著者にもお世話になったことを感謝しなければならない（そうした本は「お薦め文献」にまとめてある）。ヒュー・ディングル、ポール・ドゥドチェンコ、ジェームズ・グールドとキャロル・グラント・グールド、タニア・ムンズ、ギルバート・ウォルドバウアーなどの著作だ。

専門知識を惜しみなくわけてくれた科学者のみなさんには心から感謝する。アンドレア・アデン、スザンヌ・オーケソン、エミリー・ベアード、ヴァネッサ・ベジー、ロジャー・ブラザーズ、ジェイソン・チャップマン、ニキータ・チェルネツォフ、マリー・ダッケ、マイケル・ディキンソン、デイビッド・ドライヤー、バリー・フロスト、アンナ・ガグリアルド、アニャ・ギュンター、ボブ・ギル、ドミニク・ジュンキ、ジョン・ハグストラム、ルーシー・ホークス、スタンリー・ハインツェ、ピーター・ホア、ミリアム・リートフォーグル、ルシア・ジェイコブス、ケイト・ジェフェリー、バシル・エル・ジュンディ、ケン・ローマン、パオロ・ルスチ、ヘンリク・モウリトセン、マーティン・ロッサー、ヒューゴー・スピアーズ、エリック・ウォレント、ジェイソン・ウォレン、リュディガー・ヴェーナー、マシュー・ウィット。

親切にもこの本の初稿（すべて、あるいは一部）を読み、しばしばとても細かなところにまでコメントをくれたみなさんに特に感謝したい。ジェイソン・チャップマン、アンナ・ガグリアルド、ジョン・ハグストラム、ピーター・ホア、ケイト・ジェフェリー、パオロ・ルスチ、ヘンリク・モウリトセン、マーティン・ロッサー、エリック・ウォレント、リュディガー・ヴェーナー。さらに、原稿を読んでコメントをくれた「一般市民」のみなさんにも感謝する。ジェシー・レーン、ジョージ・ロイド・ロバーツ、リチャード・モーガン、キット・ロジャース。

エリック・ウォレントは親切にも、私がスノーウィー山地で彼の研究チームに加わることを許してくれた。そこで私は、ウォレントたちが実施していたボゴングガについての興味深い実験を目撃した。ウォレントと妻のサラは、私のルンド滞在中に素晴らしいもてなしをしてくれた。チューリッヒを訪れたときのリュディガー・ヴェーナーと妻のシビルもそうだった。パウロ・ルスチと妻のクリスティーナも同じように、私がピサにいるときに親切にしてくれた。ヴァネッサ・ベジーとロジャー・

ブラザーズ、ケン・ローマンも、コスタリカで一緒に過ごしたときにいろいろと気を配ってくれた。みなさんの親切に心から感謝したい。

英国王立ナビゲーション研究所と現所長のジョン・ポトル、前会長のピーター・チャップマン‐アンドリュースにも感謝をしたい。英国王立ナビゲーション学会では、特に磁気ナビゲーションについて、最新の研究の概要がよくわかった。さらに、この分野の第一線で研究する多くの科学者と会うことができた。また、同じ年の後半に動物行動学会が主宰した動物ナビゲーションについての学会に参加したときにも、多くの有益な知識を得た。

最後に、つねに支えとなり、アドバイスと励ましをくれた妻のマリー、そして娘のネルとミランダに心からの感謝を伝えたい。3人の助けは言葉で表せないくらい重要だった。

Ghione, S., *Turtle Island : A Journey to Britain's Oddest Colony*, London: Penguin 2002. Tr. Martin McLaughlin.
Gladwin, T., *East Is a Big Bird*, Cambridge, Mass.: Harvard University Press, 1970.
Gould, J.L., & Gould, C.G., *Nature's Compass: The Mystery of Animal Navigation*, Princeton: Princeton University Press, 2012.
Griffin, D.R., *Animal Minds*, Chicago: University of Chicago Press, 2001. ドナルド・R・グリフィン『動物の心』(長野敬・宮木陽子訳、青土社)
Heinrich, B. *The Homing Instinct: Meaning and Mystery in Animal Migration*. William Collins, London, 2014.
Hughes, G., *Between the Tides: In Search of Turtles*, Jacana, 2012.
Levi, P., *If This Is a Man; The Truce* (S. Woolf, trans.), London: Abacus, 1987. プリーモ・レーヴィ『休戦』(竹山博英訳、岩波文庫)
Lewis, D., *We, the Navigators* (second ed.), Honolulu: University of Hawaii Press, 1994.
Munz, T., *The Dancing Bees: Karl von Frisch and the discovery of the honeybee language*, Chicago: University of Chicago Press, 2016.
Newton, I., *Bird Migration*, London: W. Collins, 2010.
Pyle, R.M., *Chasing*, New Haven: Yale University Press, 2014.
Shepherd, G.M., *Neurogastronomy*, New York: Columbia University Press, 2013. ゴードン・M・シェファード『美味しさの脳科学』(小松淳子訳、インターシフト)
Snyder, G., *The Practice of the Wild*, Berkeley, CA: Counterpoint, 1990. ゲーリー・スナイダー『野生の実践』(重松宗育・原成吉訳、思潮社)
Solnit, R., *A Field Guide to Getting Lost*, Edinburgh: Canongate Books, 2006. レベッカ・ソルニット『迷うことについて』(東辻賢治郎訳、左右社)
Strycker, N., *The Thing with Feathers*, New York: Riverhead Books, 2014. ノア・ストリッカー『鳥の不思議な生活』(片岡夏実訳、築地書館)
Taylor, E.G.R. *The Haven-Finding Art: A History of Navigation from Odysseus to Captain Cook*, London: Hollis and Carter, 1956.
Thomas, S., *The Last Navigator*, New York, NY: H. Holt, 1987.
Waldbauer, G. *Millions of Monarchs, Bunches of Beetles: How Bugs Find Strength in Numbers*, Cambridge, Mass: Harvard University Press, 2000.
Waterman, T.H., *Animal Navigation*, New York: Scientific American Library, 1989. ギルバート・ウォルドバウアー『新・昆虫記 』(丸武志訳、大月書店)
Wilson, E.O., *Biophilia*, Cambridge, Mass.: Harvard University Press, 1984. エドワード・O・ウィルソン『バイオフィリア』(狩野秀之訳、ちくま学芸文庫)

お薦め文献
＊詳細な出典は「原注」として
www.intershift.jp/navi.html よりダウンロードいただけます

Ackerman, J., *The Genius of Birds*, London: Corsair, 2016. ジェニファー・アッカーマン『鳥！ 驚異の知能』(鍛原多惠子訳、講談社)

Bagnold, R.A., *Libyan Sands*, London: Eland Publishing, 2010.

Balcombe, J., *What a Fish Knows*, London: Oneworld, 2016. ジョナサン・バルコム『魚たちの愛すべき知的生活』(桃井緑美子訳、白揚社)

Cambefort, Y., *Les Incroyables Histoires Naturelles de Jean-Henri Fabre*, Paris: Grund, 2014. イヴ・カンブフォール『ファーブル　驚異の博物学図鑑』(奥本大三郎・瀧下哉代訳、エクスナレッジ)

Carr, A., *The Sea Turtle*, Austin: University of Texas, 1986.

Cheshire, J., & Uberti, O., *Where the Animals Go*, London: Particular Books, 2016.

Cronin, T.W., Johnsen, S., Marshall, N.J., & Warrant, E.J., *Visual Ecology*, Princeton: Princeton University Press, 2014.

Deutscher, G., *Through the Language Glass*, London: Arrow Books, 2010. ガイ・ドイッチャー『言語が違えば、世界も違って見えるわけ』(椋田直子訳、インターシフト／早川書房より文庫化)

de Waal, F., *Are We Smart Enough to Know How Smart Animals Are?* , London: Granta, 2016. フランス・ドゥ・ヴァール『動物の賢さがわかるほど人間は賢いのか』(柴田裕之訳、紀伊國屋書店)

Dingle, H., *Migration: The Biology of Life on the Move* (second ed.), Oxford: Oxford University Press, 2014.

Dudchenko, P.A., *Why People Get Lost*, Oxford: Oxford University Press, 2010.

Ellard, C., *You Are Here*, New York: Anchor Books, 2009. コリン・エラード『イマココ』(渡会圭子訳、早川書房)

Elphick, J., *Atlas of Bird Migration*, Buffalo, New York: Firefly Books, 2011.

Fabre, J. H., *Souvenirs Entomologiques*, Paris: Librairie Ch. Delagrave, 1882. ジャン＝アンリ・ファーブル『完訳ファーブル昆虫記』(奥本大三郎訳、集英社)

Finney, B., *Sailing in the Wake of the Ancestors*, Honolulu: Bishop Museum Press, 2003.

Gatty, H., *Finding Your Way Without Map or Compass*, New York: Dover, 1999. ハロルド・ギャティ『自然は導く』(岩崎晋也訳、みすず書房)

Gazzaniga, M.S., Ivry, R.B., & Mangun, G.R., *Cognitive Neuroscience: The Biology of the Mind* (second ed.), New York: Norton, 2002.

解説

動物たちはナビゲーションの天才だ。地球を渡る数千キロ、数万キロの旅をするものたちもいる。なぜコンパスもGPSもなしに、迷わず進んでいけるのか？　本書はそんなナビゲーションの謎を、世界の第一線の科学者による研究や彼らへの取材によって解き明かしていく。

まず驚かされるのが、そのしくみが極めて高度なことだ。最先端のAI・ロボット技術でも、とてもかなわない。たとえば、ほんのちっぽけな脳しかないアリたち。サバクアリの研究では、ナビゲーションに「e-ベクトル（人間には見えない偏光の向き）」「時間補正式太陽コンパス」「走行距離計」「オプティックフロー」「イメージ照合システム」「風向き、振動、匂い」「磁気」などなどを利用・駆使していることがわかってきた。

本書には9万キロ（なんと地球2周分！）も旅する鳥から、時速90キロで一晩で600キロ以上も進むガまで、仰天エピソードも満載だ。ウミガメの子どもが生まれた場所から遙かな海洋の旅に出て、大人になってから産卵のためにまたそこにちゃんと戻ってくる、という逸話にも感動させられる。なにしろ陸と違って、広大な海には目立つランドマークもない。いったいどんなやり方で戻ってくるのだろうか？　どうやらウミガメはある種の「地図」を使っているらしい。それは地球を取り巻く磁場のマップだ。ウミガメはこうした磁気感覚（磁場強度と伏角をともに感知できる）を備えており、大洋を回遊していけるようだ。それだけではない、生まれた場所の磁気特性が体内に刷り込まれていて、そのため元の場所に戻ってこれるというのだ。ミバエの研究では産卵後、胚の代謝過程において脳神経系に磁場情報が内在化し、孵化後も保存されて生殖細胞に伝えられ、子孫へ遺伝していくという。また、こうした動物たちの磁気センサーのしくみについては、「磁鉄鉱説」「光化学磁気コンパス説」「電磁誘導説」などが提唱されているが、まだ解明途上にある。

ナビゲーションにかかわる脳神経科学も、急速に進展している。注目されるのは、ナビゲーション能力が、リアルな空間だけではなく、「概念空間」でも大きな役割をはたしていることだ。私たちの思考・創造力は、海馬をはじめとするナビゲーション関連の脳の働きに支えられている。

今日では街歩きでさえGPSに頼るようになった人類だが、動物ナビゲーションの研究はますます盛んになっている。それは自動運転車やロボット、量子コンピューターなどの先端技術から、認知症のケア、感染症の拡散防止、生物多様性の保全にまでかかわる領域だからにほかならない。本書の著者が属する英国王立ナビゲーション研究所（Royal Institute of Navigation）もまさにそうした学際的な研究組織だ。また、わが国でも「生物ナビゲーションのシステム科学（生物移動情報学）」の創成を目指して各分野の専門家が結集している。まだまだ謎は多いが、それはいかに動物たちのナビゲーション力が卓越しているか、という証でもあるだろう。なお、ナビゲーションと人類については、M・R・オコナー『WAYFINDING 道を見つける力――人類はナビゲーションで進化した』に詳しいので、ぜひ併読をお薦めしたい。

本書出版プロデューサー　真柴隆弘

著者
デイビッド・バリー David Barrie
英国王立ナビゲーション研究所フェロー。19歳のときヨットで大西洋を横断して以来、世界中を航海している。オックスフォード大学で実験心理学と哲学、動物行動の科学的研究を学ぶ。卒業後は外交官、情報アナリスト、アートアドミニストレーターなどに従事。芸術への貢献により大英帝国勲章コマンダーを受章。ロンドン在住。前著は六分儀をテーマにした『*Sextant: A Voyage Guided by the Stars and the Men Who Mapped the World's Oceans*』。

★年間ベストブックW受賞
『サンデータイムズ』ベストネイチャーブック（2019）
ノーチラスブックアワード：アニマルズ&ネイチャー部門（2019）

訳者
熊谷 玲美（くまがい れみ）
翻訳家。訳書は、アランナ・ミッチェル『地磁気の逆転』、エリック・アスフォーグ『地球に月が2つあったころ』、クリストファー・マーレー『世界一うつくしい昆虫図鑑』、アリ・S・カーン&ウィリアム・パトリック『疾病捜査官』ほか多数。

動物たちのナビゲーションの謎を解く

なぜ迷わずに道を見つけられるのか

2022年4月20日　第1刷発行

著　者　　デイビッド・バリー
訳　者　　熊谷玲美
発行者　　宮野尾 充晴
発　行　　株式会社 インターシフト
〒156-0042　東京都世田谷区羽根木1-19-6
電話 03-3325-8637　FAX 03-3325-8307
www.intershift.jp/
発　売　　合同出版 株式会社
〒184-0001　東京都小金井市関野町1-6-10
電話 042-401-2930　FAX 042-401-2931
www.godo-shuppan.co.jp/
印刷・製本　モリモト印刷
装丁　織沢 綾

カバーアートワーク：© The Woodbine Workshop
本扉イラスト：Kate Romenskaya © (Shutterstock.com)
本文章扉イラスト：
Ihnatovich Maryia, archivector, VVadi4ka © (Shutterstock.com)
本文イラスト：© Neil Gower

ISBN 978-4-7726-9575-6 C0040　NDC400 188x130

なぜ生物時計は、あなたの生き方まで操っているのか？

ティル・レネベルク　渡会圭子訳　2200円＋税

生物時計は細胞や代謝のリズムを制御し、心身の調子のもとになっている。生物時計に逆らわない生き方がいかに大切か――国際的な第一人者が明かす。★年間ベストブック！（英国医療協会）

「時差ボケや不眠に苦しむ人にとっては目からウロコの連続」――佐倉統『朝日新聞』

口に入れるな、感染する！　危ない微生物による健康リスクを科学が明かす

ポール・ドーソン、ブライアン・シェルドン　久保尚子訳　1800円＋税

床に落とした食べ物でも、すぐに拾えば大丈夫？　ドリンクに入れる氷・レモンから、どれだけ細菌が移る？……身近にひそむ見えない健康リスクが、数字で見える。★竹内薫さん、推薦！

「身近な感染リスクを厳密かつユーモラスに紹介」――竹内薫『日本経済新聞』

わたしは哺乳類です　母性から知能まで、進化の鍵はなにか

リアム・ドリュー　梅田智世訳　2600円＋税

哺乳類はどこから来て、どのようにわれわれの姿になったのか？　決定版・哺乳類入門！

「すべてのヒトが、自らの起源を知るために読んでおくべき1冊」――平山瑞穂『週刊朝日』